Windows 服务器管理

主 编 李 丹 杨兴全

副主编 周德云 刘 阳

参 编 吕 达 温俊日

主 审 徐翠娟 王永强

北京理工大学出版社
BEIJING INSTITUTE OF TECHNOLOGY PRESS

内 容 提 要

本书以企业真实项目为导向，采用任务驱动的方式，全面系统地介绍 Windows Server 2019 网络操作系统在企业中的应用。

本书包含 3 个项目——安装 Windows Server 操作系统、管理 Windows Server 操作系统和管理 Windows Server 服务，包含 10 个任务——搭建虚拟机硬件环境、安装 Windows Server 2019 操作系统、管理本地用户和组、搭建 Windows 域环境、管理 Windows 磁盘、管理文件系统与共享资源、配置与管理 DHCP 服务器、配置与管理 DNS 服务器、配置与管理 Web 服务器、配置与管理 FTP 服务器。

本书采用"项目导入，任务驱动"的编写方式，可操作性强，内容丰富，图文并茂，注重网络操作系统实用性的介绍，并以实际需要的技术、操作和使用技巧为主体，突出专业知识的实用性、综合性和先进性。

本书可以作为高等职业院校、技术技能型高校计算机网络技术、计算机应用技术等计算机类专业相关课程的教材，也可以作为从事网络管理与系统集成人员的参考用书。

图书在版编目（CIP）数据

Windows 服务器管理 / 李丹，杨兴全主编． -- 北京：
北京理工大学出版社，2025. 1.
ISBN 978 - 7 - 5763 - 4870 - 5

Ⅰ. TP316. 86

中国国家版本馆 CIP 数据核字第 2025X029D3 号

责任编辑：钟 博   文案编辑：钟 博
责任校对：周瑞红   责任印制：施胜娟

出版发行 / 北京理工大学出版社有限责任公司
社　　址 / 北京市丰台区四合庄路 6 号
邮　　编 / 100070
电　　话 / （010）68914026（教材售后服务热线）
　　　　　（010）63726648（课件资源服务热线）
网　　址 / http://www.bitpress.com.cn

版 印 次 / 2025 年 1 月第 1 版第 1 次印刷
印　　刷 / 唐山富达印务有限公司
开　　本 / 787 mm×1092 mm　1/16
印　　张 / 21.25
字　　数 / 452 千字
定　　价 / 86.00 元

编写说明

中国特色高水平高职学校和专业建设计划（简称"双高计划"）是我国教育部、财政部为建设一批引领改革，支撑发展，具有中国特色、世界水平的高等职业学校和骨干专业（群）的重大决策建设工程。哈尔滨职业技术大学（原哈尔滨职业技术学院）入选"双高计划"建设单位，对中国特色高水平学校建设项目进行顶层设计，编制了站位高端、理念领先的建设方案和任务书，并扎实地开展人才培养高地、特色专业群、高水平师资队伍与校企合作等项目建设，借鉴国际先进的教育教学理念，开发具有中国特色、国际标准的专业标准与规范，深入推动"三教改革"，组建模块化教学创新团队，实施"课程思政"，开展"课堂革命"，出版校企双元开发活页式、工作手册式、新形态的教材。为适应智能时代先进教学手段应用，哈尔滨职业技术大学加大优质在线资源的建设，丰富教材的载体，为开发以工作过程为导向的优质特色教材奠定基础。按照教育部印发的《职业院校教材管理办法》的要求，教材编写总体思路如下：依据哈尔滨职业技术大学双高建设方案中的教材建设规划、国家相关专业教学标准、专业相关职业标准及职业技能等级标准，服务学生成长成才和就业创业，以立德树人为根本任务，融入课程思政，对接相关产业发展需求，将企业应用的新技术、新工艺和新规范融入教材。教材编写遵循技术技能人才成长规律和学生认知特点，适应相关专业人才培养模式创新和优化课程体系的需要，注重以真实生产项目、典型工作任务、生产流程及典型工作案例等为载体开发教材内容体系，理论与实践有机融合，满足"做中学、做中教"的需要。

本系列教材是哈尔滨职业技术大学中国特色高水平高职学校项目建设的重要成果之一，也是哈尔滨职业技术大学教材改革和教法改革成效的集中体现。本系列教材体例新颖，具有以下特色。

第一，教材研发团队组建创新。按照哈尔滨职业技术大学教材建设统一要求，遴选教学经验丰富、课程改革成效突出的专业教师担任主编，邀请相关企业作为联合建设单位，形成了一支学校、行业、企业和教育领域高水平专业人才参与的教材研发团队，共同参与教材编写。

第二，教材内容整体构建创新。精准对接国家专业教学标准、职业标准、职业技能等级标准，确定教材内容体系；参照行业企业标准，有机融入新技术、新工艺、新规范，构建基于职业岗位工作需要的，体现真实工作任务、流程的教材内容体系。

第三，教材编写模式形式创新。与课程改革配套，按照"工作过程系统化""项目 + 任务式""任务驱动式""CDIO 式"四类课程改革需要设计四种教材编写模式，创新活页式、工作手册式和新形态三种编写形式。

　　第四，教材编写实施载体创新。依据专业教学标准和人才培养方案要求，在深入企业调研岗位工作任务和职业能力分析的基础上，按照"做中学、做中教"的编写思路，以企业典型工作任务为载体进行教学内容设计，将企业真实工作任务、真实业务流程、真实生产过程纳入教材，并开发了与教学内容配套的教学资源，以满足教师线上线下混合式教学的需要。本系列教材配套资源同时在相关平台上线，可随时下载，也可满足学生在线自主学习的需要。

　　第五，教材评价体系构建创新。从培养学生良好的职业道德、综合职业能力、创新创业能力出发，设计并构建教材评价体系，注重过程考核和学生、教师、企业、行业、社会参与的多元评价，在学生技能评价上借助社会评价组织的"1＋X"考核评价标准和成绩认定结果进行学分认定，每本教材根据专业特点设计了综合评价标准。为了确保教材质量，哈尔滨职业技术大学组建了中国特色高水平高职学校项目建设成果系列教材编审委员会。该委员会由职业教育专家组成，同时聘用企业技术专家指导。哈尔滨职业技术大学组织了专业与课程专题研究组，对教材编写持续进行培训、指导、回访等跟踪服务，建立常态化质量监控机制，能够为修订完善教材提供稳定的支持，确保教材的质量。

　　本系列教材是在国家骨干高职院校教材开发的基础上，经过几轮修改，融入课程思政和课堂革命理念，既具教学积累之深厚，又具教学改革之创新，凝聚了校企合作编写团队的集体智慧。本系列教材充分展示了课程改革成果，力争为更好地推进中国特色高水平高职学校和专业建设及课程改革做出积极贡献！

哈尔滨职业技术大学
中国特色高水平高职学校项目建设成果系列教材编审委员会

前　言

　　计算机网络技术的飞速发展推动了社会的数字化转型，带来了前所未有的机遇与挑战。党的二十大报告明确提出推动新型工业化，加快建设网络强国、数字中国，推动战略性新兴产业融合集群发展，构建新一代信息技术等一批新的增长引擎。网络管理是企业和组织实现数字化转型和信息化建设的重要支撑，目前普遍使用的 Windows Server 网络操作系统作为业内领先的管理工具，为企业和组织提供了高效、稳定的网络管理服务，掌握 Windows Server 网络操作系统的配置和使用方法是从事系统管理和网络管理的工作人员必备的知识和技能。

　　本书为中国特色高水平高职学校项目建设成果系列教材之一，是一本面向高等职业院校计算机类相关专业的 Windows Server 网络操作系统项目开发实践类教材，是以实际项目为载体、以具体任务为驱动的理实一体化教材。本书按照配置 Windows Server 功能模块的一般过程进行项目划分，基于真实工作场景设计了 3 个项目、10 个任务，从知识技能递进的逻辑关系出发设置任务，符合工程项目组织实施的一般规律。本书中的项目和任务真实具体，重点突出，具有普遍性，技术新颖，综合性强。每个项目通过"项目导入"和"学习目标"来确定本项目所要达到的知识目标、能力目标和素质目标；每个任务通过"任务描述"提出问题，通过"任务解析"拆解分析问题，通过"知识链接"介绍本任务所涉及的基础知识理论和常用命令，通过"任务实施"解决问题，通过"任务评测"对本任务完成情况进行量化评测；课后以企业网络服务器配置与搭建为辅线提出"任务实训"的拓展任务需求，推荐以小组分工的形式锻炼学生的团队合作意识、Windows Server 操作系统和服务器配置规划实施能力，最后通过"自测习题"巩固基础知识、强化实操能力。

　　本书的特色与创新体现在如下几个方面。

1. 产教融合，校企双元合作开发

　　编者结合职业教育的特点，紧跟产业发展需要，引入企业真实案例，对本书的体系结构进行了精心设计，吸收借鉴能够提高技能水平，反映职业特色的内容，满足行业发展对人才培养的需求。

2. 立德树人，自然融入课程思政元素

　　本书在内容编排上，融入课程思政元素，结合实际案例助力学生形成积极向上的职业目标，培养良好的职业素养，树立正确的道德观和价值观，最终实现育人与育才并行的教学目标。

3. 强调系统性、实用性和技能性

本书从 Windows Server 网络操作系统的基础概念及安装方法入手，逐步深入操作系统管理和网络服务器搭建等各方面，突出技能讲解和案例跟进，内容层层递进，将网络组建基础和网络服务配置与管理的知识与技能有机融入各项目。

本书由哈尔滨职业技术大学的李丹、杨兴全担任主编，负责确定编写体例及统稿，由黑龙江鑫联华信息股份有限公司的温俊日和黑龙江工商学院的吕达确定项目任务及任务测评标准。李丹负责编写项目一任务 2、项目二任务 3 和项目三任务 1~3；杨兴全负责编写项目二任务 1、2 和项目三任务 4；周德云负责编写项目一任务 1；刘阳负责编写项目二任务 4。

我们衷心感谢所有为本书的出版付出努力和贡献的专家和学者，特别感谢哈尔滨职业技术大学教材编审委员会的领导所给予的指导和大力帮助，感谢主审徐翠娟和王永强所提出的许多宝贵意见和建议，感谢黑龙江新联华信息股份有限公司所提出的宝贵建议，在此表示由衷的感谢。

由于编者水平有限，编写时间仓促，书中难免有不妥之处，敬请广大读者给予批评指正。

编　者

目 录

项目一

安装Windows Server 操作系统

【项目导入】

  HZY 公司计划对本公司的网络进行改造升级，要在公司网络中部署服务器来提供网络的管理和应用服务。为了实现对服务器的安全和便捷管理，计划采用 Windows Server 操作系统，并安排网络管理员小李对采购的服务器进行部署安装。小李为了熟悉 Windows Server 操作系统的部署安装过程和各种管理及服务配置，计划在个人计算机中安装虚拟系统平台，通过安装虚拟机的形式，验证 Windows Server 操作系统的部署配置，并对各种服务器的相关操作进行前期验证模拟。使用虚拟机进行验证，可以提升服务器配置的可靠性，是网络工程师需要掌握的技能。

【学习目标】

知识目标

（1）能够阐述主流虚拟机工具的主要特点。

（2）能够阐述主流网络操作系统的主要特点。

（3）能够阐述 Windows Server 操作系统各版本的特征。

（4）能够说明安装 Windows Server 操作系统对硬件的性能需求。

能力目标

（1）能够依据需求操作 VMware 软件创建虚拟机。

（2）能够在虚拟机上安装 Windows Server 操作系统。

（3）能够正确配置 Windows Server 操作系统的各种参数。

（4）能够正确配置 Windows Server 操作系统的基本环境。

（5）能够正确配置和搭建虚拟机硬件环境。

（6）能够应用虚拟机的快照、克隆等功能优化虚拟机。

素质目标

（1）培养分析问题和解决问题的能力。

（2）具有沟通及团队合作意识。

（3）具有创新意识和质量意识。

【项目实施】

 任务 1 **搭建虚拟机硬件环境**

 任务描述

　　网络管理员小李需要按照 HZY 公司的要求完成在服务器上安装 Windows Server 操作系统的任务。由于刚刚毕业缺乏经验，他打算先在虚拟机上操练一番，然后在真机上进行安装。首先需要选定并安装虚拟机软件，然后根据要安装的 Windows Server 操作系统搭建虚拟机硬件环境。

 任务解析

　　要完成本任务，需要对虚拟机相关知识有一个基本的认识。本任务选择使用 VMware 虚拟机软件模拟计算机硬件环境用以安装 Windows Server 2019 操作系统，并正确处理安装过程中的注意事项。

 知识链接

一、认识虚拟机

　　虚拟机（Virtual Machine）是指通过软件模拟的具有完整硬件系统功能的、运行在一个完全隔离环境中的完整计算机。它是计算机中的计算机，是利用软件虚拟出来的计算机，是在现有的操作系统上虚拟出来的一个处于完全隔离环境中的完整计算机。运行虚拟机的计算机分为主机（Host）和客户机（Guest）。主机就是用户的计算机，它直接控制操作系统和硬件，也称为宿主机或物理主机。客户机操作系统是利用软件在主系统中虚拟出来一个硬件环境，也称为虚拟机或简称客户机。由主机创建的虚拟机与真实的计算机几乎一模一样，不但有独立的 CPU、内存、硬盘、网卡、基本输入/输出系统（Basic Input/Output System，BIOS）等，用户也可以在虚拟机上安装如 UNIX、Linux、Windows 等真实的操作系统及各种应用软件。虚拟机与主机的关系如图 1-1 所示。

　　虚拟机技术是一种虚拟化技术（Virtualization Technology，VT）。在计算机中，虚拟化技术通过软件形式模拟计算机的硬件环境，通过主机的部分硬件（如 CPU、内存、硬盘等）建立完整的运行环境。简单来说，虚拟化技术就是在一台计算机上同时运行多台逻辑计算机，每台逻辑计算机上可以运行不同的操作系统，并且应用程序都可以在相互独立的空间内运行而互不影响，显著提高计算机的工作效率。虚拟化技术用软件的方法重新划分和定义了信息资源，可以实现信息资源的动态分配、灵活调度、跨域共享，提高信息资源的利用率，使信息资源能够真正成为社会基础设施，满足各行各业灵活多变的应用需求。

　　虚拟化的目的是将单台物理计算机或服务器划分成多个虚拟环境，以便在同一台物理计

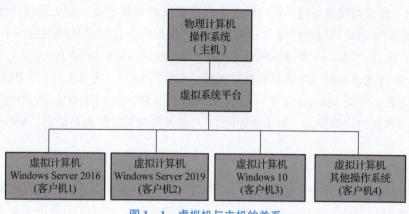

图 1-1　虚拟机与主机的关系

算机或服务器上同时运行多个操作系统和应用程序。通过虚拟化技术，可以实现对计算资源的更好利用，提供更高的灵活性、可靠性和可扩展性。虚拟化技术能够解决如下很多以前无法解决的问题。

（1）服务器整合：虚拟化技术允许多台虚拟服务器共享同一台物理服务器的资源，从而提高资源利用率，降低硬件成本和减少能源消耗。

（2）自助服务：用户可以使用虚拟机模板快速创建新的虚拟机，并根据需要分配和释放计算机资源。

（3）管理简化：通过虚拟化技术，管理员可以管理整个虚拟环境，包括虚拟机、存储设备、网络等，并且可以自动化配置和部署任务，以降低管理工作的复杂性和成本。

戴尔、甲骨文、微软等国际知名 IT 公司都有虚拟机软件产品。戴尔收购的虚拟机软件 VMware，包括 Workstations、GSX Server 和 ESX Server 等；VirtualBox 最初由德国 Innotek GmbH 公司（2008 年被 Sun Microsystems 收购，后又被甲骨文公司收购）开发。Hyper-V 是微软公司开发的虚拟化软件产品，集成在 Windows 操作系统中，可以在 Windows 操作系统中直接运行虚拟机，适用于企业对 Windows 平台的虚拟化。

1. VMware

VMware Workstation，中文名称为"威睿工作站"，是 VMware 公司开发的面向客户机的一款功能强大的桌面虚拟计算机软件，用户可在单一的桌面上同时运行 2 个或更多 Windows、DOS、Linux、Mac 等不同的操作系统。与"多启动"系统相比，VMware Workstation 采用了完全不同的技术。"多启动"系统在同一时刻只允许运行一个操作系统，在切换系统时需要重新启动计算机。VMware Workstation 可真正"同时"运行多个操作系统在主系统的平台上，它们就像标准 Windows 应用程序那样切换，且每个操作系统都可以进行虚拟的分区、配置而不影响真实硬盘的数据，甚至可以通过网卡将几台虚拟机连接为一个局域网，极其方便（本书主要介绍 VMware Workstation，后面所述 VMware，即指 VMware Workstation）。

VMware 可在一台物理计算机上模拟完整的网络环境，其提供了对虚拟交换机、虚拟网桥、虚拟网卡、NAT 设备及 DHCP 服务器等一系列网络组件的支持，并提供了桥接、仅主机和 NAT 三种虚拟网络连接模式。在调试网络设备或者组建局域网时，运维人员通过

VMware 搭建一套虚拟网络环境，可以简化生产中繁杂的调试过程，例如通过桥接模式，可以很轻松把虚拟机当成局域网环境中的一台主机，虚拟机会占用局域网中的一个 IP 地址进行网络通信。因此，VMware 在虚拟网络方面比微软的 Hyper－V 功能更强大。

VMware 不仅在虚拟网络方面具有绝对优势，在实时快照、共享文件夹、PXE 支持等方面均有特别之处，使用 VMware 不仅可在单一的桌面上同时运行不同的操作系统，还可以开发、测试、部署新的应用程序。对于企业的 IT 开发人员和系统管理员而言，VMware 是必不可少的虚拟工具。

2. VirtualBox

VirtualBox 是一款开源虚拟机软件，由德国 Innotek GmbH 公司开发，由 Sun Microsystems 公司出品，使用 Qt 编写，在 Sun Microsystems 公司被甲骨文公司收购后正式更名为 Oracle VM VirtualBox，该软件是甲骨文公司 xVM 虚拟化技术的一部分。

VirtualBox 不仅具有丰富的特色，而且性能也很优异，更是一个发布在 GPL 许可之下的自由软件。VirtualBox 可以在 Linux 和 Windows 主机中运行，并支持在其中安装 Windows（NT 4.0、2000、XP、Server 2003、Vista）、DOS/Windows 3.x、Linux、OpenBSD 等系列客户操作系统。

3. Hyper－V

Hyper－V 是微软公司开发的一种基于 Hypervisor 的系统管理程序虚拟化软件产品，是微软公司对虚拟机监控程序的实现。Hyper－V 可以利用内置于 Windows Server 2019 中的虚拟化技术管理、调度虚拟机的创建和运行。

Hyper－V 最初与 Windows Server 2008 同时发布，应用单台主机的资源，在同一物理硬件上运行多个虚拟机。Hyper－V 为每台虚拟机提供独立的空间运行各自的操作系统，它独立于物理主机操作系统和其他虚拟机，这样可以降低运行成本、提高硬件利用率、优化基础设施并提高服务器的可用性。

1）Hyper－V 体系结构

安装 Hyper－V 的物理计算机的操作系统称为主机操作系统（Host OS），而虚拟机内安装的操作系统称为客户机操作系统（Guest OS）。主机操作系统和客户机操作系统都运行在底层的 Hypervisor 之上，主机操作系统相当于一个特殊的虚拟操作系统，和真正的虚拟操作系统平级。因此，Hyper－V 创建的虚拟机不是传统意义上的虚拟机，可以认为是一台与物理计算机平级的独立的计算机。Hyper－V 虚拟机监控程序完全控制硬件虚拟化功能，例如图 1－2 中从 CPU 到 Hyper－V 虚拟机监控程序的箭头所示，不会公开给客户机操作系统。Hyper－V 体系结构示意如图 1－2 所示。

Hyper－V 也可以实现嵌套虚拟化功能，允许在客户机虚拟机中安装和运行 Hyper－V。使用嵌套虚拟化可使客户机虚拟机成为 Hyper－V 主机，托管其他客户机虚拟机。嵌套虚拟化对于实现需要物理硬件才能运行的虚拟测试和开发环境很有用。嵌套虚拟化的 Hyper－V 结构示意如图 1－3 所示。

2）Hyper－V 系统需求

在部署 Hyper－V 之前，应先计划并仔细评估虚拟机的服务、资源和容量需求。

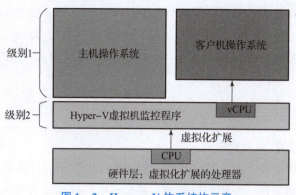

图 1 – 2　Hyper – V 体系结构示意

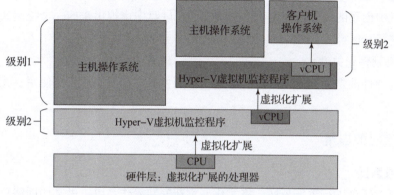

图 1 – 3　嵌套虚拟化的 Hyper – V 结构示意

（1）运行平台。

运行平台包括 Windows Server 2008 R2 及更高版本的服务器系统、Windows 7 及更高版本的桌面操作系统、Hyper – V Server 操作系统。

（2）硬件要求。

Hyper – V 主机的基本硬件要求如下。

①带有二级地址转换（SLAT）和虚拟机监视器模式的扩展的 64 位处理器。

②启用英特尔虚拟化技术（Intel VT）或 AMD Virtualization（AMD – V）技术。

③主机虚拟机和客户机虚拟机的内存充足。

④启用硬件强制的数据执行保护（DEP）（英特尔 XD 位、AMD NX 位）。

小贴士

　　若要验证系统是否满足 Hyper – V 要求，可以在 Windows 操作系统的"运行"对话框输入"msinfo32"命令，输出包含 4 项关于 Hyper – V 的部分，用于指示系统是否满足 Hyper – V 要求。

（3）嵌套虚拟化需求。

Hyper – V 启用嵌套虚拟化功能，需要满足以下先决条件。

①物理主机和客户机虚拟机都必须运行 Windows Server 2016 或 Windows Server 2019。此功能也可以在 Azure Stack HCI 上使用。

②物理主机必须具有包含虚拟机扩展（VT – x）和扩展页表（EPT）功能的英特尔处理器。

二、虚拟机的特点

1. 可以在主机上运行多台虚拟机

每台虚拟机都可以安装不同的操作系统，就如同一台独立的计算机。各虚拟机与主机之间可以进行通信，共享文件，应用网络资源，甚至可以运行 C/S 方式的应用。

2. 不会破坏主机的硬盘分区和数据

在虚拟机中创建的操作系统实质上安装在主机硬盘中虚拟出来的一个特定文件中，无须对物理硬盘进行分区操作。

3. 虚拟机硬件无关性

虚拟出的硬件都是相同的，可以简单地在不同主机之间复制后直接使用，无须考虑硬件差异。

三、虚拟机的应用

1. 实验或测试

例如需要对硬盘进行重新分区、格式化，重新安装操作系统，做某些网络攻防实验，测试不熟悉的操作系统（如 Linux）、测试计算机病毒等，可以在虚拟机中安装和彻底删除。

2. 演示环境

虚拟机可以安装各种演示环境，以便于进行各种举例示范。

3. 服务器合并

当企业中存在多台服务器且其负载均较小时，可以使用虚拟机的企业版，在一台服务器上安装多台虚拟机，每台虚拟机都用于代替一台物理服务器，这样可以减少企业的投资。

4. 不同版本的操作系统体验

用户可以在一台物理主机上体验不同版本的操作系统，如 UNIX、Linux、Windows 等。

 **任务实施**

一、安装 VMware

以在 Windows 10 操作系统中安装 VMware Workstation 16 Pro 为例，具体步骤如下。

运行 VMware Workstation 16 Pro 的安装程序，进入"欢迎使用 VMware Workstation Pro 安装向导"界面，如图 1 – 4 所示，单击"下一步"按钮。

进入"最终用户许可协议"界面，勾选"我接受许可协议中的条款"复选框，如图 1 – 5 所示，单击"下一步"按钮。

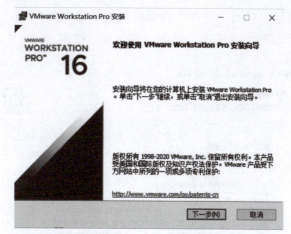

图 1-4　"欢迎使用 VMware Workstation Pro 安装向导"界面

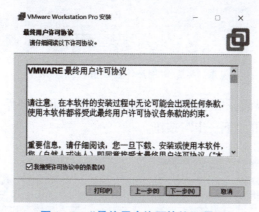

图 1-5　"最终用户许可协议"界面

　　进入"自定义安装"界面，修改软件的安装位置，建议不要使用默认的安装路径，勾选"增强型键盘驱动程序（需要重新引导以使用此功能 CE）"复选框，单击"下一步"按钮，如图 1-6 所示。

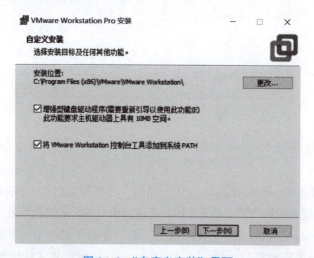

图 1-6　"自定义安装"界面

进入"用户体验设置"界面，勾选"启动时检查产品更新"和"加入 VMware 客户体验提升计划"复选框，如图 1 – 7 所示，单击"下一步"按钮。

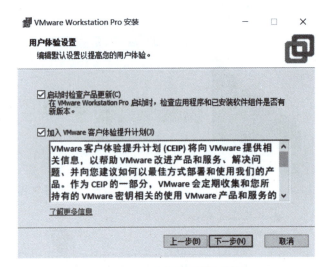

图 1 – 7　"用户体验设置"界面

进入"快捷方式"界面，根据需要可以勾选"桌面"和"开始菜单程序文件夹"复选框，如图 1 – 8 所示，单击"下一步"按钮。

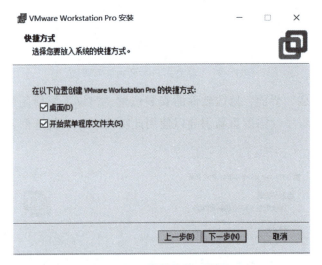

图 1 – 8　"快捷方式"界面

进入"已准备好安装 VMware Workstation Pro"界面，如图 1 – 9 所示，单击"安装"按钮。

进入"正在安装 VMware Workstation Pro"界面，开始安装过程，执行复制新文件、更新 Windows 注册表、安装虚拟网络驱动器等操作，等待虚拟机的安装过程结束，如图 1 – 10 所示。

进入"VMware Workstation Pro 安装向导已完成"界面，如图 1 – 11 所示。单击"完成"按钮，提示重新启动操作系统后，VMware Workstation Pro 的配置才能生效。

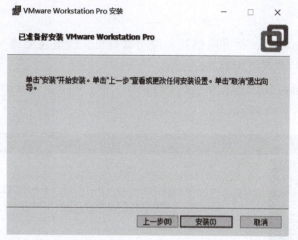

图 1 –9 "已准备好安装 VMware Workstation Pro" 界面

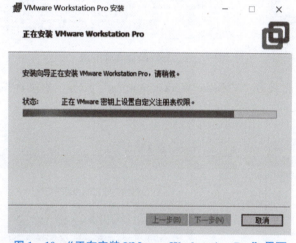

图 1 –10 "正在安装 VMware Workstation Pro" 界面

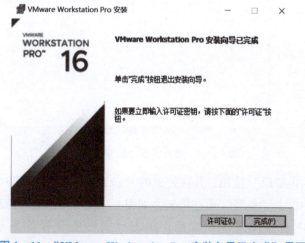

图 1 –11 "VMware Workstation Pro 安装向导已完成" 界面

二、创建虚拟机

安装完成 VMware 之后，就可以创建和使用虚拟机，这里以创建一台虚拟机用于安装 Windows Server 2019 操作系统为例进行介绍。

下载 Windows Server 2019 操作系统的 ISO 映像文件。可以登录 MSDN 官网，下载对应的 ISO 映像文件，如图 1-12 所示。

图 1-12　ISO 映像文件下载

在 Windows 10 桌面双击"VMware Workstation Pro"图标，启动虚拟机软件的管理界面，如图 1-13 所示。

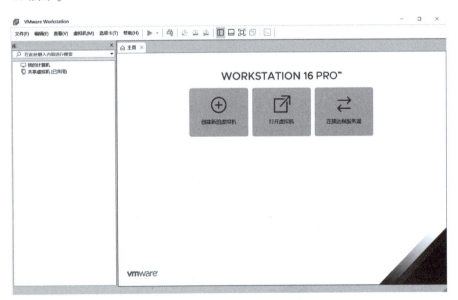

图 1-13　虚拟机软件的管理界面

单击"创建新的虚拟机"按钮，并在弹出的"新建虚拟机向导"对话框的"欢迎使用虚拟机向导"界面中单击"典型"单选按钮，如图 1-14 所示，然后单击"下一步"按钮。

进入"安装客户机操作系统"界面，单击"稍后安装操作系统"单选按钮，如图 1-15 所示，单击"下一步"按钮。

图 1-14　"欢迎使用新建虚拟机向导"界面

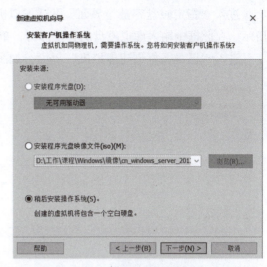

图 1-15　"安装客户机操作系统"界面

 小贴士

　　建议单击"稍后安装操作系统"单选按钮，待虚拟机创建完成之后再单独进行系统的安装。如果单击默认的"安装程序光盘映像文件"单选按钮，虚拟机会通过默认的安装策略部署最精简的系统，而不会再询问安装设置的选项。

　　进入"选择客户机操作系统"界面，"客户机操作系统"选择"Microsoft Windows"，"版本"选择"Windows Server 2019"，如图 1-16 所示，单击"下一步"按钮。

　　进入"命名虚拟机"界面，填写"虚拟机名称"字段，并选择安装位置，建议提前规划好安装位置并创建一个空文件夹，专门用于存放该虚拟机文件，如图 1-17 所示，单击"下一步"按钮。

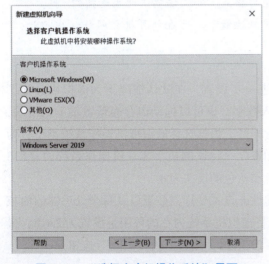

图 1-16　"选择客户机操作系统"界面

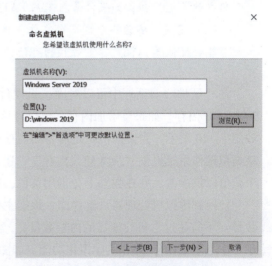

图 1-17　"命名虚拟机"界面

进入"指定磁盘容量"界面，默认虚拟机系统"最大磁盘大小"为 60 GB，如图 1 – 18 所示。在此框中输入虚拟磁盘的容量即可，单击"下一步"按钮。

进入"已准备好创建虚拟机"界面，如图 1 – 19 所示，单击"自定义硬件"按钮。

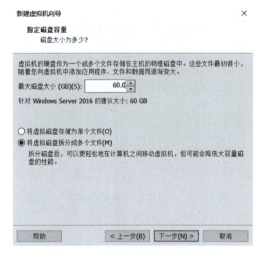
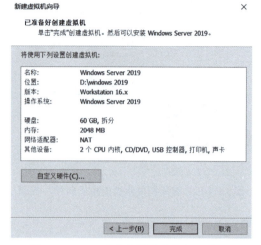

图 1 – 18　"指定磁盘容量"界面　　　　　　图 1 – 19　"已准备好创建虚拟机"界面

 小贴士

> 虚拟机中的所有数据都存放在虚拟磁盘中，虚拟磁盘以扩展名为".vmdk"的文件形式存放在物理主机中。指定的磁盘容量是允许虚拟机占用的最大空间，但并不是立即分配这么大空间，实际占用多少空间将随着虚拟机中数据的增多而动态增长。
>
> 在"指定磁盘容量"界面中还有两个单选按钮。
>
> (1) 将虚拟磁盘存储为单个文件：此单选按钮表示虚拟机将根据指定虚拟磁盘的容量，在主机上创建一个单独的文件，以便于存储。如果计算机采用 NTFS 文件格式，可单击此单选按钮；如果计算机采用 FAT32 文件格式，将无法单击此单选按钮。
>
> (2) 将虚拟磁盘拆分成多个文件：拆分虚拟磁盘有利于在计算机之间移动虚拟机，但可能会降低虚拟机大容量磁盘的可读性。

在"硬件"对话框中可以对虚拟机硬件作进一步设置。在默认情况下为虚拟机分配了 2 048 MB 内存。如果要增加内存，可以直接输入数字，也可以拖动内存容量数轴上的滑块，如图 1 – 20 所示，为虚拟机指定需要的内存容量即可。根据选择的虚拟机操作系统类型，为该虚拟操作系统提供"最大建议内存""建议内存""建议的最小客户机操作系统内存"3 个数值以供参考，并在数轴上分别用黄色、绿色和蓝色的箭头表示。

切换到虚拟机处理器设置界面，根据主机的性能设置处理器数量以及每个处理器的内核数量（不宜超过主机处理器的内核数量），建议将虚拟机系统内存的可用量设置为 2 GB，最小不应小于 1 GB，并开启虚拟化功能，如图 1 – 21 所示，然后单机"关闭"按钮。

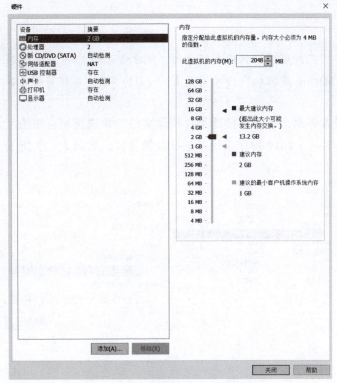

图 1-20　设置虚拟机的内存容量

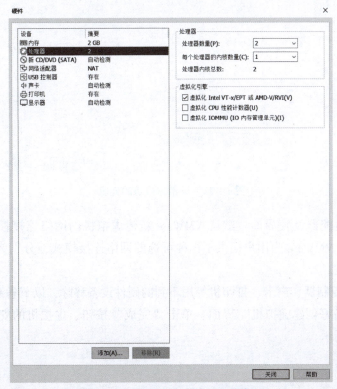

图 1-21　设置虚拟机的处理器参数

小贴士

　　为 VMWare 指定新建虚拟机内存容量时，要求分配的内存容量必须为 4 MB 的整数倍。例如，将 VMWare 虚拟机内存容量设置为 1 029 MB，系统将提示输入错误。

　　切换到光驱设置界面，单击"使用 ISO 映像文件"单选按钮，单击"浏览"，放入事先下载好的 Windows Server 2019 操作系统的 ISO 映像文件，如图 1 - 22 所示。

图 1 - 22　设置虚拟机的光驱

　　切换到网络适配器设置界面，默认 VMWare 新建虚拟机的网络连接模式为 NAT 模式，如图 1 - 23 所示。VMWare 为用户提供了 3 种可选的网络连接模式，分别为桥接模式、NAT 模式和仅主机模式。

　　建议将 USB 控制器、声卡、打印机等用不到的硬件设备移除，以节省系统资源。

　　返回"已准备好创建虚拟机"界面，单击"完成"按钮，虚拟机的安装和配置顺利完成，如图 1 - 24 所示。

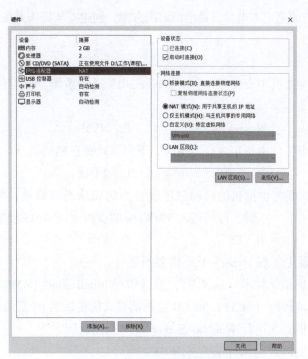

图 1–23　设置虚拟机的网络适配器

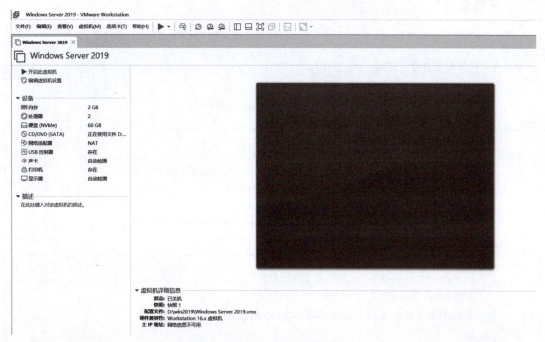

图 1–24　虚拟机配置成功界面

 任务实训

A 学院网络技术专业的学生小军要完成网络攻防课程的实训测试任务，要求通过 CentOS 8 和 Windows Server 2019 两个操作系统的主机完成该任务，不过目前他只有一台安装了

Windows 10 操作系统的笔记本电脑，请给出解决方案，创建安装操作系统的虚拟机硬件环境。

自测习题

1. 在 VMWare 虚拟机中安装 Windows Server 2019 操作系统，推荐使用的硬盘控制器类型为（　　）。

A. SCSI　　　　　　B. SATA　　　　　　C. NVMe　　　　　　D. IDE

2. 在 VMWare 虚拟机中指定内存容量时，下列值设置正确的是（　　）。

A. 3 097　　　　　　B. 2 047　　　　　　C. 2 048　　　　　　D. 2 049

3.（单选）如果要将虚拟机的启动顺序设置为优先从光驱启动，可以在 VMWare 出现开机自检画面时按（　　）键，即可进入 VMWare 的虚拟主板 BIOS 设置界面。

A. F2　　　　　　　B. F8　　　　　　　C. F10　　　　　　D. Home

4. 在物理服务器上实现 Hyper – V 不需要的是（　　）。

A. 启用英特尔虚拟化技术（Intel VT）或 AMD Virtualization（AMD – V）技术

B. 带有二级地址转换（SLAT）和 VM 监视器模式的扩展的 64 位处理器

C. 客户机虚拟机必须运行 Windows Server 2019 或更新版本

D. 启用硬件强制的数据执行保护（DEP）

任务测评

项目一 任务 1　构建虚拟机硬件环境（100 分）			学号： 姓名：		
序号	评分内容	评分要点说明	小项加分	分项得分	备注
一、安装 VMware（30 分）					
1	下载 VMware Workstation 16 Pro 安装程序（10 分）	能正确下载 VMware Workstation 16 Pro 安装程序，得 10 分			
2	安装 VMware Workstation 16 Pro（20 分）	能正确安装 VMware Workstation 16 Pro，得 20 分			
二、创建虚拟机（70 分）					
3	下载 Windows Server 2019 操作系统的 ISO 映像文件（20 分）	能正确下载 ISO 映像文件，得 20 分			
4	创建 Windows Server 2019 虚拟机（50 分）	能根据要求设置创建 Windows Server 2019 虚拟机过程中的各项参数，得 50 分			
总分					

任务 2 **安装 Windows Server 2019 操作系统**

 任务描述

任务 1 已经在 VMware 中完成了 Windows Server 2019 操作系统的虚拟机的配置，在安装服务器操作系统 Windows Server 2019 之前，还需要做好安装前的各项准备工作，正确地选择安装方式，在安装过程中根据组建网络的需要设置各项信息。

任务解析

完成本任务需要对网络操作系统相关知识，以及 Windows Server 2019 操作系统的安装要求及安装方式有一定的认识，在安装 Windows Server 2019 操作系统的过程中，正确设置各项信息、启动与登录系统以及对系统进行初始化配置。安装 VMware Tools 工具以增强虚拟机的性能，创建 VMware 快照和克隆虚拟机，配置 VMware 网络等功能以方便使用虚拟机。

 知识链接

一、认识网络操作系统

操作系统（Operating System，OS）是管理和控制计算机硬件与软件资源的计算机程序，是直接运行在"裸机"上的最基本的系统软件，任何其他软件都必须在操作系统的支持下运行。

网络操作系统（Network Operating System，NOS）是使网络上各计算机能方便而有效地共享网络资源，为网络用户提供所需的各种服务的软件和协议的集合，是网络的心脏和灵魂。网络操作系统与单机操作系统有所不同，它除了能实现单机操作系统的全部功能（如处理器管理、存储器管理、设备管理和文件管理等）外，还具有以下两大功能。

（1）提供高效、可靠的网络通信和资源共享能力。

（2）提供多种网络服务功能，如远程作业录入并处理的服务功能、文件转输服务功能、电子邮件服务功能、远程打印服务功能。

简单地讲，网络操作系统可以理解为网络用户和计算机网络之间的接口，在单机操作系统的基础上增加了网络操作所需要的功能，它是计算机网络中管理一台或多台主机的软/硬件资源、支持网络通信、提供网络服务的程序的集合。

网络操作系统是用于网络管理的核心软件，目前得到广泛应用的网络操作系统有 UNIX、Linux、Windows Server 等。

1. UNIX

UNIX 操作系统是一个强大的多用户、多任务操作系统，支持多种处理器架构，按照操作系统的分类，其属于分时操作系统。UNIX 的最早版本是由 Ken Thompson 和 Douglas McIlroy 在美国电报电话公司（AT&T）的贝尔实验室开发的，目的是在贝尔实验室内创造一种进行程序设计研究和开发的良好环境。

1969—1970 年，Ken Thompson 首先在 PDP – 7 计算机上实现了 UNIX 操作系统。最初的 UNIX 版本使用汇编语言编写。不久，Ken Thompson 用一种较高级的 B 语言重新编写了该操作系统。1973 年，Dennis Ritchie 又用 C 语言对 UNIX 进行了重写。1975 年，UNIX V. 6 版本正式发布，并开始向美国各大学及研究机构颁发 UNIX 的许可证并提供源代码。1978 年，UNIX V. 7 版本发布，它是在 PDP11/7 上运行的。1984 年、1987 年和 1989 年，UNIX SVR2 版本、UNIX SVR3 版本和 UNIX SVR4 版本先后发布。目前使用较多的是 1992 年发布的 UNIX SVR4. 2 版本。

UNIX 的商标权由国际开放标准组织所拥有，只有符合单一 UNIX 规范的 UNIX 操作系统才能使用 UNIX 这个名称，否则只能称为类 UNIX（UNIX – like）。UNIX 是为多用户环境设计的，即所谓的多用户多任务操作系统，其内建 TCP/IP 支持，该协议已经成为互联网中通信的事实标准。UNIX 操作系统历史悠久，其良好的网络管理功能，已为广大网络用户所接受，拥有丰富的应用软件的支持。在我国，一些特殊行业，尤其是拥有大型机、中型机和小型机的企业，一直使用 UNIX 操作系统。UNIX 操作系统的主要特征如下。

（1）在结构上分为内核程序和核外程序两部分。内核部分尽量简化、缩小，外核程序部分提供 UNIX 操作系统所具备的各项功能。

（2）采用树形结构的文件系统，完全摆脱了实体设备的局限。它允许有限个磁盘合成单个的文件系统，也可以将一个磁盘分成多个文件系统；它既能扩大文件存储空间，又具有良好的安全性、保密性和可维护性。

（3）良好的开放性，是 UNIX 操作系统最重要的本质特征之一，也是 UNIX 操作系统具有强大生命力的原因所在。UNIX 操作系统遵循国际标准，并且以正规且完整的界面标准为基础提供计算机及通信综合环境，在这个环境中开发的软件具有高度的兼容性、系统之间的互通性以及系统升级所需要的多重选择性。UNIX 操作系统界面包括用户界面、通信程序界面、通信界面、总线界面。

（4）网络功能强大，是 UNIX 操作系统的又一重要特色，特别是作为 Internet 网络技术基础的 TCP/IP 就是在 UNIX 操作系统中开发出来的，而且成为 UNIX 操作系统的一个不可分割的部分。几乎所有 UNIX 操作系统都包括对 TCP/IP 的支持。因此，在 Internet 网络服务器中，UNIX 服务器占 80% 以上，占绝对优势。

（5）具有强大的数据库支持功能。由于 UNIX 操作系统对各种数据库，特别是关系型数据库提供了强大的支持，所以主要的数据库厂家，包括甲骨文、Informix、Sybase、Progress 等都将 UNIX 操作系统作为首选的运行平台。

（6）具有极高的伸缩性。UNIX 操作系统可以运行在笔记本电脑、PC、工作站以及巨型机中。

（7）具有较高的安全性，UNIX 操作系统具有多级别、完整的安全性，很少被计算机病毒入侵。

2. Linux

Linux 是一套免费使用、自由传播、源码开放的类 UNIX 操作系统，其目的是建立不受任何商品化软件版权制约的、全世界都能自由使用的 UNIX 兼容产品。目前，Linux 已经在各领域得到了广泛应用，显示出了强大的生命力，其优异的性能、良好的稳定性、低廉的价格和开放的源代码，给全球软件行业带来巨大的影响。Linux 操作系统的应用领域主要包括服务器、云计算及嵌入式等领域。

Linux 操作系统诞生于 1991 年 10 月，是芬兰赫尔基大学计算机系学生林纳斯·本纳第克特·托瓦兹（Linus Benedict Torvalds）开发的。他将 Linux 内核源代码公布到互联网上，使之成为开源的自由软件。开发 Linux 的初衷是设计一个类 UNIX 操作系统，Linux 的命令与 UNIX 的命令在名称、格式及功能上基本相同。从 1991 年至今，Linux 在世界各地计算机爱好者的共同努力下得到了迅猛的发展。随着计算机爱好者的扩大和完善的操作系统基础软件的出现，Linux 开发人员认识到，Linux 已经逐渐变成一个成熟的操作系统。1992 年 3 月，内核 1.0 版本问世，这标志着 Linux 第一个正式版本的诞生。

Linux 操作系统分为内核版和发行版两种。内核版的开发和规范一直由林纳斯·本纳第克特·托瓦兹领导的开发小组控制。开发小组每隔一段时间公布新的版本或其修订版，从 1991 年 10 月林纳斯·本纳第克特·托瓦兹向世界公布的内核 0.0.2 版本（0.0.1 版本功能相当简陋，因此没有公开发布）到目前最新的内核 4.16.66 版本，Linux 操作系统的功能越来越强大。仅有内核的操作系统是无法使用的，因此许多公司或社区将内核、源代码及相关的应用程序组织构成一个完整的操作系统，让一般的用户可以简单地安装和使用 Linux 操作系统，这就是发行版。由于大多数软件包是自由软件和开源软件，所以 Linux 操作系统发行版的形式多种多样——从功能齐全的桌面系统以及服务器系统到小型系统等。除了一些定制软件（如安装和配置工具），发行版通常只是将特定的应用软件安装在一些函数库和内核上，以满足使用者的需求。Linux 操作系统的发行版可以分为商业发行版和社区发行版。商业发行版较为知名的有 Red Hat、Ubuntu 和 openSUSE 等；社区发行版由自由软件社区提供，如 Debian 和 Gentoo 等。有的发行版既不属于商业发行版，也不属于社区发行版，其中以 Slackware 最为著名。

Linux 操作系统的主要特征如下。

（1）自由与开放。Linux 操作系统可以说是开放源代码的自由软件的代表，它开放源代码并对外免费提供，它基于 GPL（General Public License）架构，任何人都可以自由使用或修改其中的源代码，因此可以满足多种不同的需求。

（2）功能强大而稳定。随着越来越多的团体和计算机爱好者参与到 Linux 操作系统的编写和研发工作中，Linux 操作系统的功能越来越强大，并且更加稳定。

（3）提供多任务、多用户工作环境。所谓多用户，是指 Linux 操作系统的资源可以被不同的用户使用，每个用户对自己的资源（如文件、设备等）有特定的权限且互不影响。所谓多任务，是指计算机同时执行多个程序，并且各个程序的运行互相独立。Linux 操作系统充分利用了 X86CPU 的任务切换机制，实现了真正的多任务、多用户环境，允许多个用户共同执行不同的程序，并且可以给紧急任务以较高的优先级。

（4）具有可靠的安全性。对于多任务、多用户开放式系统而言，在方便用户的同时，很可能存在安全隐患。不过，Linux 操作系统采用入侵检测和安全认证等多种安全技术保护系统安全，及时修补漏洞，从而大大提高了安全性。

（5）具有强大的网络功能。网络就是 Linux 操作系统的生命，完善的网络支持是 Linux 操作系统与生俱来的能力，因此 Linux 操作系统在通信和网络功能方面优于其他网络操作系统，其他网络操作系统不具备如此紧密地和内核结合的连接网络的能力。

（6）具有良好的可移植性。Linux 操作系统可以从一个平台转移到另一个平台，且仍能够保持其自身方式运行。Linux 操作系统不受硬件平台的限制，可以在从微型计算机到大型计算机等任何环境及任何平台中运行。

3. Windows Server

Windows 是美国微软公司研发的一套操作系统。微软公司于 1983 年春季宣布开始研发 Windows 操作系统，其最初的研发目标是实现 MS – DOS 的模拟环境，后续的版本由于微软不断地更新升级，采用了图形用户界面（Graphical User Interface，GUI），比起从前的 DOS 输入指令的方式更为人性化。随着计算机硬件和软件的不断升级，微软公司的 Windows 操作系统也在不断升级，其架构从 16 位、16 + 32 位混合版（Windows 9x）、32 位发展到 64 位，其版本从最初的 Windows 1.0 发展到 Windows 95、Windows 98、Windows ME、Windows 2000、Windows 2003、Windows XP、Windows Vista、Windows 7、Windows 8、Windows 8.1、Windows 10、Windows 11。

微软公司的 Windows 操作系统不仅在个人操作系统中占有绝对优势，在网络操作系统中也具有非常强劲的力量。1993 年 6 月，微软公司发布了 Windows NT 系列的第一版 NT 3.0，但由于该操作系统存在很多缺陷，所以它并没有获得成功。1994 年 9 月，微软公司同时发布了 NT 3.5 和 Backoffice 应用包，NT 3.5 的资源要求比 NT 3.1 减少了 4 MB，并增强了 UNIX 和 NetWare 的连接和集成。1996 年，微软公司发布了 NT 4.0，该版本继承了 Windows 家族的统一界面，使用户学习、使用起来更加容易。2000 年年初，融合了 Windows 98 和 Windows NT 的 Windows 2000 问世。2003 年 4 月，微软公司发布了 Windows Server 2003。2008 年 2 月，微软公司正式发布 Windows Server 2008。2009 年 10 月发布的 Windows Server 2008 R2 与 Windows Server 2008 相比，继承了虚拟化、系统管理弹性、网络存取方式以及信息安全等领域的应用。Windows Server 2012 是 Windows Server 2008 的继承者，Windows Server 2012 可以用于搭建功能强大的网站、应用程序服务器与高度虚拟化的云应用环境，大、中或小型的企业网络都可以使用 Windows Server 2012 的管理功能与安全措施，以简化网站与服务器的管理、改善资源的可用性、减少成本支出、保护企业应用程序与数据，使用户可以更轻松有效地管理网站、应用程序服务器与云应用环境。Windows Server 2012 R2 是 Windows Server 2012 的升级版本，是基于 Windows 8/Windows 8.1 以及 Windows 8 RT/Windows 8.1 RT 界面的新一代 Windows Server 操作系统，它提供企业级数据中心和混合云解决方案，易于部署，具有成本效益，以应用程序为重点，以用户为中心。Windows Server 2016 是第六个 Windows Server 操作系统版本，它基于 Long – Term Servicing Branch 1607 内核开发，引入了新的安全层来保护用户数据、控制访问权限，增强了弹性计算能力，降低了存储成本并简化了网络，还提供了新的方式来打包、配置、部署、运行、测试和保护应用程序。Windows Server 2019 是目前 Windows Server 的最新版本，Windows Server 2019 建立在 Windows Server 2016 的坚实基础之上，进一步融合了更多云计算、大数据时代的新特性，包括更先进的安全性，广泛支持容器基础，原生支持混合云扩展，提供低成本的超融合架构，用户在本地数据中心也可以连接具有未来趋势的创新平台。

信创产业，即信息技术应用创新产业，是"新基建"的重要内容。其推进的背景如下。过去我国 IT 底层标准、架构、产品、生态大多数都由国外 IT 商业公司制定，由此存在诸多的底层技术、信息安全、数据保存方式被限制的风险。全球 IT 生态格局正在由过去的"一极"向未来的"两级"演变，因此中国要逐步建立基于自己的 IT 底层架构和标准。基于自有 IT 底层架构和标准建立的 IT 产业生态便是信创产业的主要内涵。信创产业发展的目标是自主可控。

"信创"源于"信息技术应用创新工作委员会"。信创产业以信息技术产品生态体系为基础框架，当前传统的信息技术产业主要由四部分组成：基础设施包括芯片、存储器、整机（服务器、PC）、固件等；基础软件包括操作系统、中间件、数据库；另外两部分分别是应用软件和信息/网络安全。

随着中国在操作系统领域研发力度的持续加大，发展成效日渐显著，国产操作系统的发展引起了广泛的关注。

二、Windows Server 2019 简介

Windows Server 2019 是微软公司于 2018 年 11 月 13 日发布的新一代 Windows Server 操作系统，它基于 Windows 10 1809（LTSC）内核开发而成。

1. Windows Server 2019 家族成员

Windows Server 2019 可以提供高经济效益与高度虚拟化的环境，为了满足各种规模的企业对服务器不断变化的需求，Windows Server 2019 发行了多个版本。

1）Windows Server 2019 Essentials edition（基本版）

Windows Server 2019 基本版是专为小型企业设计的。它对应于 Windows Server 早期版本中的 Windows Small Business Server。此版本最多可容纳 25 个用户和 50 台设备。它支持两个处理器内核和高达 64 GB 的 RAM。它不支持 Windows Server 2019 的许多功能，包括虚拟化。

2）Windows Server 2019 Standard edition（标准版）

Windows Server 2019 标准版是为具有很少或没有虚拟化的物理服务器环境设计的。它提供了 Windows Server 2019 可用的许多角色和功能。此版本支持最多 64 个插槽和最多 4TB 的 RAM。它包括最多 2 个虚拟机的许可证，并且支持 Nano 服务器安装。

3）Windows Server 2019 Datacenter edition（数据中心版）

Windows Server 2019 数据中心版专为高度虚拟化的基础架构设计，包括私有云和混合云环境。它提供 Windows Server 2019 可用的所有角色和功能。此版本支持最多 64 个插槽、最多 640 个处理器内核和最多 4TB 的 RAM。它为在相同硬件上运行的虚拟机提供了无限虚拟机许可证。它还包括新功能，如存储空间直通和存储副本，以及新的受防护的虚拟机和软件定义的数据中心场景所需的功能。

4）Microsoft Hyper – V Server 2019

作为运行虚拟机的独立虚拟化服务器，Microsoft Hyper – V Server 2019 包括 Windows

Server 2019 中虚拟化的所有新功能。主机操作系统没有许可成本，但每个虚拟机必须单独获得许可。此版本最多支持 64 个插槽和最多 4 TB 的 RAM。它支持加入域。除了有限的文件服务功能，它不支持其他 Windows Server 2019 角色。此版本没有 GUI，但有一个显示配置任务菜单的用户界面。

2. 安装 Windows Server 2019 的硬件配置要求

安装 Windows Server 2019 的硬件配置要求如表 1-1 所示。

表 1-1　安装 Windows Server 2019 的硬件配置要求

硬件	配置要求
处理器	最低要求：①1.4 GHz 64 位处理器；②与 x64 指令集兼容；③支持 NX 和 DEP；④支持 CMPXCHG16b、LAHF/SAHF 和 PrefetchW；⑤支持二级地址转换（EPT 或 NPT）； 注意：可以执行 coreinfo. exe 确认 CPU 是否具有上述功能
内存	最低要求：①512 MB（对于带桌面体验的服务器安装选项为 2 GB）；②支持 ECC（纠错代码）类型或类似技术
可用磁盘空间	最低要求：32 GB。 注意：①满足此最低要求是指能够以"服务器核心"模式安装包含 Web 服务（IIS）服务器角色的 Windows Server 2019，"服务器核心"模式比"带有桌面体验的服务器"模式的相同角色占用的磁盘空间大约减少 4 GB；②系统分区有时需要分配额外的磁盘空间，即通过网络安装系统，RAM 超过 16 GB 的服务器还需为页面文件、休眠文件和转储文件分配额外的磁盘空间
网络适配器	最低要求：①至少有千兆位吞吐量；②符合 PCI Express 体系结构规范；③支持预启动执行环境（PXE）
光驱	DVD 驱动器（如果从 DVD 媒体安装）
其他	不严格需要，但某些特定功能需要：①基于 UEFI 2.3.1c 的系统和支持安全启动的固件；②受信任的平台模块；③支持超级 VGA（1 024 像素×768 像素）或更高分辨率的图形设备和监视器；④键盘和鼠标（或其他兼容的指针设备）；⑤Internet 访问

3. Windows Server 2019 的安装模式

（1）"带有桌面体验的服务器"模式，即传统的 Windows Server 安装模式，安装完成后，可以使用 GUI 管理 Windows Server 2019，并可以充当各种服务器角色。这是通常选择的安装模式，有助于初学者操作、理解。

（2）"服务器核心"模式，类似"精简安装"模式，不安装完整的 GUI，因此只能使用命令提示符、Windows Power Shell 或通过远程计算机来管理此服务器。这种模式可以降低维护与管理要求，减少使用硬盘容量、减少被攻击的次数。与某些之前版本的 Windows Server

操作系统不同，安装该模式后无法在服务器核心和带有桌面体验的服务器之间转换。如果安装时选择了"具有桌面体验的服务器"模式，但后来决定选择"服务器核心"模式，则应重新安装。

（3）"Nano Server"模式，是 Windows Server 2019 提供的新的安装模式。Nano Server 是针对私有云和数据中心进行优化的远程管理的服务器操作系统，类似 Windows Server 的"服务器核心"模式，但显著变小了，无本地登录功能且仅支持 64 位应用程序、工具和代理。其所需的磁盘空间更小，启动速度明显更快，且所需的更新和重启操作远远少于 Windows Server。"Nano Server"模式仅适用于 Windows Server 2019 标准版和数据中心版。

4. Windows Server 2019 的安装方式

Windows Server 2019 有多种安装方式，分别适用于不同的环境，根据需要选择合适的安装方式可以提高工作效率。

（1）全新安装。这种安装方式适用于计算机中没有安装 Windows Server 2019 以前版本的操作系统（如 Windows Server 2016），或者计算机中原操作系统已删除的情况。在全新安装方式下，可以利用包含 Windows Server 2019 的 U 盘或 Windows Server 2019 安装光盘进行安装。

（2）升级安装。这种安装方式适用于计算机中安装有 Windows Server 2019 以前版本的操作系统（如 Windows Server 2016）的情况。这种安装方式在不破坏原操作系统各种设置以及已安装的各种应用程序的前提下对操作系统进行升级，这样可以大大减小重新配置操作系统的工作量，同时也能保证系统过渡的连续性。需要注意的是，服务器若要升级为 Windows Server 2019，则必须保证使用 64 位处理器。

（3）其他安装方式。例如，通过 Windows 部署服务进行远程安装，利用 Windows Automated Kit 中的 Imagex 进行克隆安装，利用微软公司提供的部署解决方案（如 Windows Deployment Service 使用 Windows Server 2019 包含的功能进行网络安装）进行安装等。

 任务实施

一、安装 Windows Server 2019

安装 Windows Server 2019 和安装 Windows 10 的整体过程差不多，也和安装其他几个 Windows Server 版本的过程大同小异。

在任务 1 中，已经在 VMware 平台新创建了 Windows Server 2019 虚拟机，单击"开启此虚拟机"按钮，显示"press any key to boot from cd or dvd"，此时如果需要从光盘启动，按键盘上的任意键即可。Windows 预加载界面如图 1－25 所示。

启动安装程序以后，会弹出图 1－26 所示的"Windows 安装程序"界面。在其中需要选择"要安装的语言""时间和货币格式"以及"键盘和输入方法"，一般情况下使用默认的中文设置即可，然后单击"下一步"按钮。

在图 1－27 所示的界面中单击"现在安装"按钮，开始操作系统的安装。

图 1 – 25　Windows 预加载界面

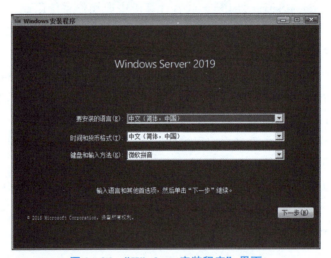

图 1 – 26　"Windows 安装程序" 界面

图 1 – 27　单击 "现在安装" 按钮

进入"选择要安装的操作系统"界面，选择需要安装的 Windows Server 2019 版本，操作系统列表框中列出了可以安装的网络操作系统，这里选择"Windows Server 2019 Standard（桌面体验）"选项，即安装 Windows Server 2019 标准版（也可以安装 Windows Server 2019 数据中心版），如图 1-28 所示，单击"下一步"按钮。

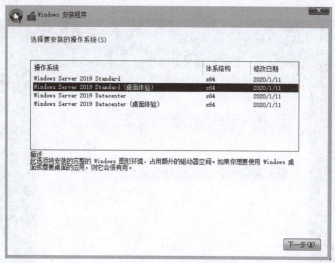

图 1-28　"选择要安装的操作系统"界面

在图 1-29 所示的"适用的声明和许可条款"界面，提供了 Windows Server 2019 的许可条款，勾选下方"我接受许可条款"复选框之后，单击"下一步"按钮继续安装。

图 1-29　"适用的声明和许可条款"界面

在图 1-30 所示的"你想执行那种类型的安装?"界面,单击选择"自定义:仅安装 Windows(高级)"选项,该选项用于全新安装 Windows Server 2019 操作系统。其中"升级:安装 Windows 并保留文件、设置和应用程序"选项用于从诸如 Windows Server 2016 系列低版本升级到 Windows Server 2019,并且如果当前计算机中没有安装网络操作系统,则该选项是不可选的。

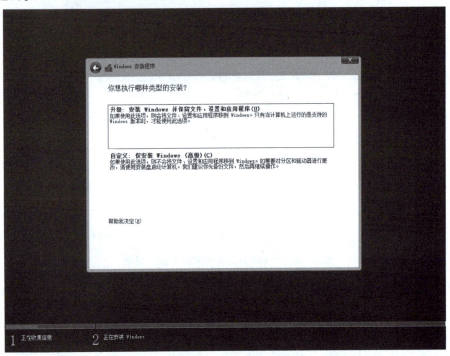

图 1-30 "你想执行那种类型的安装?"界面

 小贴士

> 这里选择"自定义:仅安装 Windows(高级)"选项是必须的,当然在企业中如果想从低版本升级到 Windows Server 2019 也是可行的,但有时低版本所运行的应用程序可能不兼容 Windows Server 2019,这是需要注意的。

进入"你想将 Windows 安装在哪里?"界面,如图 1-31 所示,该界面显示当前系统磁盘分区情况。

如果需要对磁盘分区和格式化,可以单击"新建"按钮,在"大小"文本框中输入分区大小,如 61 440 MB,如图 1-31 所示,单击"应用"按钮,弹出图 1-32 所示的自动创建额外分区的提示对话框,单击"确定"按钮完成系统第一个分区的创建,可照此操作创建其他分区。

完成分区创建后的界面如图 1-33 所示。

选择在分区 4 中安装 Windows Server 2019,单击"下一步"按钮,进入"正在安装 Windows"界面,开始复制 Windows 文件和准备要安装的文件等步骤,如图 1-34 所示。

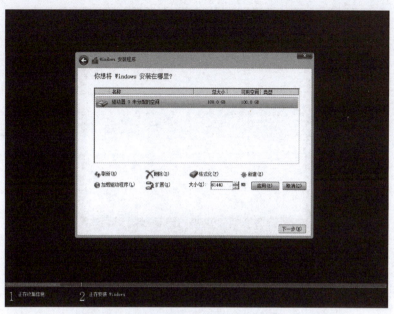

图 1-31　"你想将 Windows 安装在哪里?" 界面

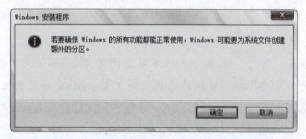

图 1-32　自动创建额外分区的提示对话框

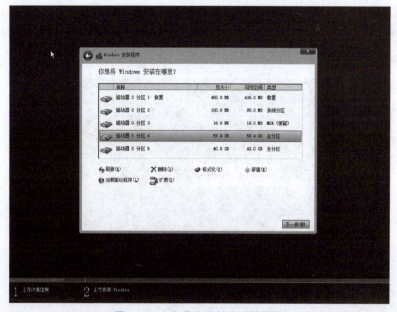

图 1-33　完成分区创建后的界面

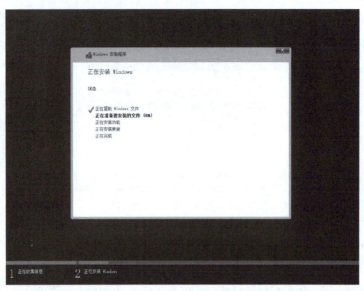

图 1-34 "正在安装 Windows" 界面

 小贴士

在进行磁盘分区时，系统自动划分出分区 1、分区 2 和分区 3，它们都是 Windows 操作系统的特有分区。其中，恢复分区的可用空间为 436 MB，用于备份引导文件；系统分区的可用空间为 95 MB，用于保存系统引导文件；MSR 分区的可用空间为 16 MB，它是微软公司的保留分区，是在每个 GUID 分区表（GUID Partition Table，GPT）上的 Windows 操作系统（Windows 7 以上）都要求的分区。

在安装过程中，系统会根据需要自动重新启动。在安装完成之前，进入"自定义设置"界面，如图 1-35 所示，设置管理员（Administrator）登录密码，分别在"密码"输入框中输入两次完全一样的密码，完成之后单击"确定"按钮确认。

图 1-35 "自定义设置" 界面

　　进入图 1-36 所示登录系统界面，表示管理员密码已设置成功，此时按照界面中的提示按"Ctrl + Alt + Delete"快捷键，进入图 1-37 所示输入管理员密码界面，输入刚才设置的管理员密码，按 Enter 键登录 Windows Server 2019 操作系统。

图 1-36　登录系统界面

图 1-37　输入管理员密码界面

 小贴士

密码必须符合复杂性要求，即必须符合下列最低要求。

（1）不能包含用户账户名，不能包含用户姓名中超过 2 个连续字符的部分。

（2）至少为 6 个字符长。

（3）包含以下 4 类字符中的 3 类字符。

①英文大写字母（A~Z）。

②英文小写字母（a~z）。

③数字（1~9）。

④特殊字符（如!、$、#、% 等）。

在首次进入 Windows Server 2019 操作系统之前，还会进行诸如准备桌面等最后的配置工作，稍等片刻即可进入系统，图 1 - 38 所示为 Windows Server 2019 操作系统桌面，稍等片刻会默认自动启动"服务器管理器"窗口。

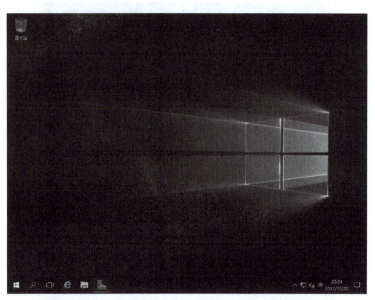

图 1 - 38　Windows Server 2019 操作系统桌面

 小贴士

在 Windows Server 2019 操作系统中无法使用应用商店、Cortana 和 Edge 浏览器，后两项都被传统功能替代，分别为"搜索"和 IE11 浏览器（安全增强模式）。

二、配置 Windows Server 2019

在 Windows Server 2019 安装完成后，用户应进行一些初始配置，如激活系统，更改计算机名，配置网络、工作组，更新系统等，这些均可在"服务器管理器"窗口中完成，这些配置可以使 Windows Server 2019 更好、更稳定地运行。

1. 修改计算机名与工作组名

在安装 Windows Server 2019 的过程中不需要设置计算机名及其所属工作组名，系统会进行默认配置，可以根据实际需要对它们进行修改。计算机名在局域网内部必须是唯一的，即使位于不同的工作组中也不能同名。为计算机命名时建议设置比较有意义的名称，将不同的计算机按功能分别列入不同的工作组，以方便管理和资源共享。修改计算机名与工作组名的步骤如下。

单击"服务器管理器"窗口左侧的"本地服务器"按钮，如图 1 - 39 所示。单击"计算机名"或"工作组"后面的名称，可以对计算机名或工作组名进行修改。

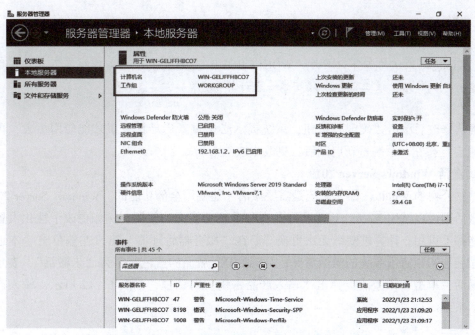

图 1-39　"服务器管理器 - 本地服务器"界面

首先修改计算机名，弹出"系统属性"对话框，如图 1-40 所示，单击"更改"按钮，打开"计算机名/域更改"对话框，在"计算机名"文本框输入新的计算机名，在"工作组"文本框中可以更改计算机所属工作组名，如图 1-41 所示。

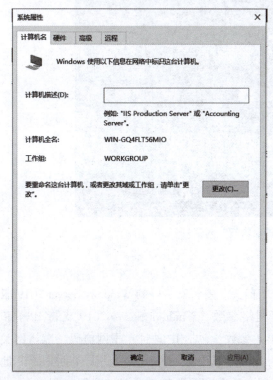

图 1-40　"系统属性"对话框

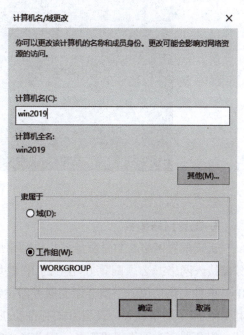

图 1-41　"计算机名/域更改"对话框

小贴士

> Windows 默认的工作组名为"WORKGROUP"。如果输入的工作组名不存在，则会创建一个工作组，该工作组中只有这一台计算机。

确认修改后单击"确定"按钮，系统提示必须重新启动计算机才能应用更改，再次单击"确定"按钮，系统重新启动后，更改生效。

2. 激活 Windows Server 2019

微软公司的 Windows 操作系统是需要激活才能使用全部功能的。Windows Server 2019 如果不激活则可以试用 30 天，但是会导致有些系统功能无法使用，例如更改个性化设置中所有功能都不可用、计算机壁纸无法更换等。在"服务器管理器"窗口左侧单击"本地服务器"按钮，可以查看系统的激活情况，"产品 ID"后面的蓝色文字为"未激活"，表示该系统未激活，单击"未激活"弹出"输入产品密钥"对话框，如图 1-42 所示，输入产品密钥激活系统。

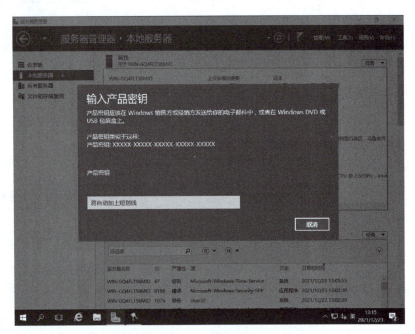

图 1-42 "输入产品密钥"对话框

3. 配置网络参数

正确配置网络参数是服务器提供网络服务的前提。要将安装好的 Windows Server 2019 服务器接入网络，必须配置好相应的 IP 地址等网络参数。Windows Server 2019 支持 IPv4 和 IPv6 两种网络协议，下面介绍为服务器设置 IPv4 参数，包括 IP 地址、子网掩码、默认网关和 DNS 服务器地址等。设置方式有自动获取和用户手动设置两种，系统默认自动获取 IP 地址。服务器要为网络提供服务，因此通常需要用户手动设置静态 IP 地址，设置步骤如下。

　　单击"服务器管理器"窗口左侧的"本地服务器"按钮，单击"Ethernet0"后面的蓝色文字，打开"网络连接"界面，如图 1 - 43 所示。双击"Ethernet0"图标，打开"Ethernet0状态"对话框，如图 1 - 44 所示。

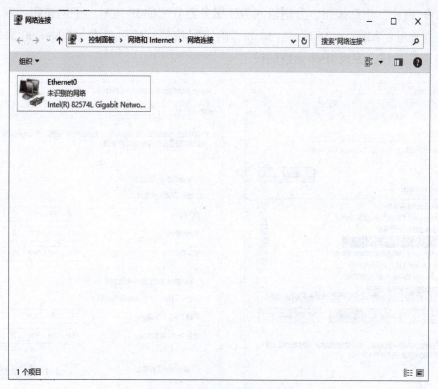

图 1 - 43　"网络连接"界面

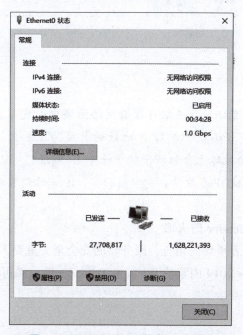

图 1 - 44　"Ethernet0 状态"对话框

单击"属性"按钮，打开"Ethernet0 属性"对话框，在"此连接使用下列项目"列表框中选择"Internet 协议版本 4（TCP/IPv4）"选项，如图 1-45 所示。

单击"属性"按钮，打开"Internet 协议版本 4（TCP/IPv4）属性"对话框，单击"使用下面的 IP 地址"单选按钮，分别输入为该服务器分配的 IP 地址、子网掩码、默认网关和 DNS 服务器地址，如图 1-46 所示，单击"确定"按钮，然后单击"Ethernet0 属性"对话框的"确定"按钮，完成 IPv4 参数的设定。

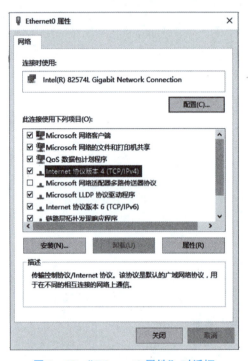

图 1-45 "Ethernet0 属性"对话框

图 1-46 "Internet 协议版本 4（TCP/IPv4）属性"对话框

拓展阅读

2019 年 11 月 26 日，欧洲地区互联网注册网络协调中心宣布最后一批 IPv4 地址已被分配完毕，互联网升级到了 IPv6 时代。IPv6 地址的长度为 128 位，可用的数量理论上可达 2^{128}，有人形容它"可以给地球上每粒沙子赋予一个 IP 地址"。目前，全球各国大型运营商均在积极推进网络基础设施 IPv6 改造。对中国而言，IPv6 的到来意味着一个巨大的机遇。

4. 配置 Windows Defender 防火墙

服务器在网络中扮演着重要的角色，服务器的安全至关重要，稍乱分寸即会使整个网络陷入瘫痪。Windows Server 2019 内置的 Windows Defender 防火墙可以保护服务器免遭外部恶意程序的攻击。

1）防火墙设置

系统将网络分为域网络、专用网络和公用网络，单击"服务器管理器"窗口左侧的

"本地服务器"按钮，单击"Windows Defender 防火墙"后面的蓝色文字，打开"Windows 安全中心"界面，如图 1-47 所示。此服务器所在的网络为公用网络。默认这 3 个网络自动启用 Windows Defender 防火墙，它会阻断其他计算机与这台服务器的相关通信。如果要更改设置，可以单击图 1-47 所示界面中的"域网络""专用网络"或"公用网络"链接进行操作，图 1-48 所示为更改公用网防火墙设置界面。

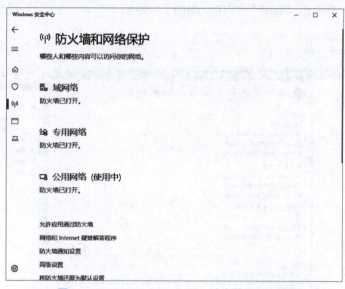

图 1-47   Windows Defender 防火墙网络位置

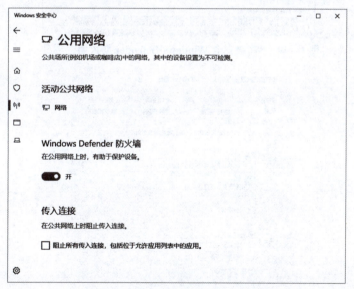

图 1-48   更改公用网防火墙设置界面

2）Windows Defender 防火墙的高级安全设置

通常为了安全需要开启防火墙，以防止网络攻击。但是，启用防火墙后在默认情况下是不允许外部主机对其进行 ping 测试的，而在一个安全的局域网环境中，ping 测试又是管理员进行网络测试所必需的。下面介绍在 Windows Defender 防火墙开启的状态下，开启 ICMP

协议允许 ping 命令通过的操作步骤。

在图 1-47 所示界面下方单击"高级设置"链接，打开"高级安全 Windows Defender 防火墙"界面，如图 1-49 所示，选择"入站规则"选项，在中间"入站规则"窗格中双击"文件和打印机共享（回显请求 – ICMPv4 – In）"选项，打开"文件和打印机共享（回显请求 – ICMPv4 – In）属性"对话框，默认显示"常规"选项卡，勾选"已启用"复选框，单击"应用"按钮，再单击"确定"按钮，如图 1-50 所示。

图 1-49 "高级安全 Windows Defender 防火墙"界面

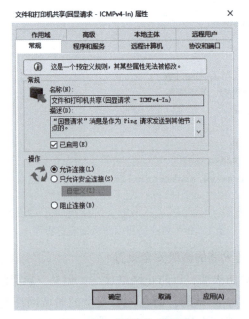

图 1-50 "常规"选项卡

3）解除对某些程序的阻挡

Windows Defender 防火墙会阻止绝大部分的入站连接，但可以通过单击图 1 – 47 所示界面中的"允许应用通过防火墙"链接来解除对某些程序的阻挡，例如开启"网络发现"功能允许网络中其他用户访问服务器，可以勾选"网络发现"复选框，如图 1 – 51 所示，并且可以针对专用网络或公用网络来设置（如果此计算机已经加入域网络，还有"域网络"可供选择）。

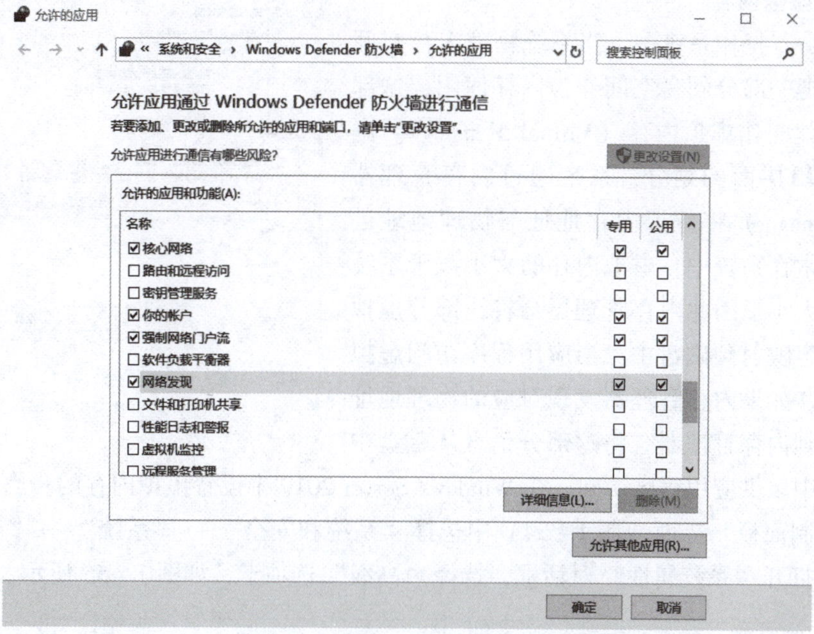

图 1 –51　"Windows Defender 防火墙 – 允许的应用"界面

5. IE 增强的安全配置

在安装完 Windows Server 2019 后，开启 IE 浏览器时会提示无法上网或者上网内容被屏蔽，这是由于 IE 增强的安全设置已启动，以降低服务器受 Web 内容和应用程序脚本潜在攻击的暴露程度。关闭 IE 增强的安全设置，调整安全性等级的操作步骤如下。

单击"服务器管理器"窗口左侧的"本地服务器"按钮，单击"IE 增强的安全设置"后面的"启用"，打开"Internet Explorer 增强的安全配置"对话框，如图 1 – 52 所示，针对管理员或用户分别单击"关闭"单选按钮，然后单击"确定"按钮。

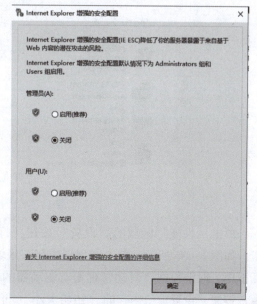

图 1 –52　"Internet Explorer 增强的
安全配置"对话框

之后每次开启 IE 浏览器会出现提示"警告：Internet Explorer 增强的安全配置未启动"的页面，可以进入 IE 浏览器的"Internet 选项"对话框的"常规"选项卡，将默认主页更换即可，并且可以在"安全"选项卡（图 1–53）中，根据需要设置 IE 浏览器的安全等级。

6. 配置虚拟内存

在 Windows 操作系统中，当系统物理内存空间不足时，会把一部分硬盘空间作为内存使用，这部分硬盘空间就叫作虚拟内存（Virtual Memory）。虚拟内存是逻辑层面的划分，系统通过内存管理器（Memory Manager）将虚拟内存地址与物理地址进行对应。通常在系统中，虚拟内存的大小大于系统实际内存的大小，因此内存管理器会将一部分虚拟内存中的内容映射到磁盘中。当应用程序访问虚拟内存地址时，如果内存管理器发现对应的物理地址在磁盘中，则内存管理器会将这部分信息从磁盘中加载回内存中以供应用程序访问。在 Windows Server 2019 中设置虚拟内存的步骤如下。

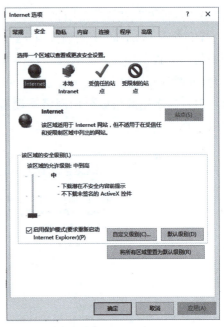

图 1–53 "Internet 选项"对话框的"安全"选项卡

在"控制面板"界面（图 1–54）中选择"系统和安全"→"系统"→"高级系统设置"选项，打开"系统属性"对话框，选择"高级"选项卡，如图 1–55 所示。

图 1–54 "控制面板"界面

单击"性能"区域的"设置"按钮，打开"性能选项"对话框，选择"高级"选项卡，如图 1–56 所示。单击"虚拟内存"区域的"更改"按钮，在打开的"虚拟内存"对话框中，取消勾选"自动管理所有驱动器的分页文件大小"复选框，单击"自定义大小"单选按钮，设置虚拟内存的"初始大小"和"最大值"，单击"设置"按钮，再单击"确定"按钮保存所有的修改，如图 1–57 所示。

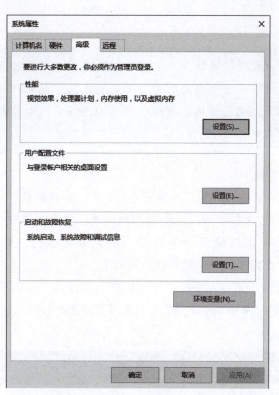

图 1-55　"系统属性"对话框的"高级"选项卡

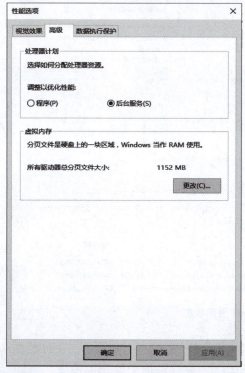

图 1-56　"性能选项"对话框的"高级"选项卡

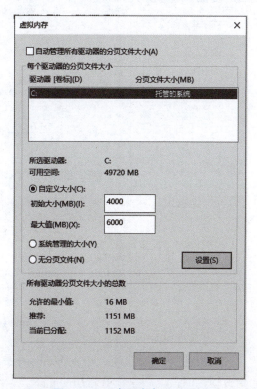

图 1-57　"虚拟内存"对话框

小贴士

　　选择存放虚拟内存文件的驱动器（硬盘）时，建议不要选择系统盘，具体根据服务器硬盘的情况进行选择；虚拟内存的大小可以自定义，也可以单击"系统管理的大小"单选按钮，即由系统自行分配；建议设置虚拟内存的最小值是物理内存的 1 ~ 1.5 倍，最大值是物理内存的 2 ~ 2.5 倍。

7. 设置 Windows 更新

　　Windows 更新用于对系统之前版本的漏洞进行完善，或者对软件添加新的应用功能进行更新，使系统支持更多软/硬件，解决各种兼容性问题，使系统更安全、更稳定、更加完善好用。Windows 更新功能可以确保服务器安全而高效地运行，避免漏洞造成故障。在 Windows Server 2019 中设置 Windows 更新的步骤如下。

　　单击"服务器管理器"窗口左侧的"本地服务器"按钮，可以看到 Windows 更新状态，包括"上次安装的更新""Windows 更新""上次检查更新的时间"，如图 1 – 58 所示。

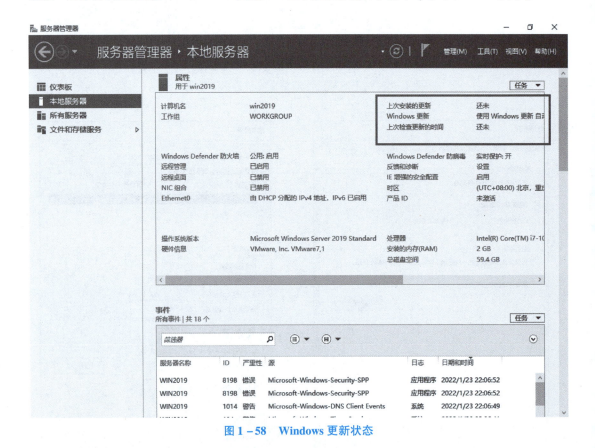

图 1 – 58　Windows 更新状态

　　单击右侧的蓝色文字，进入 Windows 更新的设置界面，如图 1 – 59 所示，在这里可以对"更改使用时段""查看更新历史记录""高级选项"进行更加个性化的设置。例如，在

"查看更新历史记录"中可以查看具体的更新历史记录，如果要对更新的时间等进行具体设置，可以根据需要选择更新使用时段。

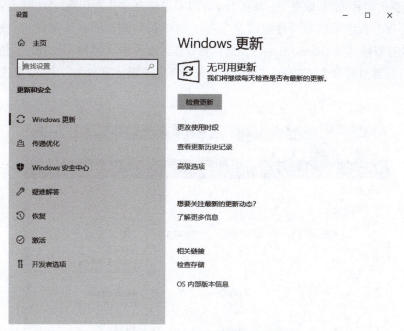

图 1－59　Windows 更新的设置界面

8. 安装 Windows Admin Center

Windows Admin Center 是一个在本地部署的基于浏览器的新管理工具集，让用户能够管理 Windows Server，而无须依赖 Azure 或云。利用 Windows Admin Center 可以完全控制服务器基础结构的各个方面，这对于在未连接到 Internet 的专用网络上管理服务器特别有用。Windows Admin Center 是"内部"管理工具（例如服务器管理器和 MMC）的现代演进版，它补充（不是替代）了 System Center。在启动服务器管理器时，会提醒用户尝试使用 Windows Admin Center 管理服务器，如图 1－60 所示。可以通过单击提示对话框中的链接下载与安装 Windows Admin Center。

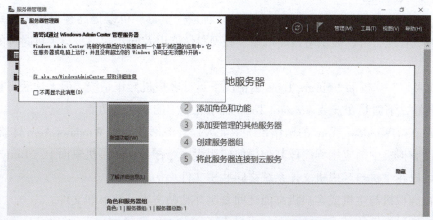

图 1－60　Windows Admin Center 提示界面

下载 Windows Admin Center 完成后采用默认值安装即可。安装完成后，可以在 Windows 10 计算机上打开浏览器（注意，目前仅支持 Microsoft Edge 或 Google Chrome）运行，输入 "http://服务器的名称或 IP 地址"［例如 http://192.168.1.2，若出现 "此站点不安全" 的提示，可以不理会，继续单击 "详细信息" → "继续访问此页面（不建议）" 按钮］。提示输入用户账号与密码（如 Administrator），选择要管理的服务器（例如 win2019），进入图 1–61 所示界面，可以通过界面上方提示 "重启" "关机" "编辑计算机 ID" 等来更改计算机名、工作组名等。

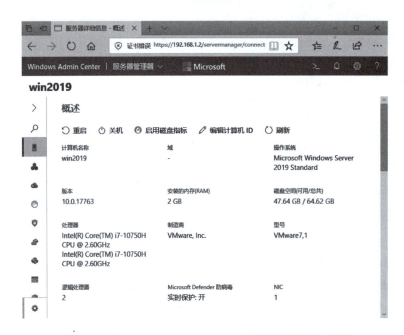

图 1–61 "Windows Admin Center 服务器管理器" 界面

三、VMware 使用技巧

1. VMware Tools

VMware Tools 是 VMware 虚拟机中自带的一种增强工具，可以提高客户机操作系统性能及改善虚拟机管理，可以提供增强虚拟显卡和硬盘性能以及同步虚拟机与主机时钟的驱动程序等。

虽然也可以在未安装 VMware Tools 的情况下运行客户机操作系统，但无法获得很多重要功能和便利性，下面是在安装 VMware Tools 后才能使用的一部分功能。

（1）在支持 Windows Aero 的操作系统中大大提升图形性能和 Windows Aero 体验。

（2）使虚拟机中的应用程序像其他任何应用程序一样显示在主机桌面上（Unity 功能）。

（3）可以在主机与客户机文件系统之间共享文件夹。

（4）在虚拟机与主机或客户机桌面之间复制并粘贴文本、图形和文件。

（5）改进鼠标性能。

（6）使虚拟机中的时钟与主机或客户机桌面上的时钟同步。

（7）帮助自动执行客户机操作系统操作的脚本。

（8）启用虚拟机的客户机自定义。

在客户机操作系统中安装 VMware Tools 的操作步骤如下。

VMware Tools 必须在系统开机的状态下安装。在客户机菜单栏中选择"虚拟机"→"安装 VMware Tools"选项，此时虚拟机的光盘驱动器会自动加载 VMware Tools 的安装程序，单击自动弹出的光盘，单击上面的文字"运行 setup64.exe"即可开始安装，进入"欢迎使用 VMware Tools 的安装向导"界面，如图 1-62 所示。如果之前安装过 VMware Tools，则"虚拟机"选项的下级选项应为"重新安装 VMware Tools"。

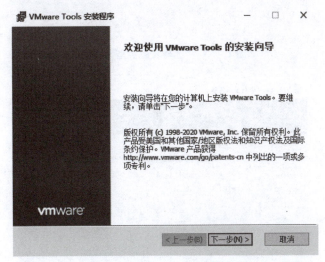

图 1-62　"欢迎使用 VMware Tools 的安装向导"界面

 小贴士

　　如果在客户机操作系统中为虚拟机的光盘驱动器启用了自动运行，则会启动 VMware Tools 安装向导；如果未启用自动运行，则要手动启动 VMware Tools 向导，可以在系统"运行"对话框中输入"D:\setup.exe"，其中"D:"是第一个虚拟机的光盘驱动器，对于 64 位 Windows 客户机操作系统，需要输入"D:\setup64.exe"。

　　单击"下一步"按钮，进入"选择安装类型"界面，其中有 3 个单选按钮——"典型安装""完全安装"和"自定义安装"，建议单击默认的"典型安装"单选按钮，如图 1-63 所示。

　　单击"下一步"按钮，进入"已准备好安装 VMware Tools"界面，如图 1-64 所示，单击"安装"按钮开始安装。

　　等待几分钟之后，单击"完成"按钮，如图 1-65 所示。安装结束之后，需要重启系统以使设置生效。

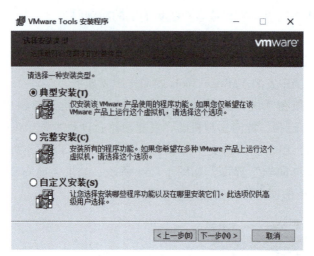

图 1 – 63 "选择安装类型"界面

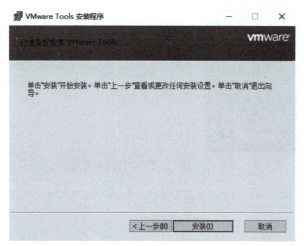

图 1 – 64 "已准备好安装 VMware Tools"界面

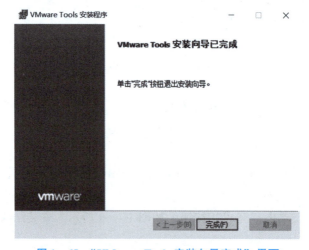

图 1 – 65 "VMware Tools 安装向导完成"界面

2. VMware 的快照功能

快照功能是 VMware 的一个特色功能。形象地说，快照就相当于一个备份文件，记录的是虚拟机运行到某一时间点时的状态，在虚拟机的使用过程中如果发生了意外，例如系统崩溃或系统异常，事先创建快照就可以选择恢复到快照，即将虚拟机的磁盘文件系统和存储系统恢复到创建快照的时间点，以恢复虚拟机的正常使用。如果对虚拟机创建了多个快照，那么可以有多个可恢复的时间点。创建快照的步骤如下。

无论虚拟机是处于运行、关机还是挂起的状态，都可以创建快照。选择"虚拟机"→"快照"→"拍摄快照"选项，如图 1-66 所示，打开"Windows Server 2019-拍摄快照"对话框，如图 1-67 所示，输入快照的名称和描述信息，单击"拍摄快照"按钮，即可完成创建快照的操作。

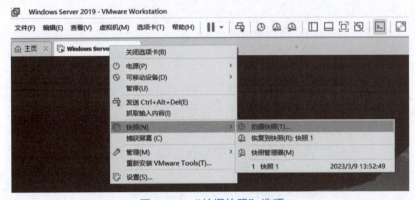

图 1-66 "拍摄快照"选项

3. VMware 的克隆功能

在虚拟机使用过程中，有时需要用到多台虚拟机环境进行网络实验，而重复创建多个虚拟机费时费力又会占用大量的磁盘空间。通过 VMware 的克隆功能可快速得到多个相同配置的虚拟机。现有虚拟机称为父虚拟机，虚拟机的克隆就是对父虚拟机全部状态的复制。克隆过程并不影响父虚拟机，克隆操作一旦完成，克隆虚拟机就可以脱离父虚拟机而独立存在，而且克隆虚拟机中的操作和父虚拟机中的操作是相对独立的，互不影响。创建克隆虚拟机的步骤如下。

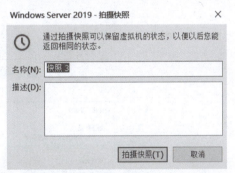

图 1-67 "Windows Server 2019-拍摄快照"对话框

克隆操作必须在虚拟机关机的状态下进行。选择"虚拟机"→"管理"→"克隆"选项，进入"欢迎使用克隆虚拟机向导"界面，如图 1-68 所示。单击"下一步"按钮，进入"克隆源"界面，其中有两个单选按钮："虚拟机中的当前状态"和"现有快照"。这里单击"虚拟机中的当前状态"单选按钮，如图 1-69 所示。

单击"下一步"按钮，进入图 1-70 所示的"克隆类型"界面，"克隆方法"建议选择"创建链接克隆"。

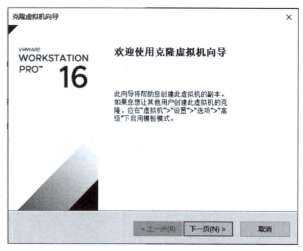

图 1－68　"欢迎使用克隆虚拟机向导"界面

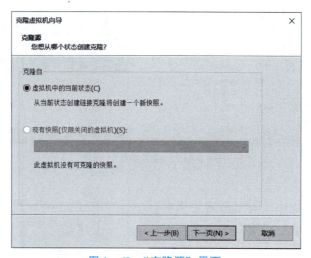

图 1－69　"克隆源"界面

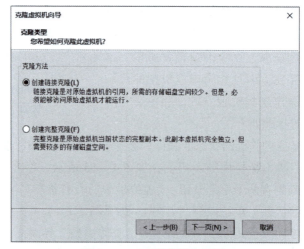

图 1－70　"克隆类型"界面

小贴士

可以创建两种类型的克隆：链接克隆和完整克隆。

创建链接克隆的速度比创建完整克隆高，但链接克隆依赖父虚拟机，是与父虚拟机实时共享虚拟磁盘的虚拟机的副本，即克隆虚拟机会以父虚拟机为基础增量存储数据，从而可以极大地节省磁盘空间。创建完整克隆所需的时间略长，但完整克隆完全不依赖父虚拟机。完整克隆是虚拟机的完整独立副本，克隆操作完成后，完整克隆与父虚拟机不共享任何内容。对完整克隆执行的操作完全独立于父虚拟机。

单击"下一步"按钮，在图 1-71 所示界面中输入虚拟机名称和位置，单击"完成"按钮。

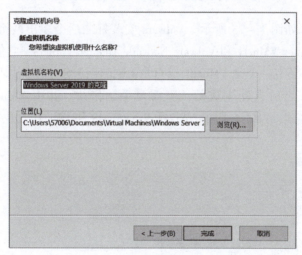

图 1-71　"新虚拟机名称"界面

克隆成功后，启动克隆虚拟机，以管理员的身份登录虚拟机。需要注意的是，克隆虚拟机与父虚拟机的管理员账户和密码相同。在克隆过程中，VMware 会生成和父虚拟机不同的 MAC 地址和通用唯一标识符（Universally Unique Identifier，UUID），这就允许克隆虚拟机和父虚拟机在同一网络中出现，并且不会产生任何冲突。但如果在域环境中还需要每个系统的安全标识符（Security Identifier，SID）都是唯一的，则可以使用系统自带的 sysprep 工具消除克隆影响，该工具位于"C:\windows\system32\sysprep"文件夹内，sysprep 工具会将系统的 SID 以及计算机名、用户密码、注册信息等全部清除，具体操作过程如下。

在系统"运行"对话框中输入"sysprep"，双击"sysprep.exe"程序，打开"系统准备工具 3.14"对话框，如图 1-72 所示，勾选"通用"复选框，软件运行完后会自动关机，重启系统后重新初始化系统即可。

4. VMware 虚拟机网络配置

VMware 虚拟机有 3 种网络模式，分别是桥接（Bridged）模式、NAT（Network Address Translation，网络地址转换）模式、仅主机（Host-only）模式，每种网络模式都对应一个虚拟网络。打开"虚拟机设置"对话框，选择"网络适配器"选项，可以看到虚拟机的 3

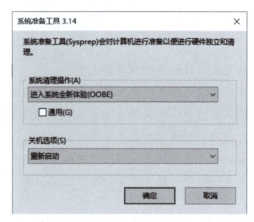

图 1-72　使用 sysprep 工具清除系统信息

种不同的网络模式，如图 1-73 所示。VMware 安装好之后会多出两个网络连接，分别是
VMware Network Adapter VMnet1 和 VMware Network Adapter VMnet8，它们是可以在主机的网
络连接中查看到的，还有一个是 VMnet0，可以在虚拟网络编辑器中查看。这 3 个虚拟网络
都是 VMware 安装好之后自动生成的，不需要手动修改。其中 VMnet0 用于桥接模式，
VMnet1 用于仅主机模式，VMnet8 用于 NAT 模式。VMnet8 和 VMnet1 提供 DHCP 服务，VMnet0
默认不提供。

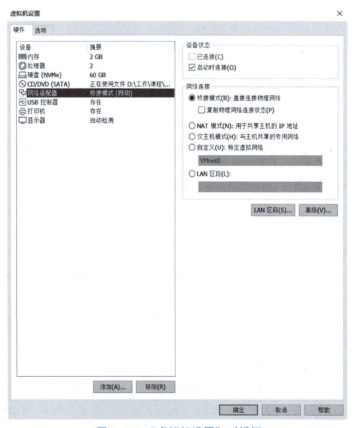

图 1-73　"虚拟机设置"对话框

1）桥接模式

桥接模式示意如图 1 – 74 所示。VMware 中的虚拟机就像局域网中的一台独立的主机，与物理主机具有同等地位，需要手动为虚拟机配置 IP 地址、子网掩码，而且要和物理主机处于同一网段，这样虚拟机才能和物理主机以及局域网中的所有主机进行自由通信。如果想利用 VMware 在局域网内新建一个虚拟服务器，则为局域网用户提供网络服务时可以选择桥接模式。

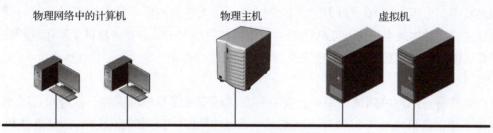

物理网络中的计算机　　物理主机　　虚拟机

图 1 – 74　桥接模式示意

在桥接模式下需要注意，虚拟机其实是通过物理主机的网卡进行通信的，有时虚拟机的地址和物理主机处于同一网段也无法相互通信，此时可以打开 VMware 的虚拟网络编辑器查看桥接模式桥接到哪一块网卡（有时可能有多个网卡或无线、有线网卡都有）。选择"编辑"→"虚拟机网络编辑器"选项，打开"虚拟机网络编辑器"对话框，可以对 VMNet0 网络桥接的物理网卡进行设置，如图 1 – 75 所示。

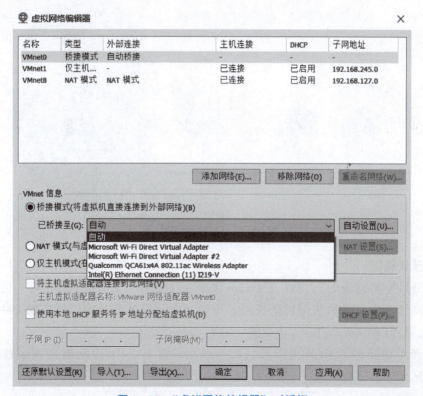

图 1 – 75　"虚拟网络编辑器"对话框

2）NAT 模式

在 NAT 模式下，虚拟机借助 NAT 功能，通过物理主机所在的网络访问互联网。在 NAT 模式下，虚拟机的网卡和物理网卡不在同一个网络中，NAT 模式对应的虚拟网络是 VMnet8。在 NAT 模式下，物理主机成为双网卡主机，同时参与现有的宿主局域网和新建的虚拟局域网，但由于加设了一个虚拟的 NAT 服务器，所以虚拟局域网中的虚拟机在对外访问时，使用的是物理主机的 IP 地址，这样从外部网络来看，只能看到物理主机，完全看不到新建的虚拟局域网。采用 NAT 模式最大的优势是虚拟机接入互联网非常简单，不需要进行任何其他配置，只需要物理主机访问互联网即可。如果想利用 VMWare 在虚拟机中不用进行任何手动配置就能直接访问互联网，则建议采用 NAT 模式。

3）仅主机模式

在某些特殊的网络调试环境中，要求将真实环境和虚拟环境隔离，这时可以采用仅主机模式。在仅主机模式下，物理主机上的所有虚拟机是可以相互通信的，但虚拟机与物理主机之间无法通信，二者是被隔离开的。仅主机模式对应的是虚拟网络 VMnet1，物理主机如果要与仅主机模式下的虚拟机进行通信，就要保证虚拟机的 IP 地址要与物理主机 VMnet1 网卡的 IP 地址在同一网段中。如果想利用 VMware 创建一个与网络中其他机器隔离的虚拟系统，进行某些特殊的网络调试工作，可以选择仅主机模式。仅主机模式示意如图 1–76 所示。

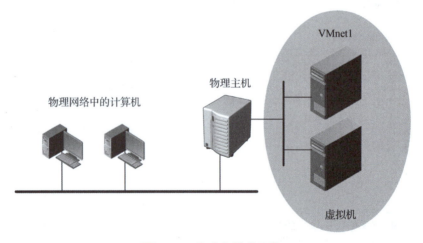

图 1–76　仅主机模式示意

5. 发送快捷键

如果仍然按照过去的习惯在 VMWare 虚拟机中使用"Ctrl + Alt + Del"快捷键来结束任务，则物理主机会做出同样的反应。正确的方法应当是将虚拟机中的 Del 键替换为 Ins 键，改用"Ctrl + Alt + Ins"快捷键，或者选择"虚拟机"→"发送 Ctrl + Alt + Del"选项，或者单击菜单栏中的相应按钮将"Ctrl + Alt + Del"快捷键发送到虚拟机，如图 1–77 所示。

图 1-77 从菜单栏发送快捷键

任务实训

某公司新购进两台服务器，系统工程师比较了各种网络操作系统的优、缺点，结合该公司的实际需求，决定在两台服务器中均安装 Windows Server 2019 网络操作系统，项目环境网络拓扑如图 1-78 所示。

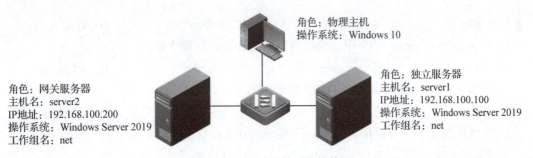

角色：物理主机
操作系统：Windows 10

角色：独立服务器
主机名：server1
IP地址：192.168.100.100
操作系统：Windows Server 2019
工作组名：net

角色：网关服务器
主机名：server2
IP地址：192.168.100.200
操作系统：Windows Server 2019
工作组名：net

图 1-78 项目环境网络拓扑

本任务实训可以分解为 3 个子任务。

1. 子任务 1：安装 Windows Server 2019

（1）使用 VMware 创建虚拟机。

（2）安装 Windows Server 2019 数据中心版，要求将硬盘格式化为 2 个主分区——一个主分区安装系统（100 GB），另一个主分区存放数据（200 GB），管理员密码为 P@ ssw0rd。

（3）对系统进行初始化配置。

①计算机名：server1。

②IP 地址：192.168.100.100。

③子网掩码：255.255.255.0。

④默认网关：192.168.100.254。

⑤DNS 服务器地址：192.168.100.100。

⑥工作组名：net。

2. 子任务 2：克隆 Windows Server 2019

（1）第二台虚拟机利用 VMware 虚拟机克隆功能生成。

（2）对系统进行初始化配置。

①计算机名：server2。

②IP 地址：192.168.100.200。

③子网掩码：255.255.255.0。

④默认网关：192.168.100.254。

⑤DNS 服务器地址：192.168.100.100。

⑥工作组名：net。

3. 子任务 3：测试网络连通性

（1）设置两台虚拟机的网络连接方式。

（2）设置两个系统的防火墙。

（3）使用 ping 命令进行网络连通性测试。

自测习题

1. 在 Windows Server 2019 系统，如果要输入 Windows 命令，则在"运行"对话框中输入（　　）。

A. cmd　　　　　　　B. mmc　　　　　　　C. autoexe　　　　　　D. tty

2. 在 Windows Server 2019 中，能够测试网络连通性的命令是（　　）。

A. ping　　　　　　B. ipconfig /all　　　C. ipconfig　　　　　D. nslookup

3. 在 Windows Server 2019 中，能够查看 IP 地址的命令是（　　）

A. ping　　　　　　B. ipconfig /all　　　C. ipconfig　　　　　D. nslookup

4. 在默认情况下，可以作为 Windows Server 2019 用户密码的是（　　）。

A. Pwd@123　　　　B. Password　　　　C. 123456　　　　　D. Server

5. Windows Server 2019 只能安装在（　　）中，否则在安装过程中会出现错误提示而无法正常安装。

A. FAT16　　　　　B. FAT32　　　　　C. NTFS　　　　　D. ReFS

6. 在 Windows Server 2019 中，默认的计算机所隶属的工作组名为（　　）。

A. WORK　　　　　B. GROUP　　　　　C. WORKGROUP　　　D. COM

7. 在 Windows Server 2019 安装完成后，为了保证能够长期使用，必须和其他版本的 Windows 操作系统一样进行（　　），否则只能使用部分功能。

A. Windows 更新　　　B. 激活　　　　　　C. 设置主机名　　　　D. 设置防火墙

8. 在 Windows Server 2019 中，防火墙中可以设置的网络位置不包括（　　）。

A. 内部网络　　　　　B. 专用网络　　　　　C. 公用网络　　　　　D. 域网络

9. 为 VMware 指定虚拟机内存容量时，下列哪个值不能设置？（　　）

A. 512 MB　　　　　B. 360 MB　　　　　　C. 400 MB　　　　　　D. 357 MB

10. VMware 提供了 3 种虚拟网络适配器类型，不包括（　　）。

A. NAT 模式　　　　　B. 桥接模式　　　　　C. 仅主机模式　　　　D. 联机模式

11. 在 Windows Server 2019 中，能够查找计算机主机名的命令是（　　）。

A. ping　　　　　　　B. ipconfig　　　　　　C. ipconfig /all　　　　D. hostname

12. 安装 Windows Server 2019 时生成的"Documents and Settings""Windows"以及"Windows\System32"文件夹是不能随意更改的，因为它们是（　　）。

A. Windows 的桌面

B. Windows 正常运行时所必需的应用软件文件夹

C. Windows 正常运行时所必需的用户文件夹

D. Windows 正常运行时所必需的系统文件夹

13. 某服务器原操作系统是 Windows Server 2016，文件系统是 NTFS，无任何分区。现要求对该服务器进行 Windows Server 2019 的安装，保留源数据，但不保留操作系统。应使用下列哪种方法进行安装才能满足现要求？（　　）

A. 在安装过程中选择全新安装，格式化磁盘

B. 对原操作系统进行升级安装，不格式化磁盘

C. 做双引导，不格式化磁盘

D. 重新分区并进行全新安装

14. （　　）不是密码策略默认值中复杂性要求的内容。

A. 不能包含用户账户名或全名

B. 长度至少为 6 字符

C. 最近使用的密码不可以使用

D. 至少包含 A～Z、a～z、0～9、非字母字符（例如！、$、#、%）等 4 组字符中的 3 组

15. Windows Server 2019 安装完成后，第一次登录时可以使用的用户账户（　　）。

A. 只能是 Administrator

B. 也可以是 Administrators 中任意用户账户

C. 可以是安装系统时创建的任意默认的用户账户

D. 可以是 Administrator 或 Guest

16. （单选）以下选项中，不属于网络操作系统的是（　　）。

A. UNIX　　　　　　　　　　　　　　　B. Linux

C. DOS　　　　　　　　　　　　　　　　D. Windows Server 2019

任务测评

项目一 任务 2 安装 Windows Server 2019 操作系统（100 分）			学号： 姓名：		
序号	评分内容	评分要点说明	小项 加分	分项 得分	备注
一、安装 Windows Server 2019（40 分）					
1	安装系统（20 分）	能根据不同的需求选择不同的安装方式，得 10 分； 能正确设置安装过程中的各项参数，得 10 分			
2	启动与登录（10 分）	系统安装完成后，以管理员身份登录系统，能根据密码复杂性要求设置密码，得 6 分； 能进入系统，得 4 分			
3	修改计算机名与工作组名（6 分）	能按要求正确修改计算机名，得 3 分； 能按要求正确修改工作组名，得 3 分			
4	激活系统（4 分）	能按要求正确激活系统，得 4 分			
二、配置 Windows Server 2019（35 分）					
5	配置网络参数（5 分）	能按要求正确设置 TCP/IP 网络参数，如 IP 地址、子网掩码、默认网关、DNS 服务器地址等，得 5 分			
6	配置 Windows Defender 防火墙（8 分）	能够根据不同的需求开启或关闭 Windows Defender 防火墙，得 2 分； 能根据不同的需求进行 Windows Defender 防火墙的高级安全设置，得 3 分； 能解除对某些程序的阻挡，得 3 分			
7	进行 IE 增强的安全配置（7 分）	能关闭 IE 增强的安全设置，调整安全性等级，得 7 分			
8	配置虚拟内存（5 分）	能根据实际需要配置虚拟内存，得 5 分			
9	设置 Windows 更新（5 分）	能设置 Windows 更新、查看更新的历史记录等，得 5 分			
10	安装 Windows Admin Center（5 分）	能根据实际需要安装 Windows Admin Center，得 3 分； 能通过 Windows10 等对服务器进行管理，得 2 分			

续表

项目一 任务 2 安装 Windows Server 2019 操作系统 (100 分)			学号： 姓名：		
序号	评分内容	评分要点说明	小项 加分	分项 得分	备注
三、VMware 使用技巧 (25 分)					
13	安装 VMware Tools (6 分)	能正确设置安装 VMware Tools 过程中的各项信息，得 6 分			
14	创建快照 (4 分)	能根据实际需要为虚拟机创建快照，得 4 分			
15	克隆虚拟机 (4 分)	能根据实际需要克隆虚拟机，得 2 分； 能使用 sysprep 工具清除系统信息，得 2 分			
16	配置虚拟机网络 (6 分)	能区分三种网络连接方式，根据实际需要选择虚拟网络，得 3 分； 能正确设置虚拟网络，得 3 分			
17	发送快捷键 (5 分)	能正确发送快捷键，得 5 分			
	总分				

 项目总结

本项目完成了如下操作：安装 VMware 虚拟机软件，并在其中新建虚拟机，部署虚拟机硬件环境，安装 Windows Server 2019、对系统进行初始化设置，具体包括修改计算机名及工作组名、激活 Windows Server 2019、配置网络参数、配置 Windows Defender 防火墙、进行 IE 增强的安全配置、配置虚拟内存、设置 Windows 更新、安装 Windows Admin Center 等。本项目还介绍了 VMware 的使用技巧。掌握本项目的内容是部署和管理 Windows Server 服务器的基本要求，为后续项目实施奠定了坚实的基础。

项目二

管理Windows Server 操作系统

【项目导入】

　　HZY 公司部署基于 Windows Server 网络操作系统的服务器，网络管理员小李需要依据 HZY 公司的业务要求对服务器进行配置和管理，实现服务器的高效可靠运行，为员工提供可选权限的服务。小李要对服务器的磁盘进行合理规划和配置，实现磁盘高速读取、磁盘容错、磁盘配额分配等功能；为 HZY 公司各部门的工作人员创建本地用户账户、组账户、域组账户，并通过配置本地安全策略、组策略及结合 NTFS 的相关权限对相关人员进行合理授权，使不同的员工具有相应的 Windows Server 服务器系统操作权限。小李通过规划和配置 Windows 活动目录域服务，实现对 HZY 公司网络主机的统一管理。

【学习目标】

知识目标

（1）能够阐述本地用户账户及组账户的作用。

（2）能够区分基本磁盘与动态磁盘。

（3）能够区分工作组模式和域模式。

能力目标

（1）能够使用 GUI 实现用户账户及组账户的创建与管理。

（2）能够使用命令实现本地用户账户及组账户的创建与管理。

（3）能够独立安装和配置 Windows 活动目录域服务。

（4）能够正确对域账户进行配置和管理。

（5）能够使用简单组策略管理域中用户。

（6）能够通过权限设置实现访问控制。

（7）能够使用命令实现 Windows 磁盘管理。

（8）能够通过基本磁盘管理服务器存储空间。

（9）能够进行基本磁盘与动态磁盘转换操作。

（10）能够通过管理动态磁盘提高磁盘性能。

（11）能够使用磁盘配额限制用户磁盘使用空间。

素质目标

（1）具备分析问题和解决问题的能力。

（2）具备网络运维与管理的能力。

（3）具备网络安全与数据安全的职业素养。

【项目实施】

任务 1 管理本地用户和组

 任务描述

HZY 公司有一台专门存放公司各种文件的 Windows Server 2019 服务器。HZY 公司要求每名员工都能使用自己的账户访问服务器，并且各部门之间在访问服务器时要具备不同的权限，以保证员工访问服务器资源的安全要求。

 任务解析

Windows Server 2019 是多用户、多任务的操作系统，任何要使用系统资源的用户都必须向管理员申请账户名，根据账户名和密码登录系统。为了使用户可以更安全地访问网络资源，作为网络管理员，创建与管理本地用户和组，并设置权限控制其对系统资源的访问。

 知识链接

一、认识用户账户

在计算机网络中，计算机服务的对象是用户，而用户就是计算机的使用者在计算机系统中的身份映射，不同的身份拥有不同的权限。计算机通过用户账户来识别用户身份，让有使用权限的用户登录系统，而登录系统时需要输入有效的账户名和密码。账户名是用户的文本标签，密码则是用户的身份验证字符串。

Windows Server 2019 用户账户的命名规则如下。

（1）用户账户名必须唯一，可以不用区分大小写。

（2）最多包含 20 个大小写字符和数字，输入时可以超过 20 个字符，但只识别前 20 个字符。

（3）不能使用保留字符:"、／、\ 、[、]、:、;、| 、=、+、,、* 、?、<、>、@。

（4）用户账户名不能由句点或者空格组成。

（5）用户账户名可以是字符、字母和数字的组合。

（6）用户账户名不能与被管理的计算机上任何其他用户账户名和组名相同。

为了维护计算机的安全，每个用户账户必须有密码，设立密码时必须满足以下复杂性要求。

（1）不能包含用户账户名，也不能包含用户姓名中超过两个连续字符的部分。

（2）至少有 6 个字符长。

（3）包含以下 4 类字符中的 3 类字符。

①英文大写字母（A~Z）。

②英文小写字母（a~z）。

③10 个基本数字（0~9）。

④非字母字符（例如！、$、#、%）。

（4）在更改或创建密码时满足复杂性要求。

在 Windows 中，每个用户账户都有一个唯一的安全标识符（Security Identifier，SID），在系统中用户的权限是通过 SID 记录的，而不是用户账户名。用户登录系统后，可以在命令行窗口中输入"whoami /user"命令查看当前用户账户的 SID，如图 2 -1 所示。

图 2 -1　查看当前用户账户的 SID

用户的 SID 是由 Windows ID 和用户相对 ID（Relative ID，RID）组成的。在图 2 -1 中，S - 1 - 5 - 21 - 3077386141 - 2796354236 - 1933292415 是 Windows ID，在 Windows 安装过程中产生，每台计算机的 Windows ID 不同，也是唯一的；500 是用户的 RID，每个用户的 RID 不同，管理员的 RID 是 500，普通用户的 RID 从 1000 开始。

Windows 系统内部进程识别的是用户账户的 SID，而不是用户账户名。如果创建账户，再删除账户，然后使用相同的账户名创建另一个账户，则新账户将不具有授权给前一个账户的权力或权限，原因是该账户具有不同的 SID。

1. 用户账户的类型

Windows Server 2019 服务器有两种工作模式：工作组模式和 Windows 域模式。工作组和域都是由一些计算机组成的。工作组是对等网络，而域采用 B/S 架构，进行集中式管理。工作组和域的区别如表 2 -1 所示。

表 2 -1　域和工作组的区别

工作组	域
网络内每台计算机地位平等，资源和管理分散在各计算机中	网络内分为域控制器和成员服务器，如果有多台域控制器，则各域控制器的地位平等
每台计算机中都有一个本地安全账户管理器（Security Accounts Manager，SAM）数据库，用于存储本地用户账户	域内计算机共享一个集中的目录数据库，其中存储此域内所有用户账户等相关数据，域内提供服务的组件为 Active Directory 域服务，负责目录数据库的添加、删除、修改及查询等工作

续表

工作组	域
一般情况下用户只能访问本地资源和共享资源	如果用户有对资源的适当权限，则使用账户能登录域内的任一台计算机，且可以访问网络中另一台计算机的资源
适用于小型网络	适用于大中型网络

Windows Server 2019 针对这两种工作模式提供了 3 种不同类型的用户账户，分别是本地用户账户、域用户账户和内置用户账户。

1）本地用户账户

本地用户账户创建于工作组模式的计算机中，只能在本地计算机上登录，无法访问其他计算机的资源。本地用户信息存储在 SAM 数据库中，路径为 "C：\windows\system32\config"。

2）域用户账户

域用户账户创建于域控制器计算机，可以在域网络中的任何计算机上登录。域用户信息保存在活动目录的数据库中，用户可以利用域用户账户和密码登录域网络，访问域网络资源，域用户账户和密码被域控制器统一管理。域用户一旦创建，会自动复制到同域的其他域控制器上。复制完成后，域中的所有域控制器都能在域用户登录时提供身份验证功能。域用户账户将在后续项目介绍。

3）内置用户账户

Windows Server 2019 中还有一些内置用户账户，它与服务器的工作模式无关。在系统安装完毕后，会在系统中自动创建出这些账户。内置用户账户的权限一般不需要更改，而是用于特殊的用途。内置用户账户可以分为与计算机使用者（人）关联的账户和与 Windows 组件（程序）关联的账户两类。在系统中，所有内置用户账户都是无法被删除的。

（1）与使用者关联的内置用户账户。

①Administrator：Administrator 是默认的系统管理员账户，拥有最高的使用资源权限。为了安全起见，用户可以根据需要改变其名称或禁用该账户。该账户无法删除。

②Guest：Guest 提供给在计算机中没有实际账户的人使用，只拥有很少的权限，也可以改变其使用系统的权限。该账户默认是禁用的，无法删除，但允许改名。

③Default Account：为了预防在开机自检阶段出现卡死等问题，微软公司专门设置了 Default Account 账户。该账户默认是禁用的，无法删除。

④WDAG Utility Account：该账户为 Windows Defender 应用程序防护方案管理和使用的用户账户。该账户默认是禁用的，无法删除。

（2）与 Windows 组件关联的用户账户。

①SYSTEM：SYSTEM 是本地系统账户，拥有高于 Administrator 的权限。在默认情况下，

Windows 服务器管理

无法直接在登录界面以 SYSTEM 账户登录 Windows 桌面环境。该账户可为 Windows 的核心组件（包括"csrss. exe""lsass. exe"等）访问文件等提供权限。

 小贴士

> Administrator 是默认的系统管理员账户，其权限已经可以满足正常的管理需要，不为其分配更高的权限是为了防止使用者误操作，影响 Windows 系统的稳定。

②LOCAL SERVICE：LOCAL SERVICE 是本地服务账户，该账户可为 Windows 的一部分服务提供访问系统权限，其权限与 Users 一致。

③NETWORK SERVICE：NETWORK SERVICE 是网络服务账户，它与 LOCAL SERVICE 账户一致，为 Windows 的一部分服务提供访问系统的权限。两者的区别是：当计算机加入 Windows 域网络时，本地 LOCAL SERVICE 账户与 NETWORK SERVICE 账户在其他计算机上以不同的用户身份置换。

2. 用户管理命令

Windows Server 2019 不仅可以使用"计算机管理"工具 GUI 管理用户，还可以使用命令管理用户，常用的用户管理命令如下。

```
net user                        #查看用户列表
net user 用户名 密码             #修改用户密码
net user 用户名 密码 /add        #创建一个新用户
net user 用户名 /del             #删除一个用户
net user 用户名 /active:yes/no   #激活或禁用账户
```

二、认识组账户

组账户是一些账户的集合，为"组"设置权限后，隶属于该组的账户默认具有这些权限。组可以简化权限的赋予操作，是为了方便管理用户的权限而设计的。一个用户可以隶属于多个组，这个用户的权限就是所有组权限的合并。

如图 2-2 所示，员工 A、员工 B 和员工 C 都拥有关闭系统和使用打印机的权限，管理员无须为他们逐一设置权限，只需为"技术部"组设置这些权限，则位于"技术部"组中的员工 A、员工 B 和员工 C 将自动拥有这些权限。同样，员工 C、员工 D 和员工 E 都拥有使用打印机和访问"商务合同"文件的权限，管理员也无须为他们逐一设置权限，只需为"销售部"组设置这些权限，则位于"销售部"组中的员工 C、员工 D 和员工 E 将自动拥有这些权限。需要注意的是，员工 C 同时属于"技术部"组和"销售部"组，那么员工 C 就同时拥有这两个组的权限。由于工作需要，管理员又为员工 E 单独设置了关闭系统的权限，此时员工 E 就拥有"销售部"组的所有权限和关闭系统的权限。

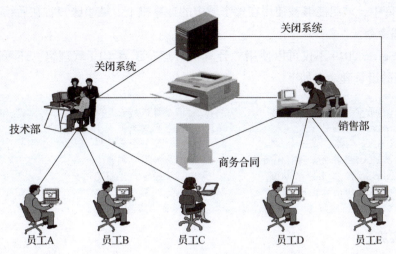

图 2－2　组账户示意

1. 组账户的类型

与用户账户类似，组账户也可以分为本地组账户和域组账户两种类型。

1）本地组账户

如果 Windows Server 2019 是成员服务器，那么它将自动创建一些组，这些组账户的信息被存储在 SAM 数据库中。本地组只能在本地计算机中使用，可以在"开始"→"Windows 管理工具"→"计算机管理"→"本地用户和组"→"组"文件夹中查看系统内置组，常见的系统内置组如下。

（1）Administrators（管理员组）。在默认情况下，Administrators 中的用户对计算机拥有不受限制的完全访问权。分配给该组的默认权限允许对整个系统进行完全控制。默认 Administrator 账户属于该组，也可以将拥有同样管理权限的用户设置为该组的成员。

（2）Guests（来宾组）。Guests 跟 Users 的成员有同等访问权，但 Guests 账户的限制更多。该组内的用户无法永久改变其桌面的工作环境，当其登录系统时，系统会为其建立一个临时的工作环境，而注销时此临时的工作环境就会消失。默认 Guest 账户属于该组。

（3）Users（普通用户组）。该组内的用户只拥有一些基本权限，可以运行大部分应用程序。默认所有的新用户隶属于该组。

（4）Backup Operators。该组内的用户可以通过 Windows Server Backup 工具来备份与还原计算机中的文件，不论他们是否有权限访问这些文件。

（5）Network Configuration Operators。该组内的用户可以执行常规的网络配置操作，如更改 IP 地址，但不能安装、删除驱动程序与服务，也不能执行与网络服务器配置相关的操作。

（6）Remote Desktop Users。该组内的用户被授予远程桌面登录本地计算机的权限。

除了上述内置的本地组账户，Windows Server 2019 中还有一些特殊组：Everyone、Authenticated User、Interactive、Network、Anonymous Logon。

2）域组账户

域组账户创建于 Windows Server 2019 的域控制器中，域组账户的信息被存储在 Active

Directory 数据库中，域组能够被使用在整个域中的计算机上。域组账户将在后续项目介绍。

2. 组管理命令

Windows Server 2019 不仅可以使用"计算机管理"工具 GUI 管理组，还可以使用命令管理组，常用的组管理命令如下。

```
net localgroup                    #查看组列表
net localgroup 组名               #查看组成员
net localgroup 组名 /add          #创建一个新的组
net localgroup 组名 用户名 /add   #添加用户到组
net localgroup 组名 用户名 /del   #从组中产生指定用户
net localgroup 组名 /del          #删除组
```

 任务实施

一、管理用户账户

1. 创建用户

在 Windows Server 2019 中，系统默认只有 Administrators 内的成员才拥有权限管理用户和组，因此需要使用隶属于该组的 Administrator 账户登录执行以下操作。

用户的管理操作可以在"计算机管理"窗口中进行，如图 2-3 所示。选择"开始"→"Windows 管理工具"→"计算机管理"选择，在左侧的控制台树中依次展开"本地用户和组"→"用户"节点，即可查看并管理本地用户。

图 2-3 "计算机管理"窗口

也可以使用系统内置的 MSC 控制台文件：打开命令提示符窗口，输入"lusrmgr. msc"，并单击"确定"按钮，也可进入"本地用户和组"管理器界面。

在"计算机管理"窗口中选择"用户"节点，打开"操作"菜单，选择"新用户"选项，打开"新用户"对话框，如图 2-4 所示。

在"新用户"对话框中输入用户名等相关信息，单击"创建"按钮即可完成一个用户的创建。如果不需要创建其他用户，则单击"关闭"按钮。

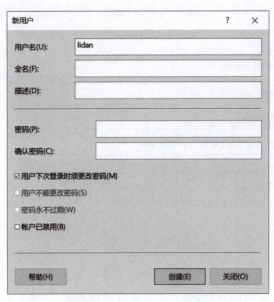

图 2 – 4　"新用户"对话框

下面是"新用户"对话框中其他选项的说明。

（1）用户名：登录本地系统时使用的用户账户名。

（2）全名和描述：用户完整名称及描述信息。

（3）密码和确认密码：管理员为用户指定的初始密码，在 Windows Server 2019 中，默认启用"密码必须满足复杂性要求"的策略，因此为用户设置的密码必须满足复杂性要求。为了防止密码输入错误，需要再输入一遍确认。

（4）用户下次登录时须更改密码：为了防止用户使用初始密码而不更改，勾选此复选框，可以强制用户在下次登录时必须更改密码，这样可以确保只有用户本人知道其所更改的密码，保证账户的使用安全。

（5）用户不能更改密码：在多个用户使用同一个用户账户，或不希望用户更改密码的情况下可以勾选此复选框，可以只允许用户使用管理员分配的密码而不能更改密码。此复选框在取消勾选"用户下次登录时须更改密码"复选框时有效。

（6）密码永不过期：密码默认的有效期是 42 天，若用户密码使用超过 42 天，则用户登录时会提示密码过期，必须更改。如果希望某个用户的密码不受此策略的限制，则可以勾选此复选框。此复选框在取消勾选"用户下次登录时须更改密码"复选框时有效。

（7）账户已禁用：创建用户后禁止此用户登录系统。例如为离职员工或请长假的员工设置此功能，可以暂时将其账号禁用，防止他人盗用其账号登录系统。被禁用的账户图标上会有一个向下的箭头符号。

2. 设置用户密码

已经在创建新用户时为用户设置了密码，但若用户忘记了密码，则需要请系统管理员为其重新设置密码。设置方法如下：在"计算机管理"窗口中选择需要重新设置密码的用户，单击鼠标右键选择"设置密码"选项，在弹出的对话框中单击"继续"按钮，然后输入新的密码，单击"确认"按钮即可，如图 2 - 5 所示，此时系统管理员无须知道用户的旧密码。

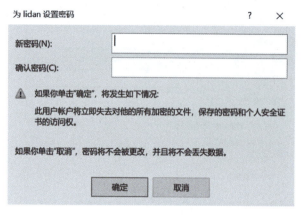

图 2 - 5　为用户设置密码

在图 2 - 5 所示设置密码的过程中提示"此用户账户将立即失去对他的所有加密文件，保存的密码和个人安全证书的访问权"，即使用这种方法设置用户密码会导致不可逆的数据丢失，例如被用户加密的文件等，这样用户就再也无法访问了。因此，出于安全考虑，用户可以使用以下两种设置方法。

（1）若用户知道密码而想重新设置密码，则登录系统后按"Ctrl + Alt + Del"快捷键，在图 2 - 6 所示界面中单击"更改密码"按钮，进入"更改密码"界面，输入正确的旧密码，然后输入新密码即可，如图 2 - 7 所示。

图 2 - 6　系统界面

（2）若用户忘记密码而想重新设置密码，则可以使用"密码重置盘"进行密码重置，密码重置盘只能用于本地计算机中，此方法需要在忘记密码前已创建密码重置盘。

下面以使用 U 盘制作密码重置盘为例进行介绍，其步骤如下。

首先，以需要制作密码重置盘的用户账户登录系统，在图 2–7 所示界面中单击"创建密码重置盘"链接，进入"欢迎使用忘记密码向导"界面，如图 2–8 所示，单击"下一步"按钮，进入"创建密码重置盘"界面，如图 2–9 所示，选择事先插入系统的 U 盘。

图 2–7　"更改密码"界面

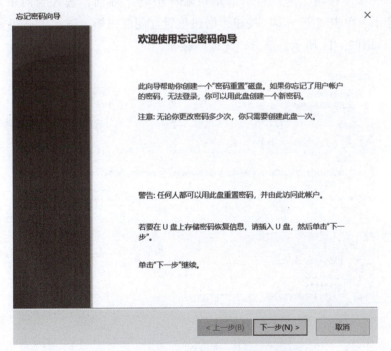

图 2–8　"欢迎使用忘记密码向导"界面

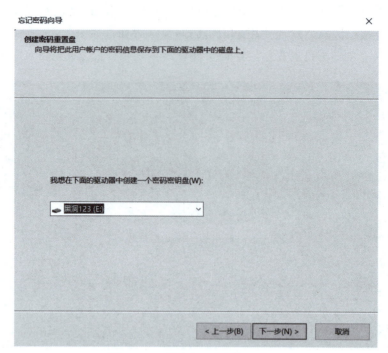

图 2 – 9 "创建密码重置盘"界面

单击"下一步"按钮，进入"当前用户账户密码"界面，输入当前用户账户密码，如图 2 – 10 所示，单击"下一步"按钮，密码重置盘创建完毕，进入"正在完成忘记密码向导"界面，如图 2 – 11 所示，单击"完成"按钮。

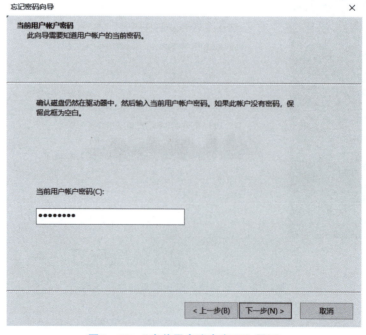

图 2 – 10 "当前用户账户密码"界面

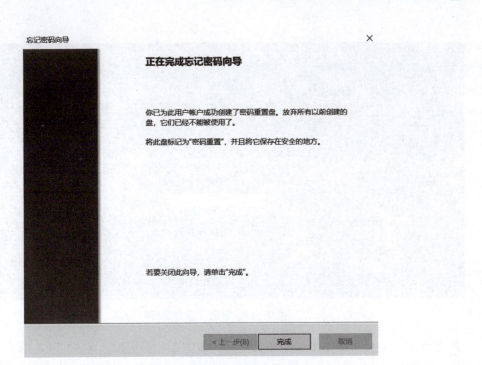

制作密码重置盘后，如果用户忘记密码，则可以利用密码重置盘重新设置密码，具体步骤如下。

在用户登录系统时，提示密码输入错误，如图 2－12 所示。单击"确定"按钮，进入图 2－13 所示界面，单击"重置密码"按钮，插入制作密码重置盘的 U 盘。

图 2－12　提示密码输入错误

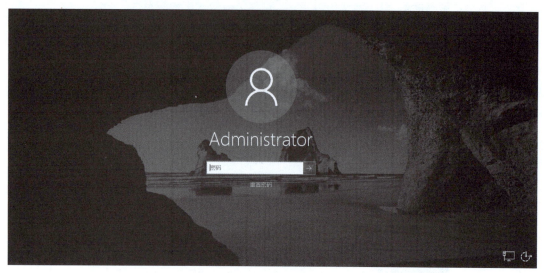

图 2 – 13 单击"重置密码"按钮

进入"欢迎使用密码重置向导"界面，如图 2 – 14 所示。单击"下一步"按钮，进入"插入密码重置盘"界面，选择插入的 U 盘，单击"下一步"按钮，如图 2 – 15 所示。

进入"重置用户账户密码"界面，如图 2 – 16 所示，输入新密码、确认密码和输入密码提示后，单击"下一步"按钮，进入"正在完成密码重置向导"界面，如图 2 – 17 所示，单击"完成"按钮。

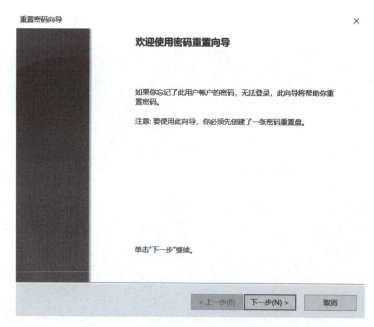

图 2 – 14 "欢迎使用密码重置向导"界面

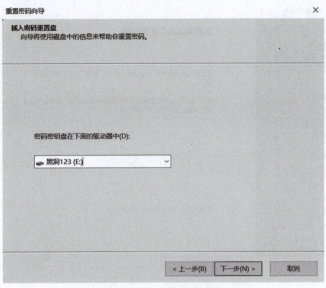

图 2-15　"插入密码重置盘"界面

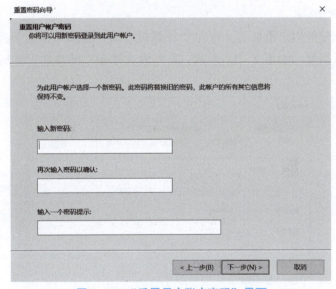

图 2-16　"重置用户账户密码"界面

 小贴士

（1）创建好密码重置盘后，无论修改多少次密码，密码重置盘都是有效的。

（2）只要有密码重置盘，任何人都可以开机重设密码，因此密码重置盘需要妥善保管。

（3）每次创建密码重置盘后，都会在 U 盘中自动生成一个名为"userkey.psw"的文件，因此要在同一 U 盘中创建多个密码重置盘时，必须先修改原来的"userkey.psw"文件名。

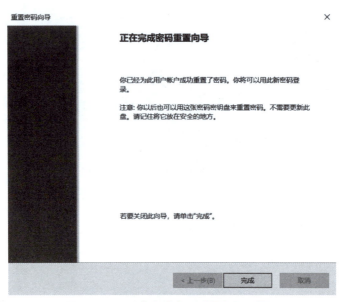

图 2 – 17 "正在完成密码重置向导"界面

3. 重命名用户

如果要对已创建的用户重命名，可在"计算机管理"窗口中双击要重命名的用户，打开该用户的属性对话框，如图 2 – 18 所示，重新输入该用户的全名，然后单击"确定"按钮即可。

图 2 – 18 用户的属性对话框

小贴士

重命名用户只是修改用户登录时系统的标识，用户账户的 SID 不会改变。

4. 激活、禁用用户账户

如果在创建用户时勾选了"账户已禁用"复选框，则需要激活该用户账户时，选择要启用的用户账户，单击鼠标右键，选择"属性"选项（或双击该用户账户），在打开的用户属性对话框中取消勾选"账户已禁用"复选框，单击"确定"按钮即可，如图 2 – 19 所示。也可以随时根据需求勾选"账户已禁用"复选框，将用户账户禁用。

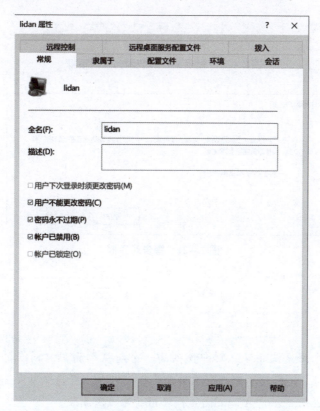

图 2 – 19 用户属性对话框

5. 锁定、解锁用户账户

如果系统中设置了用户账户锁定策略，并且当某个用户账户的登录尝试失败的次数超过设置的用户账户锁定阈值而被锁定时，该用户属性对话框中的"账户已锁定"复选框为有效状态。此时系统管理员可以取消勾选此复选框，解除用户账户的锁定，也可以等待用户账户锁定时间到后，该用户账户自动解除锁定。

6. 删除用户账户

当不再使用某个用户账户时，系统管理员可以将其删除。要将某个用户账户删除，可以在"计算机管理"窗口中选择该用户账户，单击鼠标右键，选择"删除"选项，Windows

会弹出对话框提示 SID 和权限问题，确认删除该用户账户不会影响其他工作，单击"是
（Y）"按钮，如图 2-20 所示。如果要删除的是当前已经登录用户账户，则 Windows 会弹出
图 2-21 所示的警告对话框，单击"是（Y）"按钮完成删除。删除用户账户会导致与该用
户账户相关的信息一同被删除，因此在进行删除操作时一定要谨慎。

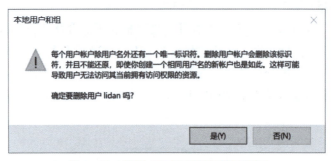

图 2-20　提示 SID 和权限问题对话框

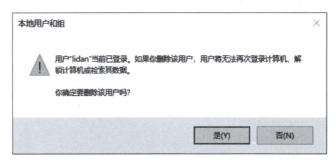

图 2-21　警告对话框

 小贴士

（1）如果某个用户被删除，则即使创建一个与被删除用户同名的新用户，其 SID
与原用户也不相同，新用户不会拥有原用户的任何权限，需要重新设置其权限。
（2）系统内置用户账户 Administrator、Guest 等无法删除。

二、管理组账户

1. 新建组

组账户的管理操作可以在"计算机管理"窗口中进行，如图 2-22 所示。选择
"开始"→"Windows 管理工具"→"计算机管理"选项，在左侧的控制台树中依次展
开"本地用户和组"→"组"节点，即可查看并管理本地组。组的管理同样需要拥有
管理员权限的用户进行。

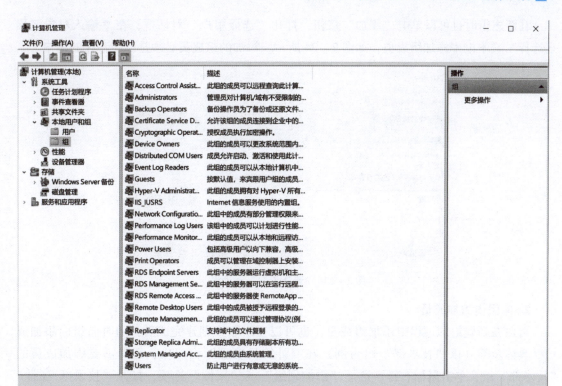

图 2 – 22 组账户管理

在"计算机管理"窗口中选择"组"节点，打开"操作"菜单，选择"新建组"选项，打开"新建组"对话框，如图 2 – 23 所示，输入组名，在"描述"文本框中输入对组的描述信息，如果不需要创建其他组，则单击"创建"按钮，完成新建组操作。

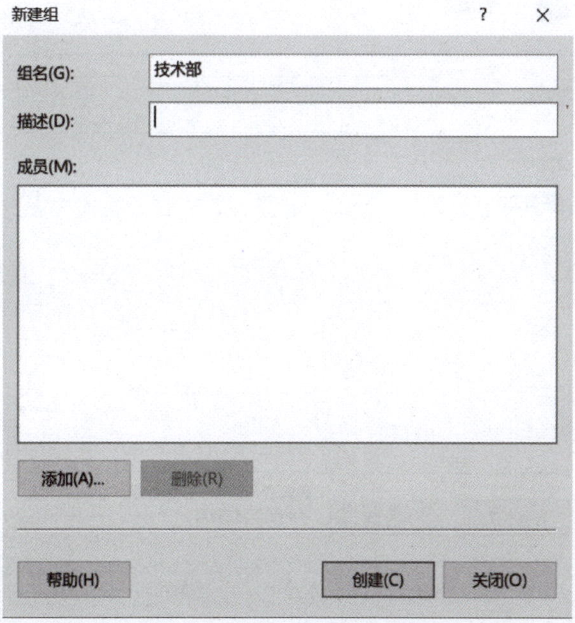

图 2 – 23 "新建组"对话框

在新建组时也可以单击"添加"按钮，打开"选择用户"对话框，在"输入对象名称来选择"文本框中添加组成员，如图 2 – 24 所示。添加的组成员必须是已经存在的用户。

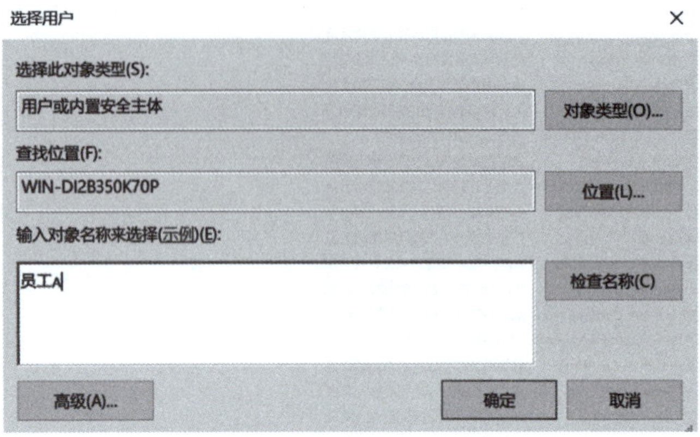

图 2 – 24 "选择用户"对话框

2. 向组内添加成员

可以在新建组的过程中添加组成员，也可以在组账户创建完成后，随时向组内添加成员。具体步骤（以"技术部"组为例）在"计算机管理"窗口中，选择需要添加成员的"技术部"组，单击鼠标右键，选择"添加到组"或"属性"选项，打开"技术部 属性"对话框，如图 2 – 25 所示，单击"添加"按钮，打开"选择用户"对话框，即可添加组成员。

图 2 – 25 "技术部 属性"对话框

3. 重命名组

组的重命名与用户的重命名的操作一致，具体步骤如下（以"技术部"组为例）在"计算机管理"窗口中，选择需要重命名的"技术部"组，单击鼠标右键，选择"重命名"选项即可。重命名组不会对组内成员产生任何影响。

4. 删除组

组的删除与用户的删除的操作一致，具体步骤如下（以"技术部"组为例）在"计算机管理"窗口中，选择需要删除的"技术部"组，单击鼠标右键，选择"删除"选项即可。删除组不会将组内成员从系统中删除，但是组内成员将不再拥有组赋予的任何权限。

三、为用户或组设置权限

在 Windows Server 2019 中，新创建的用户在计算机系统中的权限是受限的，例如不能关闭系统、不能更改系统时间、不能读写某些文件等。为了使该用户能正常使用其工作所需的计算机资源，又保护其他资源不被其窥视、破坏，系统管理员或资源的所有者要为其设置合适的权限。如果能够有效利用组来管理用户权限，则能够减轻系统管理员的负担。

这里介绍通过本地安全策略为用户和组设置权限的方法，用户对文件和文件夹的读写权限将在后续项目介绍。选择"开始"→"Windows 管理工具"→"本地安全策略"选项，打开"本地安全策略"窗口，如图 2-26 所示，在左侧的控制台树中依次展开"本地策略"→"用户权限分配"节点，在右侧的窗格中可以为用户和组分配各种权限。

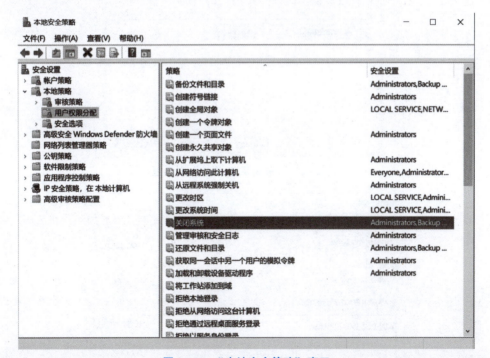

图 2-26　"本地安全策略"窗口

网络服务器需要为网络中的多个用户提供服务，这些用户的访问可能分散在一天中的不同时段，不能允许某个用户在自己获得服务后将服务器关闭，因此 Windows Server 2019 默认只允许系统管理员和其他少数特殊用户关闭系统，普通用户默认没有关闭系统的权限，即不能关闭和重新启动系统。如果希望普通用户能够帮助系统管理员关闭计算机，可以为其设置关闭计算机的权限。

下面介绍为用户和组设置权限的操作。以图 2-2 为例，为"技术部"组设置关闭系统的权限，那么位于该组内员工将自动拥有关闭系统的权限。打开"本地安全策略"窗口，在左侧的控制台树中依次展开"本地策略"→"用户权限分配"节点，在右侧的窗格中双击"关闭系统"策略，打开"关闭系统 属性"对话框，如图 2-27 所示。单击"添加用户或组（U）"按钮，打开"选择用户或组"对话框，如图 2-28 所示。

图 2-27 "关闭系统 属性"对话框

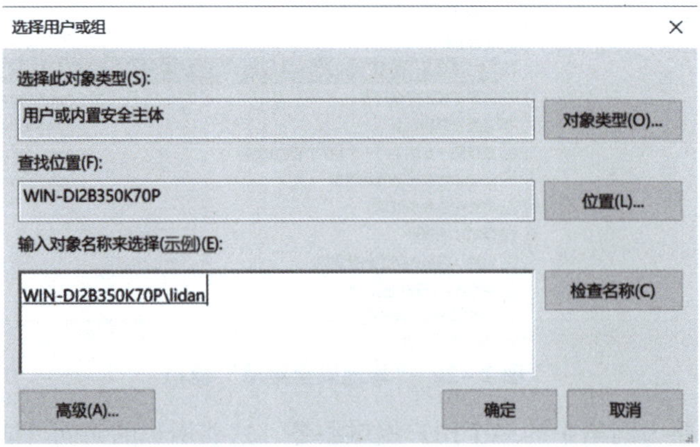

图 2-28 "选择用户或组"对话框

在"选择用户或组"对话框中，单击"对象类型"按钮，在弹出的"对象类型"对话框中勾选"组"复选框，如图 2-29 所示，设置"选择此对象类型"为"组"。

在"选择用户或组"对话框中，单击"高级"按钮，打开"查找用户或组"对话框，单击"立即查找"按钮，查找能够被添加的组，如图 2-30 所示。

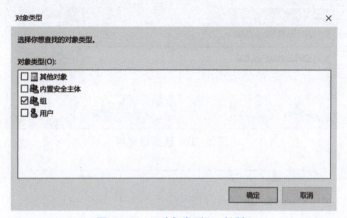

图 2-29　"对象类型"对话框

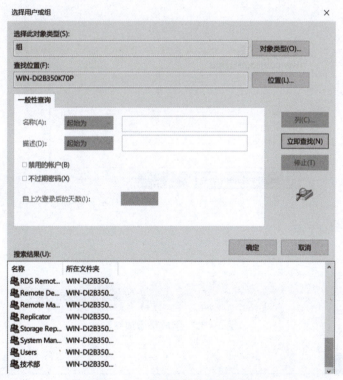

图 2-30　查找能够被添加的组

选择"技术部"组，单击"确定"按钮，如图 2-31 所示，在"输入对象名称来选择"文本框中将显示被授权的组。

单击"确定"按钮，在"关闭系统 属性"对话框中显示 3 个已被赋予关闭系统权限的组，如图 2-32 所示。

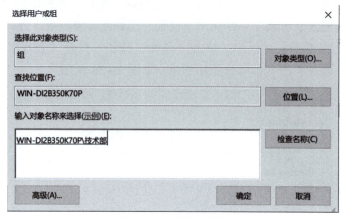

图 2 − 31　选择组完毕

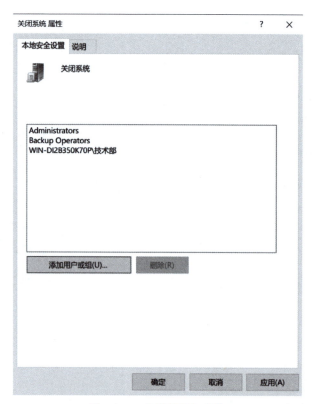

图 2 − 32　组成员添加完毕

　　2017 年的"WannaCry"勒索病毒是一种利用 Windows 漏洞入侵操作系统并对用户数据进行加密勒索的恶意软件。在事件发生后，微软公司发布了相关的补丁程序，并提醒用户及时升级操作系统。

　　这次事件对 Windows 用户起到了一定程度的警示作用，系统管理员要时刻保持系统的更新和升级，以及加强安全策略，防止未经授权的访问。这次事件也体现了 Windows 用户和组管理中信息安全管理方面的重要性，为了保障企业和用户数据的安全性和可靠性，需要加强对用户和组的权限管理，建立基于角色的访问控制模型，确保每个用户只能访问其所需的资源和数据，还需要加强团队合作和创新，提高信息安全意识，落实安全管理的各项措施，以确保系统的稳定性和可靠性。

 任务实训

HZY 公司依据业务要求为不同部门的员工分配相应的安全权限，请网络管理员小李按照要求创建用户账户。

安全权限要求如下。

（1）技术部员工具有关闭系统权限，允许通过远程桌面登录服务器。

（2）销售部员工不允许本地登录服务器。

（3）ACE 项目组的成员可以修改系统时间。

（4）ZFF 项目组的成员可以备份文件和目录。

HZY 公司员用户账户规划如表 2－2 所示，根据安全权限需求创建组账户，并为组账户分配权限，补全用户所属组名。

表 2－2　HZY 公司员工名单表

姓名	职位	备注	用户名	组名
公司办公室				
李明	网络管理员		Net1	
技术部				
悟空	技术主管		Net2	
八戒	工程师	ACE 项目组成员	Net3	
沙僧	工程师	ZFF 项目组成员	Net4	
销售部				
孙权	销售主管		Net5	
刘备	销售专员	ACE 项目组成员	Net6	
曹操	销售专员	ZFF 项目组成员	Net7	

 自测习题

1. Windows Server 2019 中默认的系统管理员账户是（　　）。

A. Administrator　　　B. admin　　　　C. USER　　　　D. WIN

2.（　　）不是合法的账户名。

A. abc_ 123　　　　　B. linux　　　　　　C. doctor *　　　　　　D. addeofHELP

3. 下列哪个命令可以查看当前用户的 SID？（　　　）

A. whoami　　　　　　　　　　　　B. whoami /user

C. ping　　　　　　　　　　　　　D. ipconfig /all

4. 创建和管理用户账户时，需要以（　　　）身份进行操作。

A. Administrator　　　　B. Guest　　　　　C. Default Account

5. （　　　）不是密码策略默认值中复杂性要求的内容 。

A. 不能包含用户账户名或全名

B. 长度至少为 6 个字符

C. 最近使用的密码不可以使用

D. 至少包含 A～Z、a～z、0～9、非字母字符（例如 !、$ 、#、%）等 4 组字符中的 3 组

6. 密码策略中密码长度最小值设置为 0 代表（　　　）。

A. 可以不设置密码　　B. 必须设置密码

7. 查看系统中所有已存在的用户账户的命令是（　　　）。

A. net user　　　　　　　　　　　B. net localgroup

C. whoami　　　　　　　　　　　　D. whoami /user

8. 系统管理员在创建用户账户时，为了方便，为所有用户设置相同的初始密码，为了避免使用者继续使用此密码，系统管理员在创建用户账户时，需要勾选（　　　）复选框。

A. "用户下次登录时须更改密码"　　　B. "用户不能更改密码"

C. "密码永不过期"　　　　　　　　　D. "账户已禁用"

9. 在 Windows Server 2019 中，删除用户的命令是（　　　）。

A. net user 用户名 /add　　　　　　　B. net users 用户名 /add

C. net user 用户名 /del　　　　　　　D. net userg 用户名 /del

10. 内置用户账户如 Administrator、Guest 等无法删除。（　　　）

A. 正确　　　　　B. 错误

11. 内置用户账户如 Administrator、Guest 等可以改名。（　　　）

A. 正确　　　　　B. 不正确

12. 在 Windows Server 2019 中，用户账户重命名后，用户的 SID 也会发生改变。（　　　）

A. 正确　　　　　B. 错误

13. 在 Windows Server 2019 中，删除用户，再创建一个与被删除用户同名的新用户，其 SID 与原用户也不相同。（　　　）

A. 正确　　　　　B. 错误

14. 在 Windows Server 2019 中，删除用户 user 的命令是（　　　）。

A. delete user　　　　　　　　　　　B. delete from user

C. net user user /del　　　　　　　　D. net user user /add

15. Administrator 账户默认是（　　　）成员。

A. Administrators　　B. Users　　　　　C. 不是任何组成员

16. 新建的用户账户默认是（　　）成员。

A. Administrators　　B. Users　　　　　C. 不是任何组成员

17. 删除组后，组的成员也会被一并删除。（　　）

A. 正确　　　　　B. 错误

 任务测评

项目二 任务 1　管理本地用户和组（100 分）			学号： 姓名：		
序号	评分内容	评分要点说明	小项 加分	分项 得分	备注
一、管理用户账户（40 分）					
1	创建用户（10 分）	能在"计算机管理"窗口中创建用户，能按需求选择合适的选项，得 6 分； 能用命令创建并查看用户，得 4 分			
2	设置用户密码（12 分）	能以系统管理员身份重设用户密码，得 2 分； 能以普通用户身份修改密码，得 3 分； 能正确制作密码重置盘并应用，得 5 分； 能使用命令设置用户密码，得 2 分			
3	重命名用户（5 分）	能正确地重命名已经创建的用户，得 5 分			
4	删除用户账户（5 分）	能在"计算机管理"窗口删除不需要的用户账户，得 3 分； 能使用命令删除用户账户，得 2 分			
5	激活、禁用用户账户（5 分）	能在"计算机管理"窗口按需求激活或禁用用户账户，得 3 分； 能使用命令激活、禁用用户账户，得 2 分			
6	锁定、解锁用户账户（3 分）	能在"计算机管理"窗口按需求锁定或解锁用户账户，得 3 分			

续表

项目二 任务1 管理本地用户和组（100分）			学号： 姓名：		
序号	评分内容	评分要点说明	小项 加分	分项 得分	备注
二、管理组账户（60分）					
7	新建组（20分）	能在"计算机管理"窗口新建组，能按需求选择合适的选项，得15分； 能使用命令创建并查看组账户，得5分			
8	向组内添加成员（20分）	能在"计算机管理"窗口向指定组添加成员，得15分； 能使用命令向组内添加成员，得5分			
9	重命名组（10分）	能正确地重命名已经创建的组，得10分			
10	删除组（10分）	能在"计算机管理"窗口删除不需要的组，得6分； 能使用命令删除并查看组账户，得4分			
三、为用户或组设置权限（40分）					
11	为用户设置权限（20分）	能在"本地安全策略"窗口为指定用户设置权限，得20分			
12	为组设置权限（20分）	能合理规划权限分配，并在"本地安全策略"窗口为指定组设置权限，得20分			
总分					

任务 2　搭建 Windows 域环境

 任务描述

随着业务的快速发展，HZY 公司的规模逐渐扩大，并在各地区成立了分公司。HZY 公司原有的网络无法满足业务需求，网络设备分布在不同的区域，对网络资源和权限的管理非常麻烦。为了提升网络管理的效率，降低人员成本，HZY 公司现对公司网络进行改造，以实现网络的集中管理。网络管理员小李在 HZY 公司网络服务器中安装 Windows Server 2019，利用 Windows Server 2019 的活动目录域服务（Active Directory Domain Service，ADDS）可以实现对网络的统一集中管理。

任务解析

HZY 公司的网络计划采用 Windows Server 2019 服务器，组建域环境，实现对公司内主机网络的统一管理，域的规划设计如图 2－33 所示。HZY 公司的服务器 win－sever1 安装活动目录域服务，并指定其为第一台域控制器（Domain Controller），域名为 HZY.com。配置 win－server2 为额外域控制器，将成员服务器 win－server3 加入域。将分公司的服务器 win－server4 提升为子域控制器，将分公司规划为子域，子域名为 bj.HZY.com，设置父子域间的信任关系，实现 HZY 公司网络资源的统一管理，配置组策略实现对域用户访问的控制。

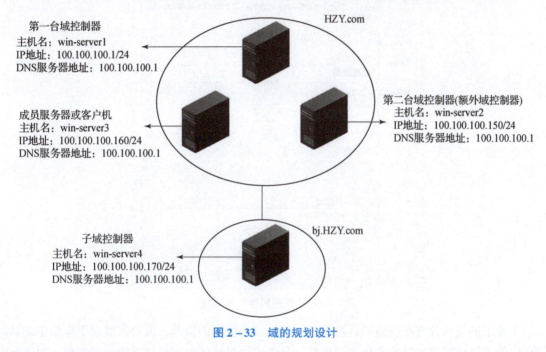

图 2－33　域的规划设计

 **知识链接**

一、网络管理类型

在计算机网络中，对网络进行资源管理和访问控制操作，管理的方法主要有两种类型：工作组模式和域模式。

1. 工作组模式

工作组模式在前面的任务中进行过介绍。工作组模式是计算机默认的网络管理模式，是一种网络中所有计算机处于平等地位的对等网络管理模式。将主机划分到不同工作组，主要是为了方便管理。在计算机的"网络邻居"中，可以发现与计算机在同一个网络中的所有设备。划分工作组是为了更方便地判断计算机设备所属的部门，从而方便管理。主机的默认工作组为 WORKGROUP，也可以通过修改工作组名称，将主机划分到某个指定的工作组中。选择"开始"→"控制面板"→"系统和安全"→"查看计算机的名称"→"高级系统设置"选项，在"系统属性"对话框的"计算机名"选项卡中单击"更改"按钮，打开图 2-34 所示的"计算名/域更改"对话框，在该对话框中可以修改计算机名，并通过修改工作组名称加入某工作组。

图 2-34　"系统属性"对话框

工作组的资源分布在组内的计算机中，要访问工作组的资源，需要在登录工作组中的计算机时输入该计算机支持的本地用户账号，显然这种对等式的网络缺乏统一的管理，对于规模较大、计算机数量较多的网络，每台计算机单独创建本地用户账户对系统管理员来说既麻烦又难以管理，因此工作组模式只适用于小型网络。

2. 域模式

域是一种将网络中的计算机以逻辑方式划分到一起进行集中管理的模式。在域中至少有一个域控制器作为域的管理核心，域控制器安装在 Windows Server 服务器上提供域的管理和控制服务，维护域中信息的数据库即活动目录。此时域中的主机接受域控制器的管理，组成客户机/服务器式网络。有别于工作组环境，在域环境中，用户可以使用域控制器下发的账户登录域中的计算机，不需要单独在每台计算机设置本地用户账户。在域环境中，系统管理员可以统一控制网络的用户行为，统一进行计算机的管理，例如指定用户登录访问计算机的权限、指定计算机统一安装某软件等。

3. 域树、域林和信任关系

域的集中管理采用了层次化的结构模式。在工作中，可以根据网络的情况进行层次设计，这里涉及域树、域林的概念。

　　域在逻辑上是一个管理的安全边界，同一个域中的对象处于一个管理区域，不同域中的对象处于不同的管理区域，不同域中的计算机无法直接互相访问资源。系统管理员设计某网络时，如果需要对域分级进行管理，可以设计为域树结构。规划父域和子域，采用连续的空间进行命名，实现逻辑上的层次管理关系，构成树形逻辑结构。域的命名空间采用 DNS 服务，通过域中的 DNS 服务器解析域名和 IP 地址的映射关系，从而定位域中计算机的位置。例如，某公司域名为 test.com，其两个分公司可以规划为其子域 harbin.test.com 和 bj.test.com，相对于分公司的子域，test 称为父域，构成父子关系。如图 2-35 所示，父域也称为此树的根域，树名为 test.com。由域名的空间结构可以判断域之间的关系，子域继承了其父域的域名，同一树下的子域名称在其上一级父域的域名字段中创建，构成连续的域名空间结构。域树中隐含了很重要的关系，即父子域之间的互相信任关系。"信任"作为一种机制，允许另一个域的用户在通过身份验证后访问本域中的资源。信任可以是单向的，也可以是双向的。例如，A 域信任 B 域，则 B 域的主机可以访问 A 域的资源，若 B 域不信任 A 域，则 A 域的主机不可以访问 B 域的资源，这种关系为单向信任；若 A 域信任 B 域，B 域也信任 A 域，则 A 域与 B 域的主机可以进行资源互访，这种关系为双向信任。在同一个树中的子域和父域之间是默认存在双向信任关系的，这样子域和父域可以进行资源互访。

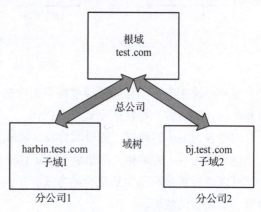

图 2-35　域树结构

拓展阅读

　　Windows 域的"信任"机制是一种用于管理计算机、用户的身份验证和授权的机制，它允许不同的域之间建立互信关系，从而实现资源的共享和协同。在生活中，很多事件和组织也存在"信任"机制。

　　例如，公司内部不同部门之间建立了信任关系，通过制定统一的流程和规范实现了信息共享和协同以解决问题；医院内部建立了信任关系，通过医生和护士之间的信任和协同，提高了医疗服务的效率和质量；社交网络平台建立了用户之间的信任关系，通过对用户的实名认证、信息审核等方式，提高了用户之间的信任度和安全性。

　　生活中的信任是相互的，只有建立了信任关系，才能更好地实现资源共享和协同合作。同时，需要对信任进行管理和维护，例如建立制度和规范、加强数据安全保护、实行监管和审核等来确保信任的有效性和可信度。建立信任需要时间和积累，我们应当保持耐心和诚信，努力赢得别人的信任和尊重。

　　域林指多颗域树构成的域逻辑关系，即不连续的命名空间树可以根据需要组建为域林，域林中的不同域树之间可以互相信任，实现不同域树对象的互访。在实际工作中，例如某公司有两个域名，一个为 test.com，另一个为 test2.com，则可以规划为两个域，每个域为一个域树的根域。两个域之间可以互相配置信任关系，在逻辑上组成域林，第一个配置的域将成为整个域林的林根域，域林的名称即林根域名。例如，第一个配置的域为 test. com，则该域也将成为林根域，域林名也为 test. com，如图 2-36 所示。

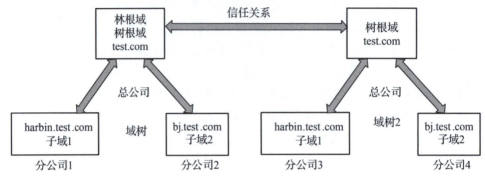

图 2-36　域林的结构

在实际操作中，创建域是通过将网络中的服务器提升为域控制器来实现的，创建一个名为 test. com 的域后，将默认完成以下操作。

创建名为 test 的域树，树根域为 test. com。

创建名为 test 的域林，林根域为 test. com。

可以通过新建域添加到域林的方式，扩充域林中的域树，但需要注意的是，域林的根域为第一个创建的域树。

二、活动目录域服务

Windows Server 服务器通过活动目录（Active Directory，AD）功能对域内对象进行管理，即提供基于活动目录功能的域服务。

活动目录是 Windows Server 操作系统中的目录服务。活动目录用于存储网络中各种对象的有关信息，对象包括用户、组、打印机、共享文件夹等。活动目录把对象的数据存储在目录服务数据库中，将结构化数据存储为目录信息逻辑和分层组织的基础，以便于管理员和用户查询及使用。

活动目录将域内对象的数据，以结构化形式存储在域控制器中，域中的客户机可以接收域控制器基于活动目录提供的相关服务，实现域内的统一管理。

 小贴士

活动目录并不是默认安装在 Windows Server 服务器中的，也不是所有域内服务器都需要安装活动目录，只有域内的域控制器需要安装活动目录，用于维护活动目录域数据库，对域中的对象资源进行管理，域控制器的作用类似班级中班主任的作用。

1. 活动目录命名空间

命名空间是指对活动目录中的对象（用户、计算机、打印机等）通过名称进行定位的位置命名索引方法。在一个域中对域进行命名空间规划，从而定位域中的资源非常重要。在 TCP/IP 网络中，采用 DNS 服务可以解析计算机域名和 IP 地址的关系，从而进行定位。活动目录的命名空间就使用了 DNS 服务，对域的命名和域内对象的命名遵循 DNS 格式规范，从而实现对域中资源的定位。例如，HZY 公司向 DNS 管理机构申请到域名 HZY.com，HZY 公司可以将活动目录域服务的域命名为 HZY.com。当然，企业也可以自己定制内部私网中的域名。活动目录域服务离不开 DNS 服务器的支持，因此在 DNS 域中需要有 DNS 服务器，通常 DNS 服务可以创建在域控制器中，以方便进行管理维护。

2. 活动目录逻辑结构

1）对象（Objects）和属性（Attributes）

对象是指活动目录管理的域内的资源，包括用户、计算机、打印机等。对象在活动目录中是以一组属性进行描述的，例如创建某个用户，要描述用户的相关属性，包括姓名、地址、电话等信息。用户就是一个对象，它是这些对象属性的集合体。

2）容器（Container）

容器是保存对象的单元，容器也有自己的名称和属性，容器内包含一组对象和其他容器。在活动目录域服务中，域树、域林、组织单元都属于容器对象。

3）组织单位（Organizational Unit，OU）

组织单位是特殊的容器，可以包含用户、计算机、组、打印机等各种对象，也可以包含其他组织单位。企业可以通过划分组织单位来创建逻辑上的层次结构，例如根据部门将企业的用户和设备组成不同的组织单位。组织单位是可以应用组策略（Group Policy）的最小单位，通过组策略统一管理组织单位中的域对象，而普通容器不可以应用组策略。

4）域树和域林

正如前面介绍的，在大型企业网络的规划管理中，常采用域树或域林结构来实现层次化管理，并通过信任关系的设定实现资源的访问控制。在域树中，隐含着父域和子域的双向信任关系，并且父/子域之间的信任关系是可传递的。域林的组建解决了不同域树间的信任管理问题，在一个域林中的域树间，双向信任关系也是可以互相传递的。

3. 活动目录的物理结构

1）站点

站点是活动目录对象，表示具有高度可靠性且网络连接快速的一个或多个 TCP/IP 子网。站点一般由企业设备的物理位置决定，处于高速通信子网中的计算机可以被划分到同一站点，根据站点的结构，优化活动目录域控制器之间的数据复制关系和对域控制器的访问，例如站点内的计算机的域用户可以向同一站点内的域控制器请求验证，这样可以使用户登录更快速。站点对象与一组子网关联，域林中的每个域控制器根据其 IP 地址与活动目录站点关联。站点可以托管来自多个域的域控制器，域可以在多个站点中表示。

2）域控制器

域控制器是安装了活动目录域服务的 Windows Server 服务器，保存活动目录信息的副本。域控制器对活动目录的变化更新进行记录管理，域控制器之间通过复制保持活动目录信息的一致性。域控制器复制用户登录过程的验证及其他域相关操作，如用户身份验证、活动目录信息查找等。在域中至少部署一台域控制器，在网络安全性和可靠性要求较高的环境中，可以布置两台以上域控制器，从而保证在某台域控制器无法提供活动目录域服务时，保证域的正常使用。

3）全局编录服务器（Global Catalog，GC）

全局编录服务器是一种特殊的域控制器，它存储域林活动目录中所有对象的部分属性（对象属性中的只读），形成数据库进行存储。这些属性是在目录服务中访问频繁的属性，例如用户账户名，利用这些属性可以定位对象。全局编录服务器的使用可以提高对活动目录中对象的搜索效率。一个域中必须存在至少一个全局编录服务器，在安装第一域控制器时，全局编录服务器将被默认绑定安装。如果域中有多个域控制器，则需要指定其中一台为全局编录服务器。

4）只读域控制器（Read – Only Domain Controller，RODC）

只读域控制器的活动目录数据库只可以被读取，而不可以被修改，用户和应用程序无法直接修改只读域控制器中的数据，只读域控制器的活动目录数据只能从其他域控制器复制而来。只读域控制器主要用于小型分公司、小规模部门等网络安全环境不完善的子域，以避免来自用户的非法修改影响整个域的服务。

5）成员服务器

成员服务器是指安装了 Windows Server 操作系统，加入域，但没有安装活动目录域服务的服务器。成员服务器提供网络服务，例如 Web 服务、FTP 服务等。成员服务器不对域对象进行管理。

6）域中的客户机

客户机主要指接受服务的计算机，它可以访问服务器中的子域，接受域控制器的管理。客户机可以是安装了 Windows 7、Windows 10、Windows 11 的普通计算机。

7）独立服务器

独立服务器是相对于加入域的服务器而言的，未加入域的服务器默认处于工作组模式，可以通过工作组共享子域，进行访问控制等，但不能接受活动目录域服务。

处于工作组模式的计算机要访问域中的资源，可以通过远程登录的方式登录域中的计算机，然后通过具有相应权限的用户账户登录进行访问。

 任务实施

按照网络拓扑（图 2 – 33），在 VMware 中准备虚拟机实训环境，具体步骤如下。

（1）将 win – server1 指定为第一台域控制器，创建域 HZY. com。

（2）将 win – server2 指定为第二台域控制器（额外域控制器）。

（3）将 win – server3 加入域 HZY. com，作为成员服务器。

（4）将 win – server4 指定为子域控制器，创建子域 bj. HZY. com。

一、创建第一个域 HZY. com

根据网络管理规划，在服务器 win – server1 中安装活动目录域服务，将其升级为域控制器，其域名规划为 HZY. com。由于该服务器是域中的第一台域控制器，随着其被指定为域控制器，将自动建立一个新域 HZY. com，建立 HZY. com 所属的域树，建立一个该域树所属的新域林，域林名就是。HZY. com 是域树的根域，也是整个域林的根域，域林的名称即第一个域树的根域 HZY. com。服务器的计算机名 win – server1 将自动更改为 win – server1. HZY. com。

 小贴士

在没有部署活动目录域服务之前，计算机为独立计算机，其所在工作组默认为 WORKGROUP，计算机名称标识计算机在工作组中的身份。

将服务器 winserver – 1 提升为域控制器，创建第一个根域的步骤如下。

（1）在"服务器管理器"窗口中选择"管理"→"添加角色和功能"选项（图 2 – 37），在"添加角色和功能向导"对话框中按提示依次单击"下一步"按钮，直到出现"选择服务器角色"界面，选择"Active Directory 域服务"选项，在弹出的"添加角色和功能向导"对话框中单击"添加功能"按钮，如图 2 – 38 ~ 图 2 – 40 所示。

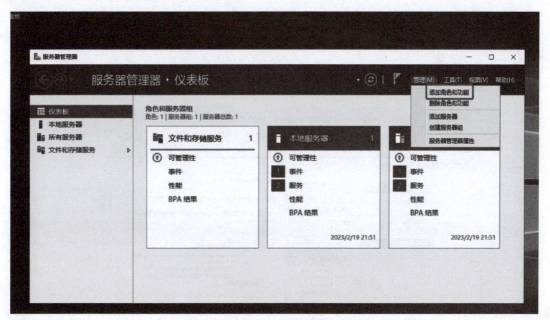

图 2 – 37　"添加角色和功能"选项

（2）在"添加角色和功能向导"对话框中继续按提示单击"下一步"按钮，按照图 2 – 41 所示进行操作，直到出现"确认安装所选内容"界面（图 2 – 42），确认无误后，单击"安装"按钮，即开始安装活动目录域服务。显示图 2 – 43 所示界面后，活动目录域服务安装成功。

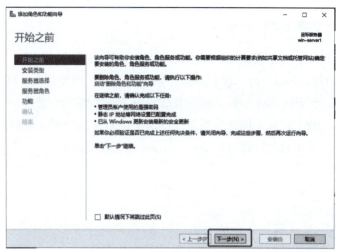

图 2-38　活动目录域安装（1）

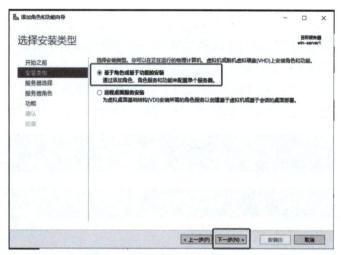

图 2-39　活动目录域安装（2）

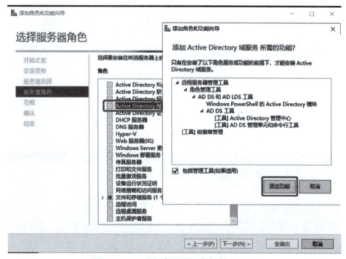

图 2-40　活动目录域安装（3）

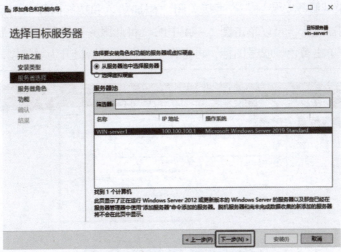

图 2-41　活动目录域服务安装（4）

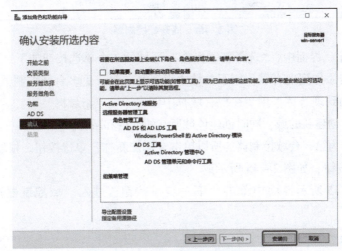

图 2-42　活动目录域服务安装（5）

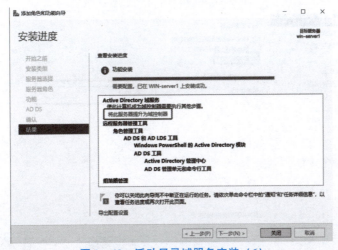

图 2-43　活动目录域服务安装（6）

（3）活动目录域服务安装后，若直接关闭"添加角色和功能向导"对话框，则该服务器还没有作为域控制器运行，可以单击图2-44中的"将此服务器提升为域控制器"字样或直接关闭后在仪表板中单击黄色惊叹号图标，再选择"将此服务器提升为域控制器"选项。

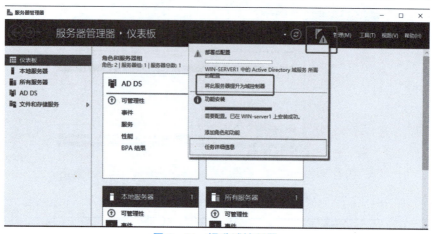

图 2 - 44　提升域控制器

在"部署配置"界面中，"选择部署操作"区域的3个单选按钮如下。

①将域控制器添加到现有域：用于在域中设置第二台或更多台域控制器。

②将新域添加到现有林：用于在现有域林中创建子域或新域树。

③添加新林：创建新的域，同时创建该域所在的域树和域林。

由于该服务器为第一台域控制器，所以单击"添加新林"单选按钮。根域名为HZY.com。单击"下一步"按钮，如图2-45所示。

（4）在图2-45所示界面中单击"下一步"按钮，进入"域控制器选项"界面，如图2-46所示。

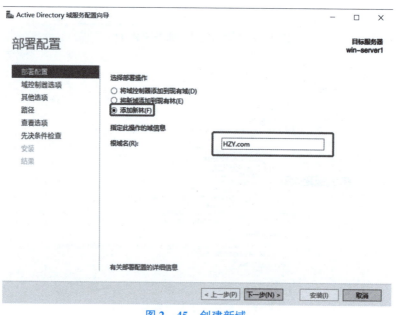

图 2 - 45　创建新域

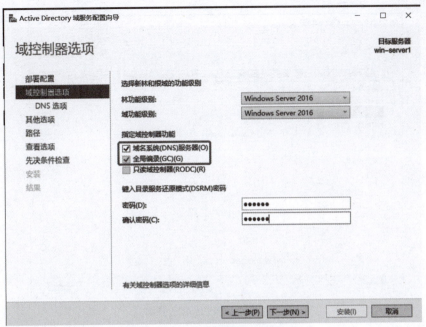

图 2 - 46 "域控制器选项" 界面

①选择新林和根域的功能级别。配置功能级别可以确保所安装的活动目录兼容的版本范围，因为在网络中可能出现不同 Windows Server 版本的域控制器，各版本的功能是有差异的，若域林的功能级别设置为 Windows Server 2016，则表示支持 Windows Server 2016 版本以上的所有活动目录域功能。域林的功能级别版本设定小于等于域功能级别版本设定。

②指定域控制器功能。默认在第一台域控制器上安装 DNS 服务，因此 "域名系统（DNS）服务器" 复选框被自动勾选，向导将自动创建 DNS 区域委派。由于第一台域控制器必须为全局编录服务器，所以 "全局编录（GC）" 复选框被自动勾选，并不可修改。因为第一台域控制器不可为只读域控制器，所以 "只读域控制（RODC）" 复选框未被勾选，并不可修改。

③键入目录还原模式（DSRM）密码。系统可进行备份和还原操作，还原时需进入目录还原模式（启动系统按 F8 键），可以在此配置进入还原模式时需要的密码。

 小贴士

DNS 服务可以完成 IP 地址和主机名的映射，活动目录使用 DNS 的名称格式对域进行命名，可以借助 DNS 服务，通过计算机的域名获取其 IP 地址，定位域中计算机，因此在域中至少要有一台 DNS 服务器。若服务器没有安装 DNS 服务，则会自动选择安装 DNS 服务。

（5）在图 2 - 46 所示界面中单击 "下一步" 按钮，进入 "DNS 选项" 界面，出现警告信息，如图 2 - 47 所示。DNS 委派是将部分区域的 DNS 解析交给其他 DNS 服务器，根域 DNS 服务器可以委派给子域 DNS 服务器进行相关区域的解析，这里不需要选择，单击 "下一步" 按钮。

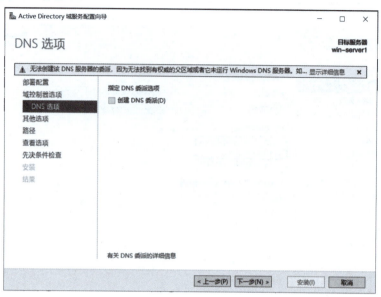

图 2-47 "DNS 选项"界面

（6）单击"下一步"按钮后进入"其他选项"界面。向导将为计算机自动分配一个 NetBIOS 域名，它取的是域名的前半段，如图 2-48 所示。那些不支持 DNS 域名的早期版本的操作系统可以利用 NetBIOS 域名来访问域中的资源。此名称可以修改，但长度不能超过 15 个字符。计算机加入域时，利用 NetBIOS 域名也能找到域控制器。

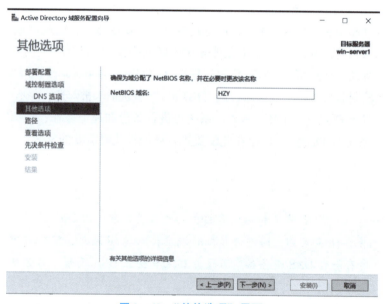

图 2-48 "其他选项"界面

（7）单击"下一步"按钮，进入"路径"界面，在该界面中可以设置数据库、日志文件、SYSVOL 所存储的文件存储路径，如图 2-49 所示。"数据库文件夹"用来存储活动目录数据库，"日志文件文件夹"用来存储活动目录的变化记录，"SYSVOL 文件夹"必须位于 NTFS 磁盘分区中。活动目录数据库和日志文件，建议不要存放在同一个位置，这样可以减少磁盘的 I/O，从而提高效率。

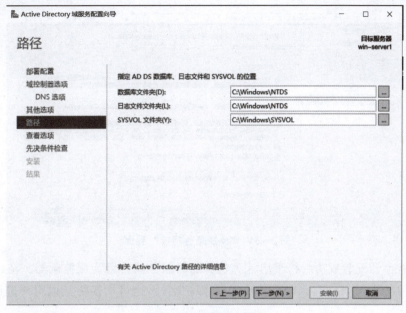

图 2-49　"路径"界面

（8）单击"下一步"按钮，进入"查看选项"界面，如图 2-50 所示，该界面显示所选择安装的相关选项，单击"下一步"按钮，进入"先决条件检查"界面，如图 2-51 所示，通过检查后，即可单击"安装"按钮。

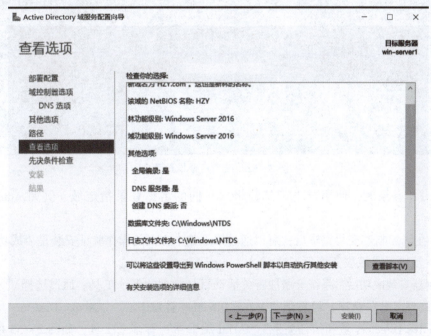

图 2-50　"查看选项"界面

图 2 – 51 "先决条件检查"界面

(9) 域控制器安装成功后将重启计算机，此时服务器升级为域控制器，在计算机登录界面显示域用户账户，格式为"NetBIOS\用户账户名"，也可切换为其他用户进行登录，如图 2 – 52 所示。

图 2 – 52　域用户登录界面

用户 UPN 登录时，使用与电子邮箱格式相同的名称登录指定域，例如 Administrator @ HZY. com。

(10) 在域控制器安装完毕后，可以通过以下几个方面的操作验证安装是否成功。

①查看活动目录域服务管理工具。

域控制器安装成功后，系统会增加有关活动目录管理的多个工具。通过选择"开始"→"Windows 管理工具"选项，可看到"Active Directory 管理中心""Active Directory 用户和计算机""Active Directory 域和信任关系""ADSI 编辑器"等多个工具，如图 2 – 53 所示，这些工具也可以在"服务器管理器"窗口的"工具"菜单中调用，如图 2 – 54 所示。

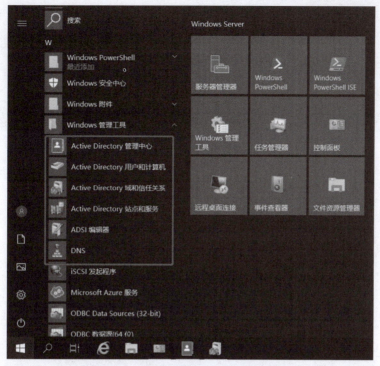

图 2-53　活动目录域服务管理工具（1）

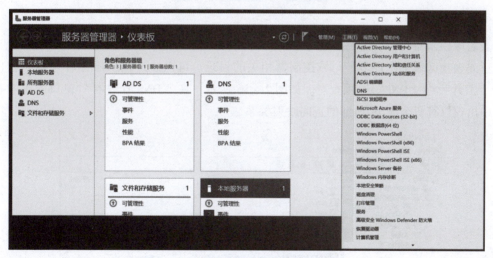

图 2-54　活动目录域服务管理工具（2）

　　②查看计算机名。

　　域控制器安装成功后，计算机名将由"win-server1"变为"win-server1.HZY.com"。计算机由原工作组的网络模式变为域模式，成为域成员。可以用鼠标右键单击桌面上的"此电脑"图标，选择"属性"→"高级系统设置"选项，打开"系统属性"对话框，在"计算机名"选项卡中查看到计算机名发生改变，工作组由原来的"WORKGROUP"变为域"HZY.com"，该计算机已经成为域控制器，并不可再更改网络类型和计算机名称，如图 2-55所示。

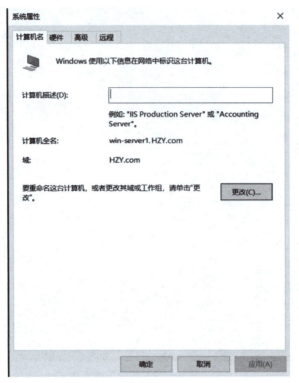

图 2-55 "系统属性"对话框

③查看 DNS 记录。

安装域控制器时自动安装了 DNS 服务，并支持 DNS 的自动更新，在"DNS 管理器"窗口的正向查找区域中出现多个与域控制器相关的目录。可以通过在"服务管理器"窗口中选择"工具"→"DNS"选项查看。如图 2-56 所示，在"DNS 管理器"窗口的正向查找区域中出现计算机名与 IP 地址的正向映射关系。

图 2-56 "DNS 管理器"窗口

可以通过在命令行窗口中输入"ipconfig/all"查看计算机 IP 地址相关参数，发现 DNS 服务器地址变为"127.0.0.1"，即将本机作为 DNS 服务器，如图 2 –57 所示。使用 nslookup 功能可以发现域名 HZY.com 可以被正确解析为此服务器的 IP 地址 100.100.100.1，如图 2 –58 所示。

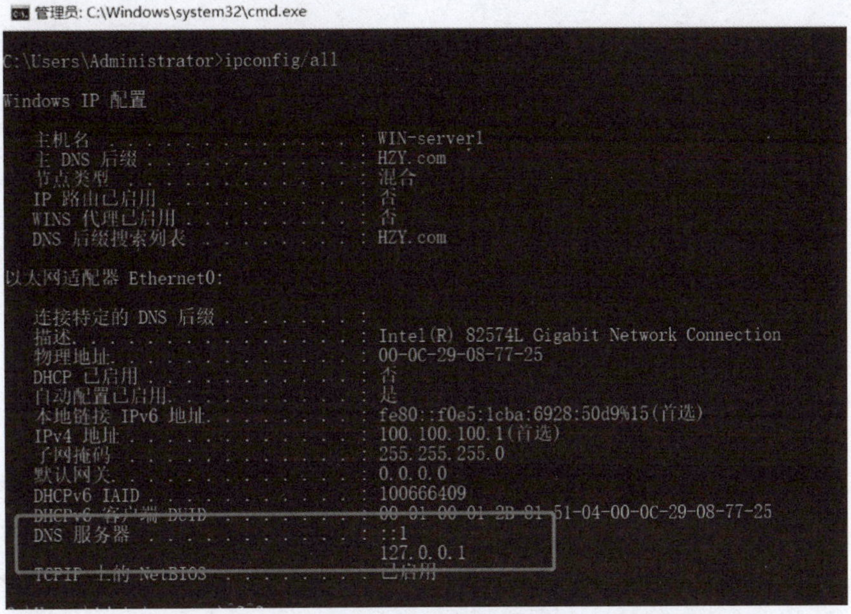

图 2 –57　查看 DNS 服务器地址

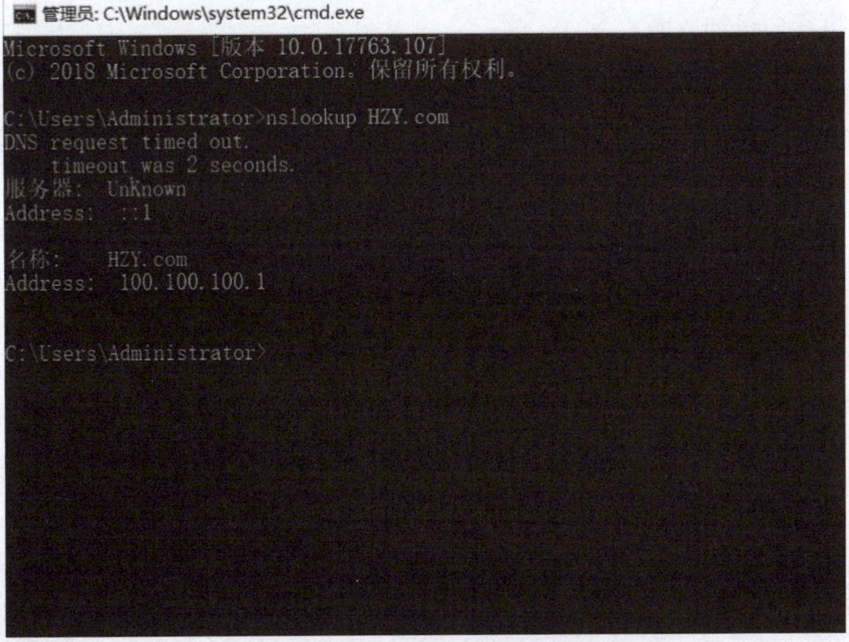

图 2 –58　验证 DNS 解析

④查看活动目录对象。

在"服务器管理器"窗口选择"工具"→"Active Directory 用户和计算机"选项，可以看到域 HZY.com。单击"HZY.com"可见该域中包含的各类默认容器。其中在"Domain Controllers"中可看见当前配置的域控制器 win－server1，并且为全局编录服务器，如图 2－59 所示。

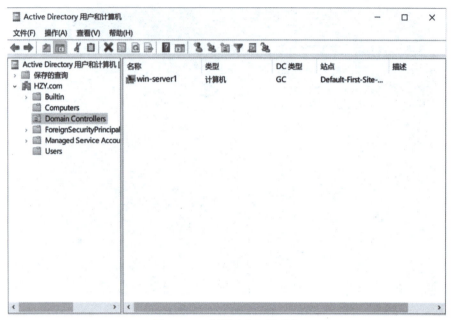

图 2－59 查看活动目录对象

二、将客户机加入域

域控制器可以对加入域中的客户机进行统一管理，客户机可以是域成员服务器，也可以是安装了 Windows 操作系统的普通计算机。客户机加入域后，独立服务器将变为域成员服务器，普通计算机加入域后将成为普通域成员计算机，两者加入域的方法是类似的。根据网络规划，将 win－server3 服务器加入 HZY.com 域，作为域成员服务器，不需要安装活动域目录服务。

（1）网络准备。域中所有计算机应实现网络互通，在 VMware 环境中，虚拟机的网络配置为"自定义：特定虚拟网络"→"VMnet1（仅主机模式）"，如图 2－60 所示。

（2）以系统管理员身份登录计算机，按照网络规划，配置 IP 地址。域控制器上安装了 DNS 服务，所以 DNS 服务器地址配置为域控制器的地址，如图 2－61 所示。

 小贴士

如果在 VMware 中通过克隆的方式获得多个虚拟机，则要使用 sysprep 工具消除克隆影响，方法参见项目一。

图 2 – 60 虚拟机的网络配置

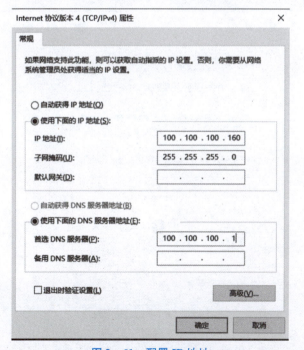

图 2 – 61 配置 IP 地址

（3）用鼠标右键单击桌面上的"此电脑"图标，选择"属性"→"高级系统设置"选项，打开"系统属性"对话框的"计算机名"选项卡，单击"更改"按钮，在弹出的"计算机名/域更改"对话框的"隶属于"区域单击"域"单选按钮，并输入域名 HZY.com，单击"确定"按钮，如图 2-62 所示。

（4）输入有权加入该域的账户名称和密码，该账户为域控制器中拥有添加域成员权限的账户，例如域控制器管理员账户，如图 2-63 所示。单击"确定"按钮后显示欢迎加入域的提示信息，如图 2-64 所示。

图 2-62　更改域

图 2-63　输入账户名称和密码

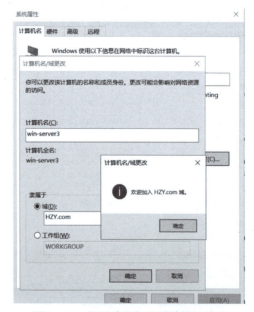

图 2-64　显示欢迎加入域的提示信息

（5）设置完毕后，系统将要求重启计算机。计算机重启后可以在登录界面选择本地用户账户或域用户账户登录。

①本地用户账户登录。使用本地安全数据库中存储的用户名和密码登录，默认使用本地系统管理员 Administrator 账户登录，如图 2－65 所示。登录成功后，可以使用该账户权限允许的本地主机资源，但无法访问域中的其他设备资源，除非在访问域中的其他设备资源时输入相应有权限的用户名和密码。

图 2－65　使用本地系统管理员账户登录

②域用户账户登录。在登录界面中选择"其他用户"选项，输入域账户名称和密码登录，例如输入域系统管理员账户"HZY\Administrator"（在域控制器中默认创建）和密码登录，则账户信息将通过网络传递给域控制器进行验证，若通过则可登录计算机，如图 2－66 所示。域账户可以由域控制器统一进行管理和控制，赋予相应的权限，则采用域账户登录主机可以在具有相应权限的条件下使用域中的其他设备资源。

图 2－66　使用域系统管理员账户登录

（6）加入域后，计算机名变为"win – server3. HZY. com"，如图2 – 67所示。

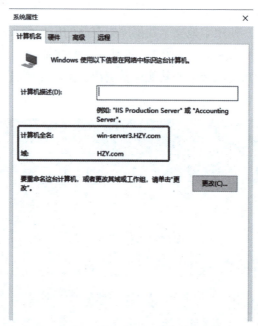

图2 – 67　查看计算机名

在域控制器中，在"服务器管理"窗口选择"工具"→"Active Directory 用户和计算机"选项，再选择"Computers"节点，可见其中显示了加入该域的计算机 win – server3，如图2 – 68所示。

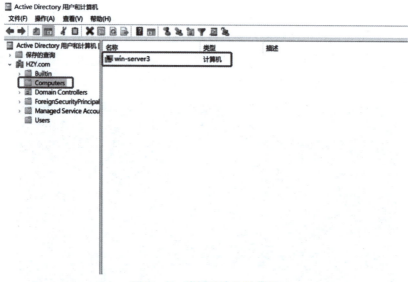

图2 – 68　查看用户和计算机

三、设置第二个域控制器

在稳定性和可靠性要求较高的网络中，域中需要配置2 台以上域控制器，一台作为主控制器，另一台作为额外域控制器。网络中第一个配置的域控制器作为主域控制器，其他域控制器均作为域控制器。网络中多台域控制器可以提高用户登录效率，并在某个域控制器出现故障时，仍然可以由其他域控制器提供服务。

域中的所有域控制器共同维护和管理同一个活动目录数据库。在安装额外域控制器时有两种方式获得活动目录数据库的相关信息。一是通过网络将现有的域控制器的活动目录数据库中的数据复制到新增的额外域控制器中，二是在一台现有的域控制器中制作安装介质（Installation Media），在安装介质中包括活动目录数据库内容。将安装介质复制到 U 盘、移动硬盘、CD 等存储工具中，在安装新的域控制器时，通过安装向导指向安装介质所在的存储工具来读取活动目录数据库。

按照网络规划，本书采用第一种方法将 win－server2 配置为 HZY. com 域中的第二台域控制器，即额外域控制器。

（1）在 win－server2 中进行 IP 配置和虚拟机的网络适配器配置，如图 2－69 和图 2－70 所示。

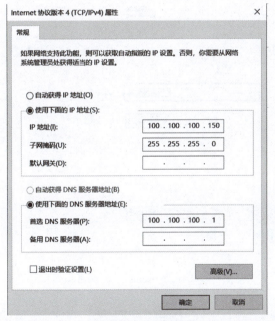

图 2－69　IP 配置

图 2－70　虚拟机的网络适配器配置

（2）安装活动目录域服务。操作方法与安装第一台域控制器的操作方法是一样的。安装完毕后单击"将此服务器提升为域控制器"字样，如图 2－71 所示。

（3）在"部署配置"界面中，单击"将域控制器添加到现有域"单选按钮，在"域"文本框中输入所要加入的域名"HZY. com"，再单击"更改"或"选择"按钮，如图 2－72 所示。在弹出的"部署操作的凭据"对话框中输入具有域管理员权限的用户名和密码，单击"确定"按钮，如图 2－73 所示。

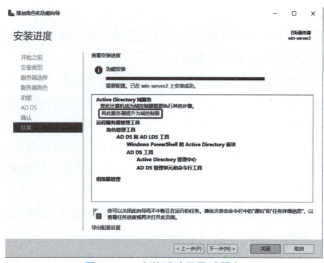

图 2 –71　安装活动目录域服务

图 2 –72　"部署配置"界面

图 2 –73　"部署操作的凭证"对话框

（4）检查无误后开始安装，在出现的"域控制器选项"界面中，可以做如下选择，并设置目录服务还原模式的密码。

①是否安装 DNS 服务器。

②是否将域控制器设置为全局编录服务器。

③是否将域控制器设置为只读域控制器。

在这里选择其默认设置进行安装，也可以根基实际需要进行安装，单击"下一步"按钮，如图 2 - 74 所示。

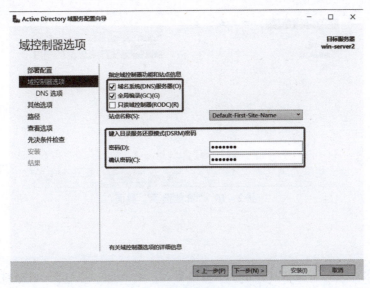

图 2 - 74　"域控制器选项"界面

（5）在"DNS 选项"界面中，不勾选"更新 DNS 委派"复选框，单击"下一步"按钮，如图 2 - 75 所示。

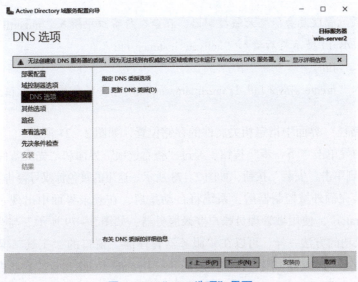

图 2 - 75　"DNS 选项"界面

（6）在"其他选项"界面中，可以选择从"可用介质"或"复制自"其他域控制器来安装活动目录数据库。若以已经在现有的域控制器中制作了安装介质，则可以勾选"从介质安装"复选框，制定安装介质路径。这里选择复制自现有的域控制器 win – server1. HZY. com，单击"下一步"按钮，如图 2 – 76 所示。

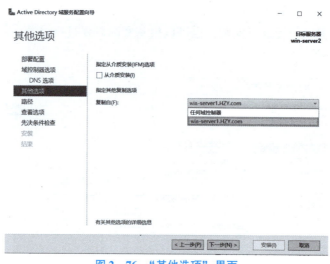

图 2 – 76　"其他选项"界面

 小贴士

　　使用安装介质进行安装可以不占用网络资源，更快速地完成活动目录服务数据库的复制。制作安装介质的步骤如下。

　　（1）选择一台现有的域控制器。如果安装介质用于可写域控制器，则必须选择现有的可写域控制器制作，如果安装介质用于只读域控制器，则可以选择一台现有的只读域控制器制作。

　　（2）以系统管理员身份登录域控制器，在命令行窗口中输入"ntdsutil"。

　　（3）在 ntdsutil 提示符后输入"activate instance ntds"。

　　（4）输入"ifm"。

　　（5）输入"create sysvol full d：\anzhuangwenjian"（安装介质的目录位置）。

（7）在"路径"界面中指定相关文件的存储位置，如图 2 – 77 所示。

（8）按照向导单击"下一步"按钮，经过"查看选项"界面和"先决条件检查"界面后，如果没有问题，则单击"安装"按钮，如图 2 – 78 所示。这里的黄色惊叹号警告不影响操作。

（9）在安装完额外域控制器后，系统将自动重启，在登录界面中出现了域管理员账户"HZY\Administrator"，使用域管理员账户登录服务器，如图 2 – 79 所示。与查看第一个域控制器是否安装成功的方法一样，可以在"服务器管理器"窗口的"工具"菜单中看到域管理工具，在"Active Directory 用户和计算机"→"Domain Controllers"容器内看到域控制器"win – server2"，如图 2 – 80 所示。

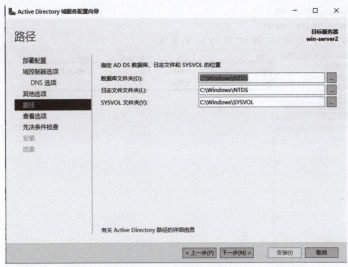

图 2-77 "路径"界面

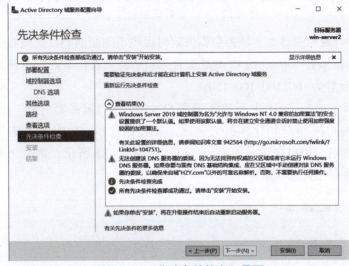

图 2-78 "先决条件检查"界面

图 2-79 使用域管理员账户登录服务器

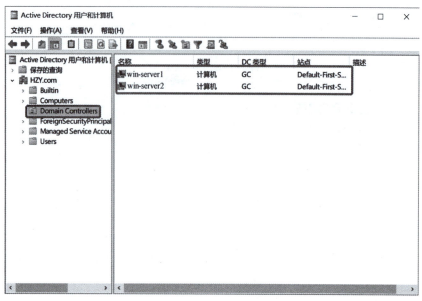

图 2 – 80 查看域控制器

（10）验证额外域控制器在主域控制器失效时提供不间断活动目录域服务。

①在成员服务器 win – server3 的 IP 地址配置选项中将"首选 DNS"设置为 100. 100. 100. 1，将"备用 DNS"设置为 100. 100. 100. 150。

②在域控制器 win – server1 上新建测试用户 test。在"服务器管理"窗口中选择"工具"→"Active Dectory 用户和计算机"选项，在容器"User"中，选择"新建"→"用户"选项，输入姓名、用户登录名均为"test"，如图 2 – 81 所示，单击"下一步"按钮后配置账户密码及密码相关选项策略。

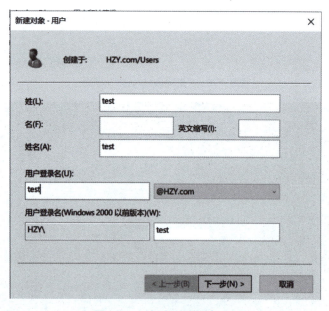

图 2 – 81　新建测试用户 test

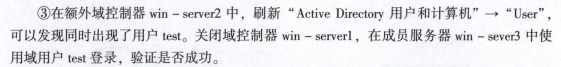

③在额外域控制器 win‐server2 中，刷新"Active Directory 用户和计算机"→"User"，可以发现同时出现了用户 test。关闭域控制器 win‐server1，在成员服务器 win‐sever3 中使用域用户 test 登录，验证是否成功。

④在 win‐server3 登录界面中选择"其他用户"选项，输入用户名"HZY\test"及相应密码。正常登录即表明在域控制器 win‐server1 失效的情况下，域控制器 win‐server2 仍然提供不间断的活动目录域服务，如图 2‐82 所示。

图 2‐82　域用户登录服务器

四、创建子域

在实际工作中，为了方便分组、分层次对域中的对象进行管理，可以采用在域中创建子域的方法，在逻辑上形成层次化的域树结构。根据本任务的网络规划，将分公司划分为总公司的子域，即在 HZY. com 域中创建子域。子域创建后，HZY. com 域为该子域的父域，子域控制器为 win‐server4，子域名称要继承父域名称而连续命名为 bj. HZY. com。

创建子域的具体流程如下。

（1）根据网络规划配置 win‐server4 的 IP 地址和 DNS 服务器地址。IP 地址为100. 100. 100. 170，DNS 服务器地址为 100. 100. 100. 1。配置虚拟机的网络适配器模式为"VMnet1（仅主机模式）"。

（2）添加活动目录域服务，方法和前面介绍的一样。

（3）在添加活动目录域服务后，单击"将此服务器提升为域控制器"字样。在"部署配置"界面中，"选择部署操作"为"将新域添加到现有林"，在"选择域类型"下拉列表中选择"子域"选项，在"父域名"文本框中输入"HZY. com"，在"新域名"文本框中输入"bj"，如图 2‐83 所示。单击"更改"按钮，在"部署操作的凭证"对话框中输入具有域管理权限的用户名和密码，这里输入的都是"HZY\Administrator"账户的名称和密码，如图 2‐84 所示。

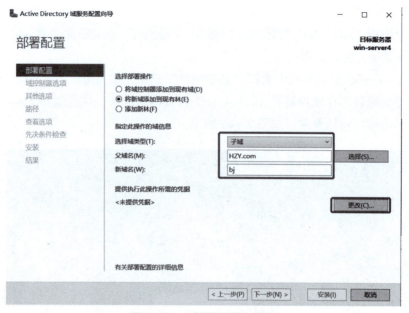

图 2 – 83 "部署配置"界面

图 2 – 84 "部署操作的凭证"对话框

（4）在账户验证通过以后，单击"下一步"按钮，在"域控制器选项"界面中指定是否安装 DNS 服务器、是否将域控制器设置为全局编录服务器，输入目录服务还原模式的密码，如图 2 – 85 所示，单击"下一步"按钮。

（5）由于一个域中可能有多个子域，如果子域的 DNS 解析都由父域控制器来实现，会使父域的 DNS 服务器产生较大负担，所以可以在子域控制器中安装 DNS 服务，并开启 DNS 委派功能，使子域的域名解析由子域的 DNS 服务器负责。"DNS 选项"界面中的配置如图 2 – 86 所示。

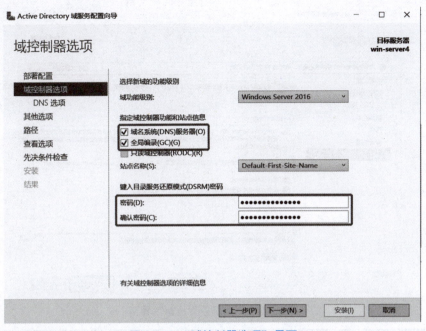

图 2 - 85 "域控制器选项"界面

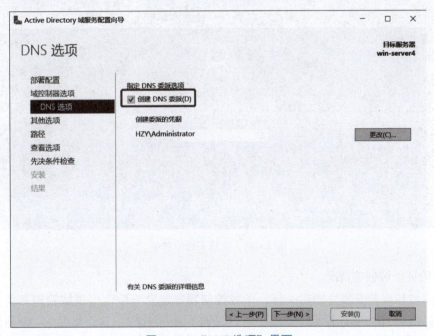

图 2 - 86 "DNS 选项"界面

（6）单击"下一步"按钮，自动产生 NetBIOS 名称，选择数据库等文件的存储位置，先决条件检查没有问题后单击"安装"按钮，如图 2 - 87 所示。安装完毕后登录子域控制器，如图 2 - 88 所示。

图 2-87 "先决条件检查"界面

图 2-88 登录子域控制器

（7）验证子域创建情况。

①与主域控制器安装完毕后一样，子域控制器安装完毕后会出现域管理相关工具，在"Active Directory 用户和计算机"窗口中可以看到子域 bj. HZY. com，如图 2-89 所示。子域控制器是无法看到主域控制器的相关信息的。

②查看子域控制器 DNS 信息。在"服务器管理器"窗口中选择"工具"→"DNS"选项，可以看到 bj. HZY. com 的正向查找信息中出现主机名和 IP 地址的记录，如图 2-90 所示。

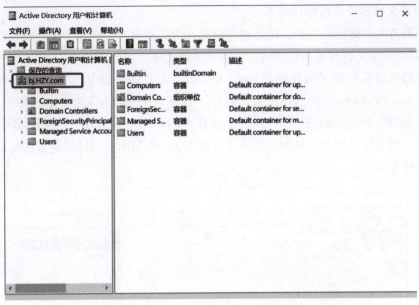

图 2 – 89　查看子域控制器信息

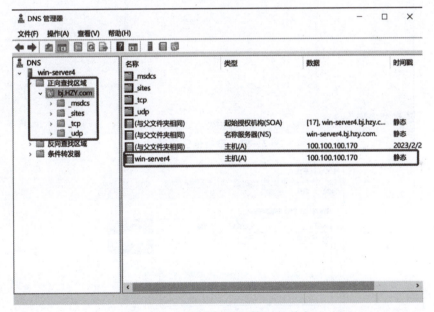

图 2 – 90　查看子域控制器 DNS 信息

 小贴士

　　使用 nslookup 命令验证域名解析是否成功。在子域控制器的命令行窗口中输入"nslookup winserver – 1. HZY. com"，将显示其对应的 IP 地址为 100. 100. 100. 1。在主域控制器 win – server1 的命令行窗口中输入"nslookup win – server4. bj. HZY. com"，将显示其对应的 IP 地址为 100. 100. 100. 170。

（8）验证父域和子域的信任关系。

域之间具有互相信任的关系，这是进行资源互访的前提。父域和子域之间具有天然的信任关系，即父/子域是默认互相信任的，不需要手动配置。

以域管理员身份登录父域控制器 win－server1，在"服务器管理器"窗口中选择"工具"→"Active Directory 域和信任关系"选项，在窗口中用鼠标右键单击"HZY.com"节点，选择"属性"选项，如图 2－91 所示，在弹出的"HZY.com 属性"对话框中单击"信任"选项卡，将显示父域对子域的信任关系，如图 2－92 所示，用同样的方法可以查看子域对父域的信任关系。

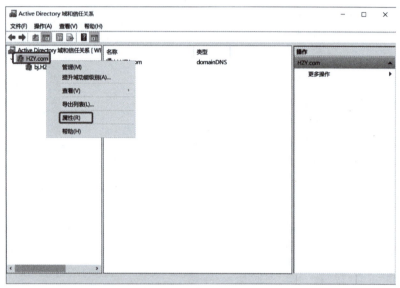

图 2－91　查看信任关系

图 2－92　查看父域对子域的信任关系

五、域用户的管理

域管理员为用户在域中创建账户，可以让用户在域中使用账户登录域中的设备，访问域中的资源，域管理员需要为 HZY 公司新入职的员工小李创建一个普通域用户账户。

1. 创建域用户账户

在域控制器 win－server1 的"服务器管理器"窗口中选择"工具"→"Active Directory 用户和计算机"选项，在弹出的窗口中选择"HZY. com"→"Users"容器，在容器中可见原工作组账户环境中的用户被移到了"Users"容器下。在"User"容器中单击鼠标右键，选择"新建"→"用户"选项，如图 2－93 所示。在"新建对象－用户"对话框中输入用户的姓名和用户登录名，如图 2－94 所示。

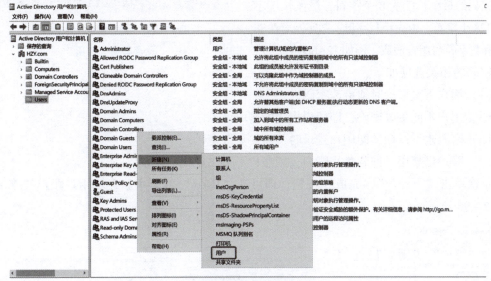

图 2－93 新建用户

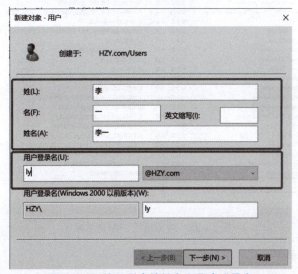

图 2－94 输入用户的姓名和用户登录名

用户的姓名为显示名，它在同一个组织单元中应该是唯一的，不同组织单元的用户则可以重复使用。例如，在企业中以不同部门为单位，划分不同的组织单元，对象为该部门中的用户，显示名可以在不同部门中重复。用户登录名则需在整个域中唯一，其命名规则和本地用户的命名规则一样，最长不超过 20 个字符。单击"下一步"按钮，可以设置域用户的密码及密码相关选项，如图 2 - 95 所示。

密码的最小长度为 8 个字符，最大长度不超过 128 个字符，由大小写字母、数字及合法非字母和数字符号组合而成，例如 12ABcd￥%。

密码的相关选项如下。

（1）用户下次登录时须更改密码。

（2）用户不能更改密码，即使用指定的密码。

（3）密码永不过期，即用户登录时不需要更改密码。

（4）账户已禁用，即若禁用账户，则账户不可以在域中登录。

依次单击"下一步""完成"按钮，即可在"Users"容器中新建域用户账户"李一"，如图 2 - 96 所示。

图 2 - 95　设置域用户的密码及密码相关选项

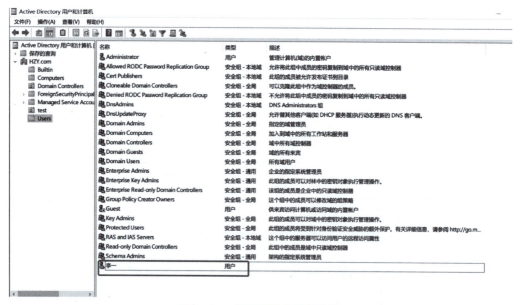

图 2 - 96　新建域用户账户结果

2. 域用户账户登录

域用户账户新建成功后，域中的客户机可以使用该账户进行登录，需要注意登录时应使用域用户账户的登录名而不是显示名，为了避免混乱，建议在新建域用户账户时将显示名和登录名配置为相同的名称。如图 2 - 97 所示，选择"其他用户"选项，在文本框中输入域用户账户的登录名和密码。

图 2 - 97　域用户账户登录

3. 域用户账户属性管理

域用户账户有一些相关属性，域用户可以通过设置这些属性来影响账户的使用。在域用户账户上单击鼠标右键，选择"属性"选项，如图 2 - 98 所示。

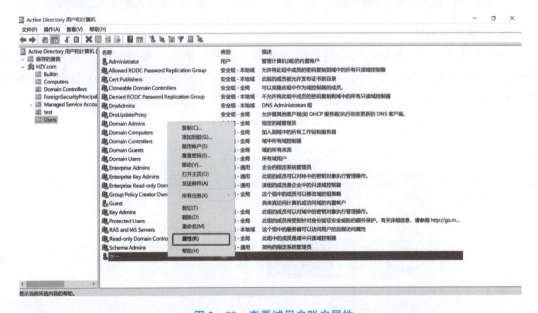

图 2 - 98　查看域用户账户属性

域用户账户属性对话框如图 2 - 99 所示，在该对话框中可以查看和修改域用户账户的相关属性信息。

1）设置账户过期

在"账户"选项卡中，可以设置账户过期时间，如图 2－100 所示，该账户将于 2026 年 4 月 1 日过期。

图 2－99　域用户账户属性对话框 　　　　　图 2－100　设置账户过期时间

2）设置登录时间

单击"登录时间"按钮，可以指定账户的登录时间。单击"登录时间"按钮后弹出登录时间设置对话框，如图 2－101 所示。将账户"李一"的登录时间限定为星期一——星期五，8：00—18：00，在登录时间范围之外，账户"李一"无法登录域。

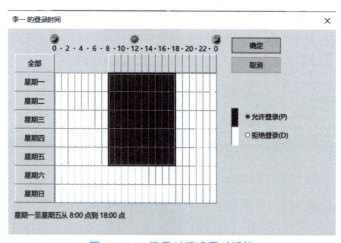

图 2－101　登录时间设置对话框

3）设置账户在指定计算机登录

在"账户"选项卡中，可以通过单击"登录到"按钮指定账户的登录计算机，不在指定范围内的计算机无法使用该账户登录域。如图 2－102 所示，单击"下列计算机"单选按钮，在"计算机名"文本框中输入可登录计算机的 NetBIOS 名称，单击"确定"按钮，即可将计算机添加到可登录计算机列表中，如图 2－103 所示，最后单击"确定"按钮。

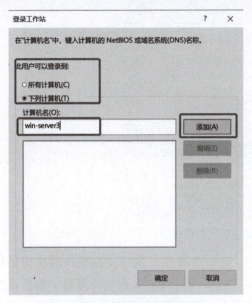 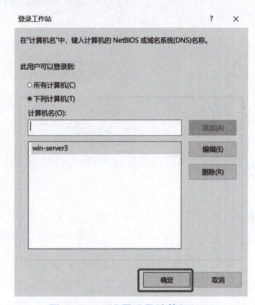

图 2－102　设置登录计算机（1）　　　图 2－103　设置登录计算机（2）

六、域组账户的管理

与本地组的功能类似，通过域组可以更方便地批量调整用户权限。

1. 组的类型

安全组：安全组用于分配权限，例如可以指定某安全组具有文件读取权限。

通信组：通信组主要用于电子邮件通信，可以给某通信组发送邮件，但无法为通信组分配权限。

2. 组的作用域

本地域组：本地域组的作用域为本地域，在本地域组分配的权限只在本地域有效。本地域组包含的对象可以是所有域中的用户、全局组、通用组、同一域内的本地域组。

全局组：全局组的作用域为整个域树内的所有域，其权限可以在域树内的所有域生效，全局组包含的对象可以是同一域中的用户和全局组。

通用组：通用组的作用域为整个域树内的所有域，其权限可以在域树内的所有域生效，通用组包含的对象可以是同一域中的用户、全局组和通用组。

3. 建立组账户的方法

Administrators 的用户有权建立组账户，这里使用域管理员账户 HZY\Administrator 登录域控制器，在"域管理器"窗口中选择"工具"→"Active Directory"→"HZY. com"→

"Users"容器，单击鼠标右键，在弹出的菜单中选择"新建"→"组"，弹出"新建对象 - 组"对话框。输入组名，选择组的作用域和组类型，如图 2 - 104 所示。可以根据实际需要在域中创建组。

图 2 - 104 "新建对象 - 组"对话框

向组中添加用户时，用鼠标右键单击组账户，选择"属性"选项，在账户属性对话框中选择"成员"选项卡，单击"添加"按钮，在"选择用户、联系人、计算机、服务账户或组"对话框中输入用户名，可以输入用户的显示名，然后单击"检查名称"按钮，将自动搜索 HZY. com 域中的对象，如果搜索到该用户对象就在对象名单列表中将名称补全为显示名（登录名）的形式，如图 2 - 105 所示。

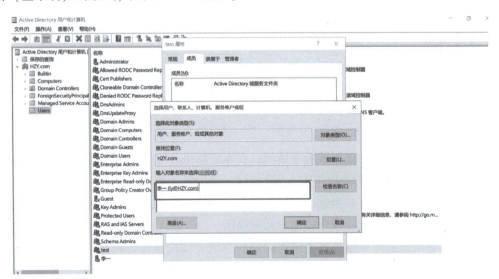
图 2 - 105 向组中添加用户

4. 内置组

在安装活动目录域服务后，系统将自动在活动目录中创建一些内置组，包括内置本地域组、内置全局组、内置通用组和内置特殊组。

1）内置本地域组

活动目录中的内置本地域组具有管理域内资源的权限，将用户账户或组账户拉入内置本地域组它们就会获得内置本地域组的权限。在"Builtin"容器中包含了常见的内置本地域组，如图 2-106 所示。

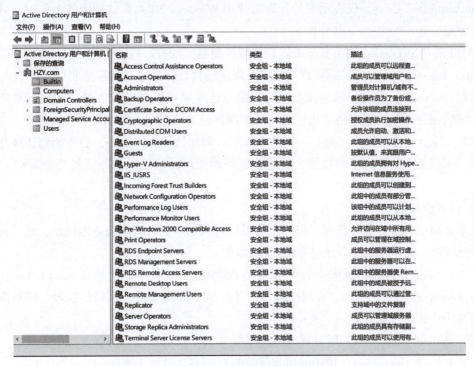

图 2-106　内置本地域组

（1）Access Control Assistance Operators：组成员可以远程查询计算机中资源的授权属性和权限。

（2）Account Operators：组成员可以在域内容器中创建、修改和删除域中的用户、组与计算机账户，但部分内置容器除外，例如"Builtin"容器与"Domain Controllers"组织单元，也不允许在部分内置容器中新建计算机账户，例如"Users"容器。它们也无法更改大部分组的成员，例如 Administrators 的成员等。

（3）Administrators：该组成员具有系统管理员的权限，以及操控域控制器的权限，可以执行活动目录域的管理工作，内置系统管理员 Administrator 属于该组，并无法从改组删除。

（4）Backup Operators：该组成员可以操作 Windows Server Backup 工具来备份与还原域控制器中的文件，也可以将域控制器关闭。

（5）Guests：该组成员无法保存所配置的桌面环境，其登录时，系统会为其建立一个临时的用户配置文件，而从系统注销时，此临时配置文件就会被删除。用户 Guest 与全局组 Domain Guests 默认属于该组。

（6）Network Configuration Operators：该组成员可在域控制器中执行常规的网络配置工

作，例如更改 IP 地址，但不可以安装、删除驱动程序与服务，也不能执行与网络服务器设置有关的工作，例如配置 DNS 与 DHCP 服务器。

（7）Performance Monitor Users：该组成员拥有监视域控制器运行状态的权限。

（8）Pre – Windows 2000 Compatible Access：该组主要是为了与 Windows NT 4.0（或更旧的系统）兼容，其成员可以读取活动目录域中的所有用户和组账户。其默认的成员为特殊组 Authenticated Users。仅在用户的计算机使用 Windows NT 4.0 或更旧的系统时，才将用户加入该组。

（9）Print Operators：该组成员可以管理域控制器中的打印机，也可以关闭域控制器。

（10）Remote Desktop Users：该组成员可以从远程计算机通过远程桌面登录。

（11）Server Operators：该组成员可以备份与还原域控制器中的文件；锁定与解锁域控制器；将域控制器中的硬盘格式化；更改域控制器的系统时间；将域控制器关闭等。

（12）Users：该组成员仅拥有一些基本权限，例如执行应用程序，但不能修改操作系统的设置，不能更改其他用户的数据，不能将服务器关闭。该组默认的成员为全局组 Domain Users。

2）内置全局组

内置全局组本身并没有任何权限，但是可以将其加入拥有权限的本地域组，或另外直接为其分配权限。内置全局组位于"Users"容器中。

（1）Domain Admins：域成员计算机会自动将此组加入其本地组 Administrators，因此 Domain Admins 中的每个成员，在域中的每台计算机中都拥有系统管理员权限。该组默认的成员为域用户 Administrator。

（2）Domain Computers：所有域成员计算机（域控制器除外）都会自动加入该组。

（3）Domain Controllers：域中的所有域控制器都会自动加入该组。

（4）Domain Users：域成员计算机会自动将该组加入其本地组 Users，因此 Domain Users 中的用户享有本地组 Users 所拥有的权限，例如拥有允许本地登录的权限。该组默认的成员为域用户 Administrator，而以后新建的域用户都自动会隶属于该组。

（5）Domain Guests：域成员计算机会自动将该组加入本地组 Guests。该组默认的成员为用户 Guest。

3）内置通用组

（1）Enterprise Admins：该组只存在于林根域中，其成员拥有管理林域中所有域的权限。该组默认的成员为林根域中的用户 Administrator。

（2）Schema Admins：该组只存在于林根域中，其成员拥有管理架构（Schema）的权限。该组默认的成员为林根域中的用户 Administrator。

4）内置特殊组

（1）Everyone：任何用户都属于该组。如果 Guest 账户被启用，则在为 Everyone 分配权限时需要小心，因为如果一位在计算机中没有账户的用户通过网络登录计算机，该用户会自动被允许利用 Guest 账户进行连接，此时因为 Guest 隶属于 Everyone，所以该用户将拥有 Everyone 所拥有的权限。

（2）Authenticated Users：任何利用有效用户账户登录计算机的用户都隶属于该组。

（3）Interactive：任何在本地登录的用户都隶属于该组。

（4）Network：任何通过网络登录计算机的用户都隶属于该组。

（5）Anonymous Logon：任何未利用有效的普通用户账户登录计算机的用户都隶属于该组。Anonymous Logon 默认不隶属于 Everyone。

（6）Dialup：任何利用拨接方式连接的用户都隶属于该组。

七、组织单位的创建和删除

组织单位是一种特殊的容器，它是可以应用组策略的最小单位。组织单位可以放置用户、计算机、组等各种对象，还可以在组织单中创建组织单元，从而形成层次化的类似 Windows 文件目录的组织结构。创建组织单的目的是根据某种特点对对象进行分类管理，并可以设计组策略链接到指定组织单上。可以根据公司部门、地理位置、对象类型等进行组织单的层次创建，以方便管理。

1. 创建组织单位的方法

以域管理员的身份登录域控制器，创建名为"财务部"的组织单。

（1）打开"服务器管理器"→"工具"→"Active Directory 用户和计算机"窗口，用鼠标右键单击"HZY.com"节点，选择"新建"→"组织单位"选项，如图 2－107 所示。

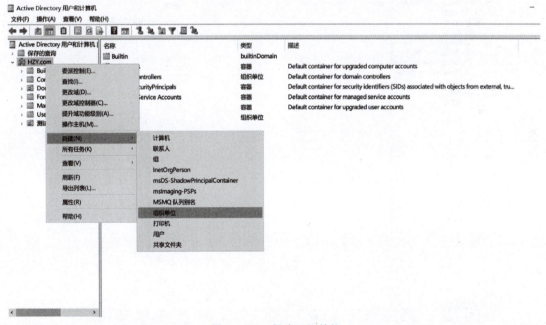

图 2－107　新建组织单位

（2）在弹出的对话框中输入组织单位的名称"财务部"，默认勾选"防止容器被意外删除"复选框，单击"确定"按钮，即可观察到在域中出现了名为"财务部"的组织单位，如图 2－108 和图 2－109 所示。

图 2 – 108　组织单位命名

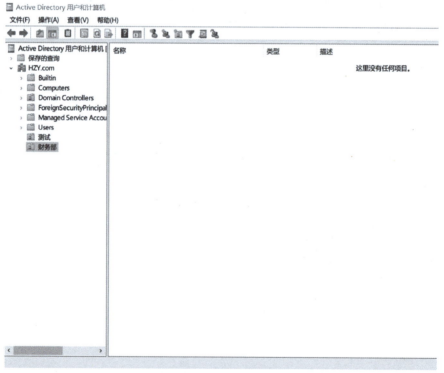

图 2 – 109　组织单位创建成功

2. 删除组织单位

通过上面的方法创建的组织单位在域中无法直接删除，用鼠标右键单击"财务部"组织单位，选择"删除"选项，会出现图 2 – 110 所示的提示。

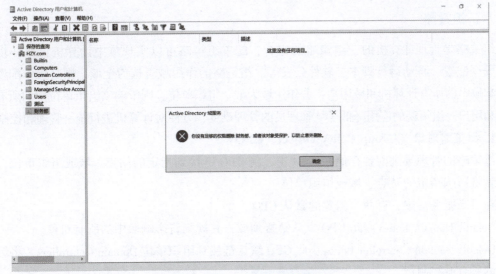

图 2 – 110　无法直接删除提示

　　若想删除该组织单位，可以选择"查看"→"高级功能"选项，再用鼠标右键单击"财务部"组织单位，选择"属性"选项，在弹出的"财务部 属性"对话框中选择"对象"选项卡，点击去掉"防止对象被意外删除"复选框，如图 2 – 111 所示。这时用鼠标右键单击"财务部"组织单位，选择"删除"选项即可完成删除。

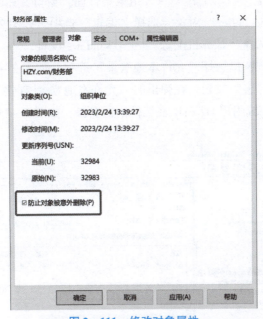

图 2 – 111　修改对象属性

小贴士

　　由于组织单位中可能存在重要的用户对象，一旦组织单位被误删除，其中的用户也将被删除，所以进行网络操作时要小心谨慎。

八、组策略

组策略是管理计算机的一组策略的组合，配置组策略可以实现域中计算机桌面环境修改、安全配置、自动运行脚本、软件分发等。组策略的作用域若选为全域，则其操作配置可以影响域中的所有计算机和域用户，若作用域为某个组织单位，则影响该组织单位中的所有计算机和用户。组策略的应用降低了域管理员的管理难度，方便对计算机进行统一管理和控制。

1. 组策略对象（Group Policy Object，GPO）

组策略的管理规则配置存储在 GPO 中，将 GPO 链接到指定的站点、域或组织单位，其规则就将影响指定的站点、域或组织单位。

在目录服务器中，有两个内置的默认 GPO。

Default Domain Policy：此 GPO 默认链接到域，其规则将影响域中的所有对象。

Default Domain Controller Policy：此 GPO 默认链接到组织单位 Domain Controllers，将影响其中的所有域控制器。

2. 组策略的配置

组策略可以分别针对域组计算机和域组用户进行配置，配置额外域控制器允许域组账户登录，配置域用户账户不可以修改域中计算机桌面背景。

1）域组计算机配置

打开"服务器管理器"→"工具"→"组策略管理"窗口，如图 2 – 112 所示。用鼠标右键单击"Default Domain Policy"对象，选择"编辑"选项，如图 2 – 113 所示。在"组策略管理编辑器"窗口中选择"计算机配置"→"Windows 设置"→"安全设置"→"用户权限分配"选项，在右侧窗口选择"允许本地登录"选项，如图 2 – 114 所示，在弹出的对话框中单击"添加用户与组"按钮。在弹出的"允许本地登录 属性"对话框中输入域用户名"HZY\ly"，表示允许域用户 HZY\ly 在域控制器登录，如图 2 – 115 所示。

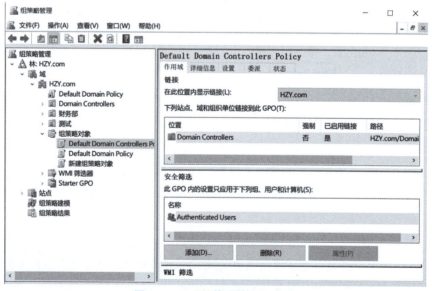

图 2 – 112　"组策略管理"窗口

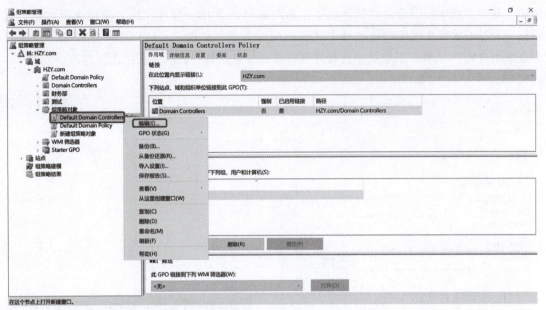

图 2-113　编辑默认 GPO

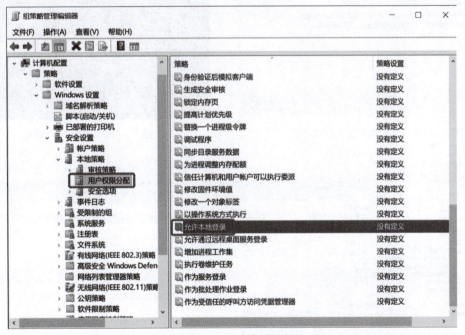

图 2-114　允许本地

在命令行窗口中输入"gpupdate/force"，更新域组策略，如图 2-116 所示。在更新域组策略后，即可使用普通用户账户"李一"登录域控制器。

2）域用户账户配置

修改组策略的用户配置，禁止用户修改计算机桌面背景。在"组策略管理"窗口中，用鼠标右键单击"Default Domain Policy"对象，选择"编辑"选项，如图 2-117 所示。在

"组策略管理编辑器"窗口中选择"用户配置"→"策略"→"管理面板"→"个性化"选项，双击"组织更改桌面背景"选项，如图 2 –118 所示。打开"阻止更改桌面背景"对话框，通过设置禁止域用户更改域中计算机桌面背景，如图 2 –119 所示。在 win – server3 中以域用户账户"李一"登录，查看计算机桌面背景设置，显示为灰色无法修改，如图 2 –120 所示。

图 2 – 115　输入允许登录的域用户名

图 2 – 116　更新域组策略

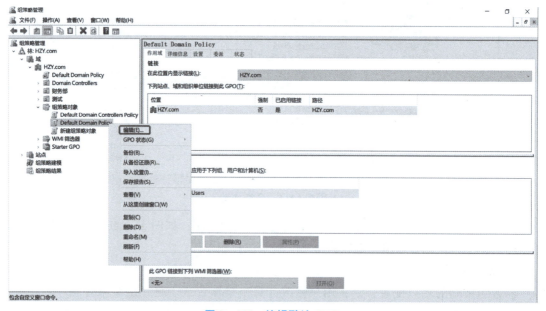

图 2 – 117　编辑默认 GPO

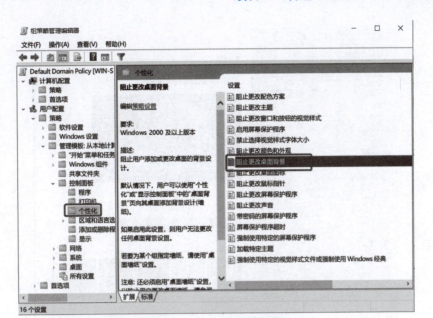

图 2 –118　用户策略配置

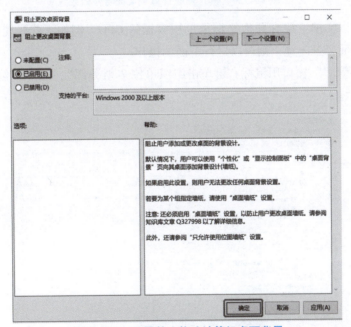

图 2 –119　设置禁止修改计算机桌面背景

组策略链接的最小容器是组织单位，根据用户管理需求，对不同的组织单位可以施加不同的组策略，进行分类管理和控制。请读者自己查找资料，尝试创建一个组织单位，新建 GPO 链接到该组织单位，禁止该组织单位中的用户使用 U 盘。

3）组策略的继承、阻止继承、强制继承、累加

组策略的继承关系是指下层容器自动继承上层容器的 GPO。例如，默认 GPO 链接到整个域，其配置了禁止修改计算机桌面背景策略后，其中所有组织单位中的对象均继承了该策略，将被禁止修改计算机桌面背景。

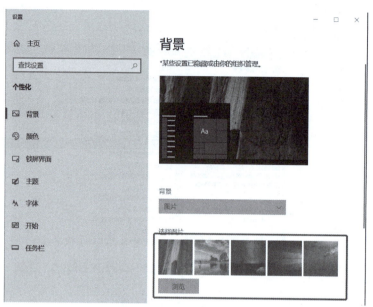

图 2 – 120　禁止修改计算机桌面背景效果

　　阻止继承可以实现下层容器拒绝继承上层容器的 GPO。例如，若要使财务部的用户可以修改计算机桌面背景配置，则可以进行下面的操作。

　　在"组策略管理"窗口用鼠标右键单击组织单位"财务部"，选择"阻止继承"选项，如图 2 – 121 所示。

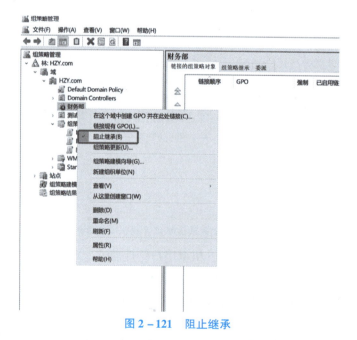

图 2 – 121　阻止继承

　　强制继承是指上级容器可以强制指定下层组织单位继承组策略。例如，要将"Default Domain Policy"的策略强行指定下层容器继承，可以在"组策略管理"窗口中用鼠标右键单击"Default Domain Policy"对象，选择"强制"选项，如图 2 – 122 所示。

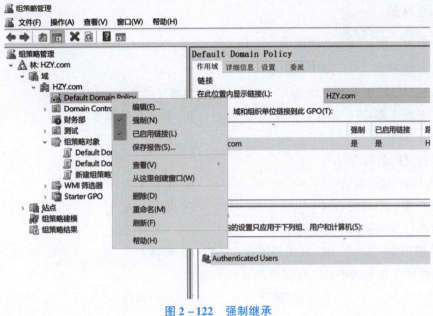

图 2 – 122　强制继承

累加是指组策略效果的累加，若多个容器的组策略互不冲突，则最终的组策略效果是多个组策略效果的累加。

 实训任务

HZY 公司网络的域模型如图 2 – 33 所示，在 VMware 中搭建实训环境，完成下列任务。

（1）按照网络规划新建虚拟机服务器，并配置虚拟机环境和网络 IP 地址。

（2）将 win – server1 指定为域控制器，将 win – server2 指定为额外域控制器。win – server3 为域中的成员服务器，域名为 HZY. com。

（3）创建子域。将 win – server4 指定为子域控制器，子域名为 bj. HZY. com。

（4）在父域控制器中创建组织单位"生产部"和"管理部"，并在组织单位"生产部"中创建用户"李明"，在组织单位"管理部"中创建用户"周星星"，要求用户在首次登录时修改密码，密码最小长度为 6 个字符。

（5）设置用户"李明"和"周星星"可登录域的时间为周一——周五的早 8：00—晚 17：00。

（6）设置用户"周星星"可以登录域控制器。

（7）通过应用组策略，限制除组织单位"管理部"中的用户外，所有用户均不可以修改计算机桌面背景。

 小贴士

在配置过程中要规划好配置步骤，细心严谨地完成配置操作，养成良好的职业习惯。

自测习题

1. 计算机的默认网络类型是（　　　）。

A. 工作组模式　　　　　B. 域模式

2. 活动目录域服务离不开（　　　）的支持（对域中资源进行定位）。

A. FTP 服务器　　　　　　　　　　　B. Web 服务器

C. DNS 服务器　　　　　　　　　　　D. HTTP 服务器

3. 林根域的名称为（　　　）。

A. 域中新建域的名称　　　　　　　　B. 随机生成

C. 域中第一个域的名称　　　　　　　D. 用户指定

4. 活动目录的逻辑结构不包括（　　　）。

A. 组织单位　　　　B. 域树和域林　　　　C. 容器　　　　D. 域控制器

5. 在组织单位容器中，不可以包含（　　　）。

A. 用户账户　　　　B. 域组账户　　　　C. 组织单位　　　　D. 计算机

E. 域控制器

6. 安装活动目录域服务后，出现的域管理工具有（　　　）。

A. Active Directory 管理中心　　　　B. Active Directory 用户和计算机

C. Active Directory 域和信任关系　　D. ADSI 编辑器

7. 域控制器的类型有（　　　）。

A. 额外域控制器　　　　　　　　　　B. 全局编录服务器

C. 只读域控制器　　　　　　　　　　D. 主域控制器

8. 关于活动目录域服务，说法正确的是（　　　）。

A. 在 Windows Server 服务器中安装活动目录域服务即可将其作为域控制器

B. 域中至少包含一个域控制器

C. 域中只能有一个全局编录服务器

D. 全局编录服务器一般默认安装在第一个域控制器中

9. 关于父域和子域的关系，说法正确的是（　　　）。

A. 父域用户可以访问子域的资源

B. 子域用户可以访问父域的资源

C. 子域控制器的 "Domain Controller" 容器中显示父域控制器信息

D. 父域与子域具有默认的双向信任关系

10. 在设置域用户账户的属性时，可以修改（　　　）。

A. 用户账户信息　　　　　　　　　　B. 用户账户的权限

C. 用户账户登录时间　　　　　　　　D. 指定登录计算机

11. GPO 可以链接到（　　　）。

A. 计算机　　　　B. 用户对象　　　　C. 组织单位　　　　D. 域组用户

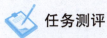

任务测评

项目二 任务 2　搭建 Windows 域环境（100 分）			学号： 姓名：		
序号	评分内容	评分要点说明	小项 加分	分项 得分	备注
一、创建域与子域（50 分）					
1	根据规划创建域，提升服务器为域控制器，创建额外域控制器（15 分）	能正确安装活动目录域服务，创建域控制器，得 10 分； 能正确安装活动目录域服务，创建额外域控制器，得 5 分			
2	在域中加入成员服务器，创建子域，配置子域控制器（15 分）	能将成员服务器作为主机加入域，成功使用域管理员账户登录成员服务器，得 5 分； 能创建子域控制器，验证父域与子域的信任关系，得 5 分； 能验证子域 DNS 服务器对父域控制器的正向查找，得 5 分			
3	域账户的管理（20 分）	能正确创建组织单位，得 5 分； 能正确创建域账户，得 5 分； 能正确配置密码属性，得 5 分； 能控制域账户登录时间并进行验证，得 5 分			
二、应用组策略（50 分）					
4	配置组策略应用（50 分）	能修改域账户的密码策略，得 10 分； 能正确修改默认域控制器策略，使指定用户登录域控制器，得 20 分； 能正确修改默认域策略，禁止用户修改计算机桌面背景，得 10 分； 能正确配置继承关系，使指定用户修改计算机桌面背景，得 10 分			
总分					

任务3 管理 Windows 磁盘

 任务描述

随着业务发展壮大，HZY 公司的数据量急剧增大，HZY 公司服务器的存储空间很快就要用完了。HZY 公司要求网络管理员小李对服务器磁盘进行重新规划部署，以提高磁盘的性能、可用性及容错性。

 任务解析

Windows 磁盘分为基本磁盘和动态磁盘。管理基本磁盘的常用方法，包括建立、删除、查看磁盘分区以及压缩卷、扩展卷、更改驱动器号和路径等，也可以使用命令创建与管理基本磁盘。动态磁盘包括简单卷、跨区卷、带区卷、镜像卷和 RAID – 5 卷。通过设置磁盘配额可以限制用户对磁盘空间的使用。

知识链接

一、磁盘

磁盘是服务器的主要存储设备，但是磁盘不能直接使用，必须分割成一个或数个磁盘分区。图 2 – 123 所示为一块磁盘（一块硬盘）被分割为 3 个磁盘分区，除此之外还要进行格式化磁盘分区和卷、分配驱动器号等操作。管理磁盘也是网络管理员的重要工作内容之一。

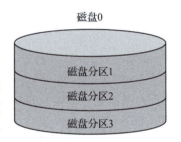

图 2 – 123　磁盘分区

1. 磁盘分区方式

磁盘内的磁盘分区表（Disk Partition Table，DPT）可以对磁盘分区信息进行保存，例如每个磁盘分区的起始地址、终止地址、是否为活动（active）的磁盘分区等信息。磁盘按磁盘分区表的格式可以分为主引导记录（Master Boot Record，MBR）磁盘和 GUID 分区表（GUID Partition Table，GPT）磁盘两种。

1）MBR 磁盘

MBR 位于整个磁盘的 0 磁道 0 柱面 1 扇区。但是，在总共 512 字节的主引导扇区中，MBR 只占用了其中的 446 字节，另外的 64 字节交给了磁盘分区表，最后 2 个字节是磁盘分区的结束标志。每个磁盘分区的信息占 16 字节，受此影响每块磁盘至多可以划分为 4 个主分区。MBR 磁盘所支持的最大容量为 2.2 TB（1 TB = 1 024 GB）。

MBR 磁盘使用的是旧的磁盘分区表格式，其磁盘分区表存储在 MBR 内，如图 2 – 124（a）所示。MBR 位于磁盘最前端，计算机启动时，使用传统的 BIOS（基本输入/输出系统，固化在计算机主板上一个 ROM 芯片中的程序），启动时 BIOS 会先读取 MBR，并将控制权交给 MBR 中的程序代码，然后由此程序代码继续后续启动工作。为了兼容起见，GPT 磁盘内另外提供了 Protective MBR，让仅支持 MBR 的程序仍然可以运行。

2）GPT 磁盘

GPT 突破了磁盘分区表 64 字节的固定大小，支持每个磁盘上存在多于 4 个主分区。Windows Server 2019 最多可以划分 128 个主分区。相比于 MBR 分区表，GPT 能够识别2.2 TB 以上的磁盘空间。

GPT 磁盘的磁盘分区表存储在 GPT 内，如图 2-124（b）所示，位于磁盘前端，有主分区表和备用分区表，可以提供容错功能。使用新式的 UEFI BIOS 的计算机，其 BIOS 会读取 GPT，并将控制权交给 GPT 中的程序代码，然后由此程序代码继续后续启动工作。

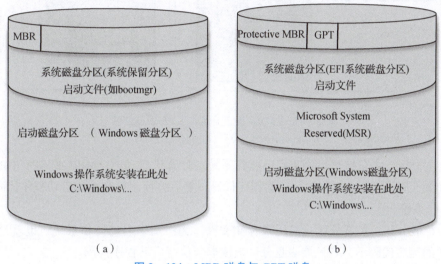

（a）　　　　　　　　　　　　（b）

图 2-124　MBR 磁盘与 GPT 磁盘

（a）MBR 磁盘；（b）GPT 磁盘

可以利用图形界面磁盘管理工具或 diskpart 工具将空的 MBR 磁盘转换成 GPT 磁盘或将空的 GPT 磁盘转换成 MBR 磁盘。

2. 基本磁盘

从 Windows 2000 开始，Windows 操作系统将磁盘分为基本磁盘与动态磁盘。

基本磁盘兼容性好，适合所有微软系统，属于系统默认的磁盘类型。基本磁盘通过磁盘分区管理和应用磁盘空间。动态磁盘是 Windows 2000 以上的系统支持的磁盘类型。动态磁盘使用卷（Volume）来组织空间，其使用方法与基本磁盘分区相似，相比基本磁盘具有良好的扩展性和可靠性，支持多磁盘配置。

基本磁盘是一种包含主分区、扩展分区或逻辑分区的物理磁盘。一块 MBR 磁盘中最多可以创建 4 个主分区，或 3 个主分区加 1 个扩展分区，在扩展分区中可以创建多个逻辑驱动器，如图 2-125（a）所示。GPT 磁盘中最多可以创建 128 个主分区，如图 2-125（b）所示。由于 GPT 磁盘可以有多达 128 个主分区，所以 GPT 磁盘不需要扩展分区。

基本磁盘有以下 3 种磁盘分区形式。

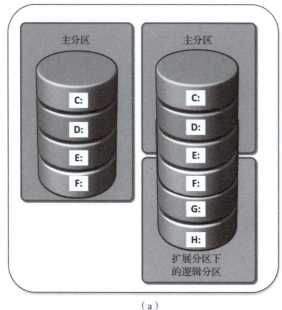
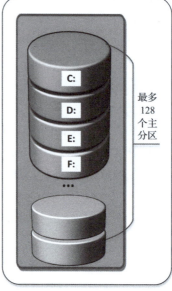

（a）　　　　　　　　　　　　　　　　（b）

图 2 – 125　MBR 磁盘分区与 GPT 磁盘分区
（a）MBR 磁盘分区；（b）GPT 磁盘分区

（1）主分区。主分区可以用来启动操作系统。计算机启动时，MBR 或 GPT 中的程序代码会到活动的主分区内读取与执行启动程序代码，然后将控制权交给此启动程序代码来启动相关的操作系统。

（2）扩展分区。扩展分区只能用来存储文件，无法用来启动操作系统，也就是说 MBR 或 GPT 中的程序代码不会到扩展磁盘分区内读取与执行启动程序代码。

（3）逻辑分区。扩展分区无法直接使用，必须在扩展分区中创建逻辑分区才能够存储数据，而在每块磁盘上创建的逻辑分区的数目可以达到 24 个。

3. 启动分区与系统分区

Windows 操作系统又将磁盘区分为启动分区（Boot Volume）与系统分区（System Volume）两种。

启动分区是指包含 Windows 操作系统文件（默认情况下位于"Windows"文件夹中）及其支持文件（默认情况下位于"Windows\System32"文件夹中）的磁盘卷。启动分区可以是主分区，也可以是逻辑分区。

系统分区指的是用于启动 Windows 操作系统的分区，通常该分区的根目录下包含操作系统的启动文件（如"boot. ini"、ntldr 等）。如果计算机中安装了多个操作系统，则系统分区的程序会在启动时显示操作系统选择菜单供用户选择。系统分区必须是处于活动状态的主分区。

小贴士

在安装 Windows Server 2019 时，安装程序会自动建立扮演系统分区角色的系统保留分区，且无驱动器号，包含Windows 修复环境（Windows Recovery Environment，Windows RE）。

使用 UEFI BIOS 的计算机可以选择 UEFI 模式或传统模式（BIOS 模式）启动 Windows Server 2019。若使用 UEFI 模式，则启动磁盘需为 GPT 磁盘，且此磁盘最少需要以下 3 个磁盘分区。

（1）EFI 系统分区（EFI System Partition，ESP）。其文件系统为 FAT32，可用来存储 BIOS/OEM 厂商所需要的文件、启动操作系统所需要的文件（UEFI 的前一版本称为 EFI）、Windows 修复环境等。

（2）微软保留分区（Microsoft System Reserved partition，MSR）。其保留供操作系统使用的区域。若磁盘的容量小于 16 GB，则此区域占用约 32 MB；若磁盘的容量大于或等于 16 GB，则此区域占用约 128 MB。MSR 在 Windows "磁盘管理" 工具中不可见，在 diskpart、diskgenius 等磁盘工具中可以查看到，但是用户无法在 MSR 中存储或删除数据。

（3）Windows 磁盘分区。其文件系统为 NTFS，用来存储 Windows 操作系统文件，Windows 操作系统文件通常放在 "Windows" 文件夹中。

在 UEFI 模式下，如果将 Windows Server 2019 安装到一块空磁盘中，则除了以上 3 个磁盘分区之外，安装程序还会自动多建一个恢复分区，这实际上是将 Windows 修复环境从 EFI 系统分区中独立出来形成一个恢复分区，其中包含一些恢复工具，相当于一个微型操作系统环境，64 位系统中恢复分区大小为 450 MB 左右，而 EFI 系统中恢复分区一般占用 100 MB 左右磁盘空间。

二、动态磁盘

动态磁盘是在 Windows 操作系统的磁盘管理器中将基本磁盘升级得到的，动态磁盘不使用磁盘分区，而使用卷来描述每一个空间（容量）划分。需要注意的是，动态卷只能被 Windows 2000 以上的 Windows 操作系统识别。

1. 动态卷的类型

Windows Server 2019 动态磁盘可支持多种特殊的动态卷，包括简单卷（Simple Volume）、跨区卷（Spanned Volume）、带区卷（Striped Volume）、镜像卷（Mirrored Volume）和 RAID - 5 卷（RAID - 5 Volume），如表 2 - 3 所示，它们有的可以提高访问效率，有的可以提供容错功能，有的可以扩大磁盘的使用空间。

表 2 - 3　动态卷的类型

名称	简单卷	跨区卷	带区卷	镜像卷	RAID - 5 卷
组成磁盘个数	1 块磁盘	至少 2 块磁盘	至少 2 块磁盘	2 块磁盘	至少 3 块磁盘
读/写速度	—	—	高	—	较高
是否可容错	不可容错	不可容错	不可容错	可容错	可容错
特点	只能在同一磁盘内进行扩展	磁盘利用率高，可以利用不同磁盘的不同容量	磁盘利用率高，可以利用不同磁盘的相同容量	每块磁盘提供容量相同，利用率为全部容量的 50%	每块磁盘提供的容量相同，通过验证功能保证数据完整

2. 将基本磁盘转换为动态磁盘

在磁盘中创建上述动态卷，必须保证磁盘是动态磁盘，如果是基本磁盘，需要将基本磁盘转换为动态磁盘。在任何时候都可以将基本磁盘转换为动态磁盘，这不会损坏磁盘中的原有数据。相反，若将动态磁盘转换为基本磁盘，则必须先将原有动态卷删除，否则动态卷中的数据将丢失。

将基本磁盘转换为动态磁盘的操作步骤如下。在"磁盘 1"区域单击鼠标右键，在弹出的快捷菜单中选择"转换为动态磁盘"选项。在"转换为动态磁盘"对话框中，还可以选择同时需要转换的其他基本磁盘（磁盘 0、磁盘 2、磁盘 3），单击"确定"按钮，完成动态磁盘的转换，如图 2 – 126 所示。

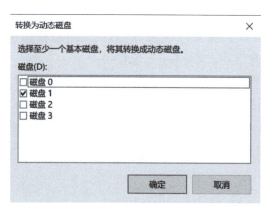

图 2 – 126 "转换为动态磁盘"对话框

三、磁盘配额

磁盘配额是系统管理员为用户所能使用的磁盘空间进行配额限制，即每个用户只能使用最大配额范围内的磁盘空间。磁盘配额提供了一种基于用户和卷的文件存储管理，使系统管理员可以方便地利用这个工具合理地分配存储资源，避免磁盘空间使用的失控造成系统崩溃，从而提高了系统的安全性。磁盘配额的特性如下。

（1）磁盘配额必须在 Windows 2000 及以后版本并且使用 NTFS 的卷中才可以实现。

（2）ReFS、FAT16、FAT32 文件系统格式都不支持磁盘配额。

（3）系统管理员不受磁盘配额的限制，普通用户不能执行设置磁盘配额的操作。

（4）磁盘配额针对单一用户进行控制和跟踪，无法对用户组设置配额。

利用磁盘配额功能可以控制和跟踪每个用户可用的磁盘空间。磁盘配额是利用文件或文件夹的所有权来实现的。当一个用户在 NTFS 分区上复制或存储一个新的文件时，该用户就拥有对这个文件的所有权，则其所占用的磁盘空间都会被计算到该用户的磁盘配额中。

磁盘配额不支持文件压缩，当磁盘配额程序统计磁盘使用情况时，统一按未压缩文件的大小来统计，而不管它实际占用了多少磁盘空间。在设置了磁盘配额后，磁盘分区的剩余空间其实指的是当前用户的磁盘配额范围内的剩余空间。

磁盘配额程序对每个磁盘分区的使用情况是独立跟踪和控制的，而不论它们是否位于同一块物理磁盘中。例如，某用户对磁盘分区 C：和 D：可以拥有不用的磁盘配额。

任务实施

一、添加服务器磁盘

由于本任务需要使用多块磁盘，所以建议使用虚拟机完成相关操作。以在 VMware 虚拟机中添加虚拟磁盘为例，每块磁盘容量为 100 GB，具体操作步骤如下。

关闭 Windows Server 2019 虚拟机，选择"虚拟机"→"设置"选项，打开"虚拟机设置"对话框，如图 2 – 127 所示。

图 2 – 127　"虚拟机设置"对话框

单击"添加"按钮，进入"硬件类型"界面，选择硬件类型为"硬盘"，如图 2 – 128 所示。

单击"下一步"按钮，进入"选择磁盘类型"界面，选择磁盘类型为"SCSI"，如图 2 – 129 所示。

单击"下一步"按钮，进入"选择磁盘"界面，默认单击"创建新虚拟硬盘"单选按钮，如图 2 – 130 所示。

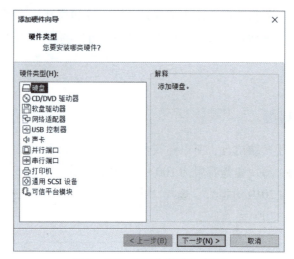

图 2 − 128 "硬件类型"界面

图 2 − 129 "选择磁盘类型"界面

图 2 − 130 "选择磁盘"界面

单击"下一步"按钮，进入"指定磁盘容量"界面，"最大磁盘大小"为 100 GB，如图 2 – 131 所示。

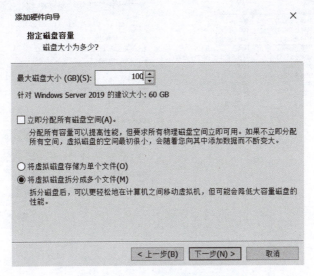

图 2 – 131　"指定磁盘容量"界面

　　单击"下一步"按钮，进入"指定磁盘文件"界面，保持默认设置即可，如图 2 – 132 所示，单击"完成"按钮。

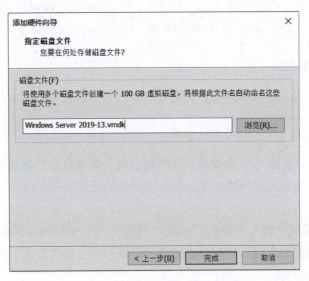

图 2 – 132　"指定磁盘文件"界面

　　重复以上步骤添加其他磁盘，在"虚拟机设置"对话框中可以查看新添加的磁盘，单击"确定"按钮，如图 2 – 133 所示。启动虚拟机，以系统管理员身份登录系统。

图 2 – 133　在"虚拟机设置"对话框中查看新增磁盘

二、管理基本磁盘

基本磁盘是 Windows 操作系统默认的磁盘类型，基本磁盘管理任务包括新建、删除磁盘分区，更改磁盘驱动器号等。

1. 启动磁盘管理工具

在 Windows Server 2019 中，磁盘管理任务可以通过系统自带的磁盘管理工具完成，通过 GUI 工具可以很轻松地完成各种基本磁盘和动态磁盘的配置及管理维护工作。可以使用多种方式启动磁盘管理工具。

（1）使用"计算机管理"控制台：选择"开始"→"Windows 管理工具"→"计算机管理"选项，在"计算机管理"控制台中选择"存储"→"磁盘管理"选项，出现图 2 – 134 所示的磁盘管理工具界面。

（2）使用系统内置的 MSC 控制台文件：在命令行窗口中输入"diskmgmt. msc"，单击"确定"按钮，也可进入图 2 – 134 所示的磁盘管理工具界面。

磁盘管理工具界面分别以文字和图形的方式显示，上半部分以列表的方式显示系统当前磁盘分区信息，包括卷、布局、类型、文件系统、状态、容量等详细信息；下半部分以图形的方式显示当前系统磁盘状态，并且以不同的颜色表示不同的磁盘分区（卷）类型，便于用户分辨不同的磁盘分区（卷）。

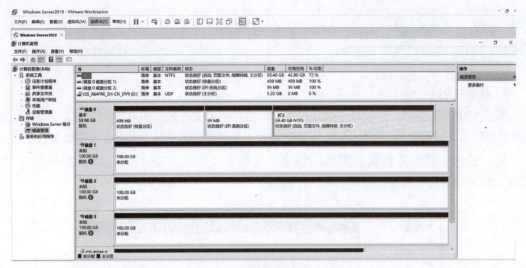

图 2-134　磁盘管理工具界面

2. 初始化磁盘

当在计算机中添加的新磁盘时，在使用和管理磁盘前必须先对磁盘进行初始化。安装新磁盘后，首次选择"磁盘管理"选项时会自动弹出"初始化磁盘"对话框，选择欲初始化的新磁盘，为所选磁盘选择磁盘分区形式 ["MBR（主启动记录）"或"GPT（GUID 分区表）"]，单击"确定"按钮，磁盘被初始化为基本磁盘，如图 2-135 所示。

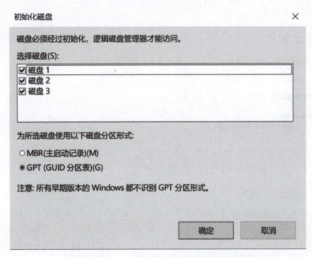

图 2-135　"初始化磁盘"对话框

 小贴士

（1）如果没有自动弹出"初始化磁盘"对话框，或者弹出的"初始化磁盘"对话框中要进行初始化的磁盘少于预期，可在磁盘管理工具界面中用鼠标右键单击欲初始化的新磁盘，选择"联机"选项，联机完成后再用鼠标右键单击该磁盘，选择"初始化"选项即可。

（2）如果新添加的磁盘没有在磁盘管理工具界面中显示，可以用鼠标右键单击"磁盘管理"选项，选择"重新扫描磁盘"选项，或选择"操作"→"重新扫描磁盘"选项。

3. 创建主分区

对于 MBR 磁盘来说，一块基本磁盘最多可以创建 4 个主分区，而对于 GPT 磁盘来说，一块基本磁盘最多可以创建 128 个主分区。下面以磁盘 1 为例创建主分区，其操作步骤如下。

进入磁盘管理工具界面，用鼠标右键单击磁盘 1 未分配空间，选择"新建简单卷"选项，如图 2 – 136 所示。

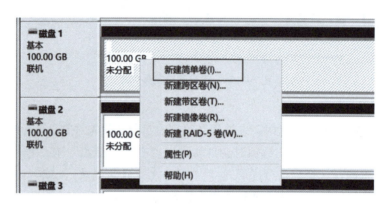

图 2 – 136　"新建简单卷"选项

打开"新建简单卷向导"对话框，单击"下一步"按钮，进入"指定卷大小"界面，设置"简单卷大小"为 10 240 MB，如图 2 – 137 所示。

图 2 – 137　"指定卷大小"界面

单击"下一步"按钮，进入"分配驱动器号和路径"界面，单击"分配以下驱动器号"单选按钮，这里系统默认分配的驱动器盘符为 E:，如图 2-138 所示。此处 3 个单选按钮的作用如下。

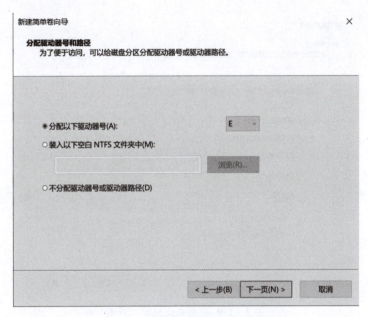

图 2-138 "分配驱动器号和路径"界面

（1）分配以下驱动器号：指定一个驱动器号代表此磁盘分区，驱动器号可选范围为系统未分配的 A~Z 的 26 个英文字母。

（2）装入以下空白 NTFS 文件夹中：表示指定一个文件系统格式为 NTFS 的空文件夹来代表此磁盘分区。例如，用"C:\disk"表示此磁盘分区，则以后所有存储到"C:\disk"的文件都会被存储在此磁盘分区中。因此，这个单选按钮比较适用于 26 个驱动器号不够用的情况。

（3）不分配驱动器号或驱动器路径：表示不为磁盘指定任何驱动器号或磁盘路径，而是事后通过"更改驱动器号或路径"的方法来指定。

单击"下一步"按钮，进入"格式化分区"界面，如图 2-139 所示，选择是否格式化这个卷，如果要格式化，则进行如下设置。

（1）文件系统：格式化磁盘分区的文件系统可以选择 NTFS、ReFS、exFS、FAT32 或 FAT，其中当分区容量小于或等于 4 GB 才可以选择 FAT。

（2）分配单元大小：即磁盘的最小访问单元，建议选择默认值，系统会根据磁盘分区大小自动设置最合适的分配单元大小。

（3）卷标：为该磁盘分区设置的名称。

（4）执行快速格式化：在磁盘分区格式化的过程中不会检查是否存在坏扇区，也不会将扇区内的数据删除。

（5）启用文件和文件夹压缩：将此磁盘分区设置为压缩卷，以后添加到此磁盘分区的文件及文件夹都会被自动压缩。

单击"下一步"按钮，进入"正在完成新建简单卷向导"界面，显示以已选择的设置信息，如图 2－140 所示，之后系统开始将磁盘分区格式化，格式化结束后，主分区创建完成。可以重复上面的步骤再创建其他主分区。

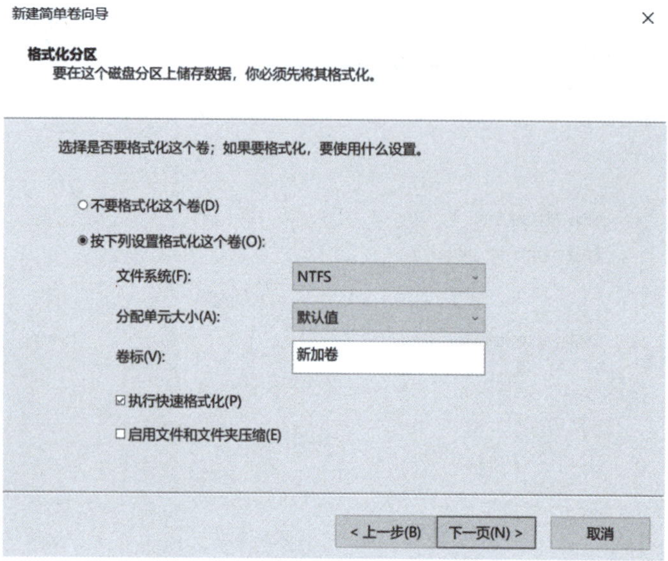

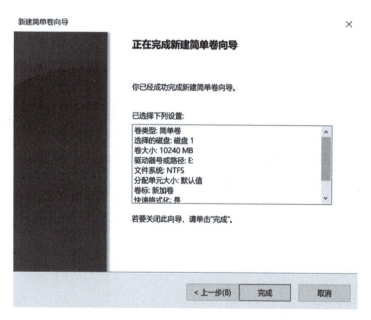

图 2－139　"格式化分区"界面

图 2－140　"正在完成新建简单卷向导"界面

4. 创建扩展分区和逻辑分区

对于 MBR 磁盘，在基本磁盘的未分配空间中可以创建扩展分区，与主分区不同的是，不能使用文件系统格式化扩展分区，但是可以在扩展分区中创建多个逻辑分区。

Windows Server 2019 不能在磁盘管理工具中直接创建扩展分区，只有先创建完 3 个主分区，才能创建扩展分区，并且一块基本磁盘中只能创建一个扩展分区。

下面继续在磁盘 1 的未分配空间中创建简单卷。在已经有 3 个主分区的情况下，用鼠标右键单击磁盘未分配空间继续创建简单卷，创建完成后在磁盘管理工具界面中可以看到，系统将磁盘 1 的所有剩余空间创建为扩展空间，然后在其中创建一个 10 GB 的逻辑分区，在磁盘剩余空间中可还以继续创建逻辑分区，如图 2 – 141 所示。在磁盘管理工具界面中，只有在建立第 4 个磁盘分区时，其才会被自动设置为扩展分区。

图 2 – 141　创建扩展分区和逻辑分区

5. 磁盘分区工具 diskpart 命令

也可以使用 diskpart 命令完成 Windows 磁盘的创建与管理。打开命令行窗口或 Windows PowerShell，输入"diskpart"后按 Enter 键即可进入 diskpart 命令环境（其提示符为 "DISKPART ＞"）。在此提示符下输入相应命令就可以进行相应磁盘操作，具体用到的命令有 clean、list、select、create、format、exit 等。关于这些命令的使用方法，可以在 diskpart 命令提示符下输入 help 命令，查看帮助提示信息。

下面以磁盘 2 为例，执行 diskpart 命令，在交互式命令中依次输入下列子命令，分别创建主分区、扩展分区及逻辑分区，操作过程如下。

```
list disk                                #显示本机的所有磁盘,以便正确操作目标磁盘
select disk 2                            #选择磁盘 2
clean                                    #清除当前所选磁盘中的所有磁盘分区
create partition primary size =10240     #创建主分区,容量为 10 GB
format quick                             #快速格式化当前磁盘分区
assign letter =G                         #指定磁盘驱动器号为 G
create partition extended                #创建扩展分区
create partition logical size =10240     #创建逻辑分区一,容量为 10 GB
format quick                             #快速格式化当前磁盘分区
assign letter =H                         #指定磁盘驱动器号为 H
create partition logical size =5120      #创建逻辑分区二,容量为 5 GB
format quick                             #快速格式化当前磁盘分区
assign letter =I                         #指定磁盘驱动器号为 I
create partition logical                 #创建逻辑分区三,大小为剩余的容量
format fs =fat 32                        #格式化当前磁盘分区为 FAT 32
assign letter =J                         #指定磁盘驱动器号为 J
list partition                           #列出磁盘 2 的所有磁盘分区
exit                                     #退出 diskpart 命令环境
exit                                     #退出命令行窗口
```

6. 基本磁盘分区常用操作

1）创建扩展卷

当磁盘分区的空间不足时，可以使用扩展卷对磁盘分区进行扩容。创建扩展卷需要满足以下两个条件：①只有 NTFS 或 ReFS 文件系统的磁盘分区可以创建扩展卷，FAT16 和 FAT32 文件系统无法创建扩展卷；②扩展的空间必须是紧跟在此磁盘分区之后的未分配空间。

小贴士

> FAT32 和 FAT16 文件系统的磁盘分区无法进行扩展，可以将 FAT16 或 FAT32 文件系统转换为 NTFS 后创建扩展卷，方法是通过 convert 命令实现。
>
> 例如，将磁盘 G：转换为 NTFS 的命令为
>
> convert g：/fs：ntfs
>
> 需要注意的是，使用这种转换方式后磁盘中原有的文件和文件夹完好无损，但是被转换为 NTFS 文件系统的磁盘分区无法再转换回 FAT16 或 FAT32 文件系统。

假设要扩展图 2-141 中的磁盘 H：的容量（当前容量为 10 GB），要将此磁盘分区之后的未分配空间（容量为 60 GB）合并到磁盘 H：中，操作步骤如下。

用鼠标右键单击磁盘 H：，选择"扩展卷"选项，打开"扩展卷向导"对话框，如图 2-142 所示，系统默认已将磁盘 1 的 61 440 MB 可用空间添加至已选的空间区域，也可以根据实际需求修改该值，但不可以超出"最大可用空间量"。单击"下一步"按钮，系统进行扩展卷操作，单击"关闭"按钮，如图 2-143 所示，磁盘 H：的容量被扩展为 70 GB。

图 2-142 "扩展卷向导"对话框

图 2-143 扩展卷结果

2）创建压缩卷

通过压缩卷操作可以获取更多可用空间。例如，如果需要更多磁盘分区却没有多余的空间，则可以从磁盘分区的末尾处压缩现有磁盘分区，可将这部分空间用于创建新的磁盘分区。

假设要压缩图 2-143 中磁盘 H：的容量（当前容量为 70 GB），要将此磁盘分区中尚未使用的空间划分出 30 GB 的可用空间，操作步骤如下。

用鼠标右键单击磁盘 H：，选择"压缩卷"选项，打开"压缩 H："对话框，如图 2-144 所示。系统默认已将"磁盘 1"的 658 554 MB 可用空间添加至已选的空间区域，根据要求修改该值为 40 960 MB，但不可以超过"可压缩空间大小"。单击"压缩"按钮完成压缩卷操作。图 2-145 所示为压缩卷操作完成后的界面，可以看出磁盘 H：的容量已由 70 GB 压缩为 40 GB。

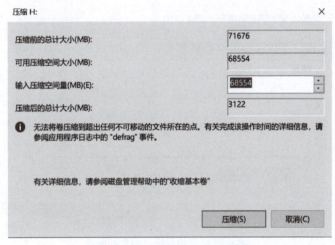

图 2-144　"压缩 H："对话框

图 2-145　压缩卷操作完成后的界面

 小贴士

　　如果磁盘分区是包含数据（如数据库文件）的原始磁盘分区（即没有文件系统的磁盘分区），则压缩磁盘分区可能损坏数据。

3）更改驱动器号和路径

Windows Server 2019 默认为每个磁盘分区（卷）分配一个驱动器号（字母），该磁盘分区就成为一个逻辑上的独立驱动器。有时由于管理需要或者某个驱动器尚未被分配驱动器号，可以使用磁盘管理工具更改或分配驱动器号。

小贴士

建议不要更改安装了 Windows 操作系统或应用程序的驱动器的驱动器号，因为有很多应用程序会直接参照驱动器号访问数据，若更改了驱动器号，则应用程序将无法读取所需数据，运行可能出现问题。

另外，当前正在使用中的启动分区的驱动器号是无法更改的。

更改驱动器号的操作步骤如下。在磁盘管理工具界面中，用鼠标右键单击要更改或添加驱动器号的磁盘分区，选择"更改驱动器号和路径"选项，在弹出的对话框中单击"更改"按钮，如图 2-146 所示，打开图 2-147 所示的对话框，可以更改驱动器号。

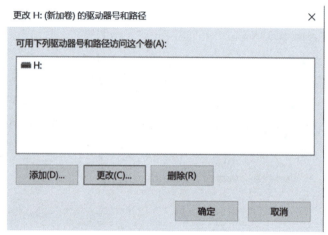

图 2-146　更改驱动器号和路径

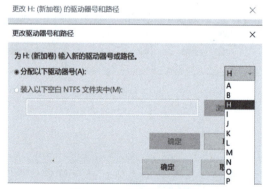

图 2-147　更改驱动器号

当某个磁盘分区的空间不足且难以扩展时，可以通过更改驱动器路径的方法达到扩展磁盘空间的目的。方法是将一个新磁盘分区挂载到该磁盘分区中事先创建好的空文件夹上，并且该文件夹所在的磁盘分区必须是 NTSF。

假设磁盘 H：当前空间不足，且无法扩展，用鼠标右键单击磁盘 H：，选择"更改驱动器号和路径"选项，在图 2-146 所示对话框中单击"添加"按钮，打开"更改 H：（新加卷）的驱动器号和路径"对话框，如图 2－148 所示。单击"浏览"按钮，选择事先在磁盘 G：中创建的空文件夹"test"，单击"完成"按钮。以后所有在"G：/test"文件夹中存放的文件实际上存储在磁盘 H：中。

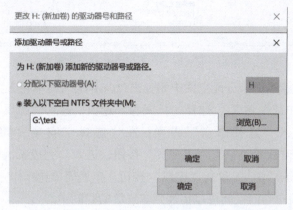

图 2－148　"更改 H：（新加卷）的驱动器号和路径"对话框

 小贴士

更改驱动器路径时，要挂载的文件夹所在的磁盘分区必须是 NTFS 文件系统，并且一定是事先已经创建好的空文件夹。

4）删除卷

要删除卷，方法是用鼠标右键单击该卷，选择"删除卷"选项，在弹出的确认对话框中单击"是"按钮即可。

三、创建动态磁盘

创建动态磁盘需要提前在 Windows Server 2019 虚拟机中添加 3 块虚拟硬盘，添加虚拟硬盘的操作请参考项目一的相关内容。

1. 创建简单卷

简单卷由单个物理磁盘中的连续或非连续的空间构成，当只有一块动态磁盘时只能创建简单卷。简单卷可以被格式化为 NTFS、ReFS、exFAT、FAT32 或 FAT 文件系统。简单卷可以被扩展，将未分配的空间合并到简单卷内以扩大其容量。需要注意的是：如果要扩展简单卷，磁盘需要是 NTFS 或 ReFS 文件系统；简单卷扩展只能在同一磁盘中实现，如果扩展到另一块磁盘中就变成了跨区卷。

创建简单卷的步骤如下。用鼠标右键单击磁盘 1 的未分配空间，选择"新建简单卷"选项，在弹出的"欢迎使用新建简单卷向导"界面中单击"下一页"按钮，进入"指定卷大小"界面；设置简单卷的大小后单击"下一页"按钮，进入"分配驱动器号和路径"界面；指定一个驱动器号代表此简单卷，单击"下一页"按钮，进入"格式化与分区"界面；输入与选择适当的设置值，单击"下一页"按钮，进入"完成新建简单卷向导"界面，单击"完成"按钮。用同样的方法创建简单卷 F:。简单卷创建完成后的界面如图 2 – 149 所示，图中 E: 和 F: 就是新建的两个简单卷，右边为磁盘剩余的未分配空间。

图 2 – 149 简单卷创建完成后的界面

从图 2 – 149 中磁盘 1 的未分配空间中划分出 20 GB 加入简单卷 E:。扩展简单卷的步骤如下。用鼠标右键单击简单卷 E:，选择"扩展卷"选项，进入"扩展卷向导"界面，单击"下一页"按钮，进入"选择磁盘"界面；在"选择空间量（MB）"文本框中输入"20 480"，如图 2 – 150 所示，单击"下一页"按钮，进入"完成扩展卷向导"界面；对扩展卷空间容量等信息再次确认，单击"完成"按钮。扩展简单卷操作完成后的界面如图 2 – 151 所示，可以看到简单卷的空间可以扩展到非连续的空间中。

图 2 – 150 设置扩展容量

图 2 – 151 扩展简单卷操作完成后的界面

2. 创建跨区卷

跨区卷如图 2 – 152 所示，它将位于多块磁盘中的未分配空间合并到一个逻辑卷中，并赋予一个共同的驱动器号。组成跨区卷的成员空间可以不同，跨区卷可以充分利用磁盘的未分配空间。系统在将数据写入跨区卷时，先将第一块磁盘写满，再写下一块磁盘，依此类推。跨区卷的特点如表 2 – 4 所示。

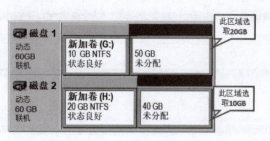

图 2-152　跨区卷

表 2-4　跨区卷的特点

组成方式	一般为 2~32 块磁盘
优点	每块磁盘的未指定空间可以不同
缺点	没有容错，一块磁盘损坏就会造成全部磁盘损坏
写入方式	磁盘写入过程是先写一块磁盘的容量，再写第二块磁盘，依此类推
支持系统	早期系统不支持，Windows 2000 以上系统支持

分别在磁盘 1 中取 10 GB，在磁盘 2 中取 20 GB，在磁盘 3 中取 30 GB 创建跨区卷，步骤如下。用鼠标右键单击 3 个磁盘中（例如磁盘 1）任意一个未分配空间，选择"新建跨区卷"选项，进入"欢迎使用新建跨区卷向导"界面；单击"下一页"按钮，进入"选择磁盘"界面；通过"添加"按钮选择"磁盘 2"和"磁盘 3"，将它们添加到"已选的"框中，再分别选择这 3 块磁盘，在"选择空间量（MB）"框中设置容量大小分别为 10 240 MB、20 480 MB 和 30 720 MB，设置完成后可在"卷大小总数（MB）"框中看到创建的跨区卷的总容量为 61 440 MB，如图 2-153 所示；接下来设置驱动器号以及确定格式化文件系统等。跨区卷创建完成后的界面如图 2-154 所示。

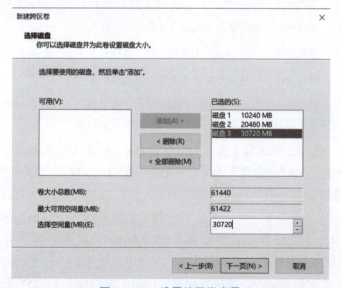

图 2-153　设置跨区卷容量

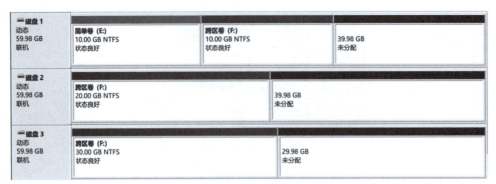

图 2 – 154　跨区卷创建完成后的界面

3. 创建带区卷

带区卷如图 2 – 155 所示，它将位于多块磁盘中的相同容量的未分配空间合并到一个逻辑卷中，并赋予一个共同的驱动器号。带区卷与跨区卷最大的不同是跨区卷先用一个磁盘的空间，用完后再用另一个磁盘的空间，而带区卷是在不同的磁盘中交替写入数据，每次写入最小数据单位为 64 KB，其最大的好处就是可以提高读写性能。带区卷的特点如表 2 – 5 所示。带区卷是 Windows 所有动态卷中读写性能最佳的卷。

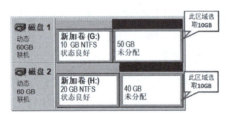

图 2 – 155　带区卷

表 2 – 5　带区卷特点

组成方式	一般为 2 ~ 32 块磁盘
容量组成	每块磁盘未指定空间相同的容量
优点	分布式写入，以 64 KB 为单位，写入速度是 5 个卷中最快的
缺点	没有容错，一块磁盘损坏就造成全部磁盘损坏
支持系统	早期系统不支持，Windows 2000 以上系统支持

分别在磁盘 1、磁盘 2 和磁盘 3 的未分配空间中取 10 GB 创建带区卷，步骤如下。用鼠标右键单击 3 个磁盘中（例如磁盘 1）任意一个未分配空间，选择"新建带区卷"选项，进入"欢迎使用新建带区卷向导"界面；单击"下一页"按钮，进入"选择磁盘"界面，通过"添加"按钮选择"磁盘 2"和"磁盘 3"，将它们添加到"已选的"框中，在"选择空间量（MB）"框中将 3 块磁盘容量都设置为 10 240 MB，设置完成后可在"卷大小总数（MB）"框中看到创建的跨区卷的总容量为 30 720 MB，如图 2 – 156 所示；接下来设置驱动器号以及确定格式化文件系统等。带区卷创建完成后的界面如图 2 – 157 所示。

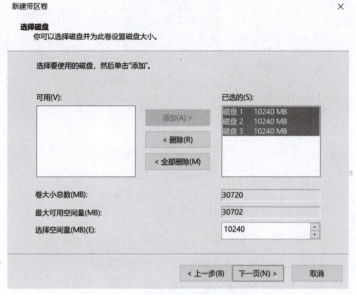

图 2-156　设置带区卷容量

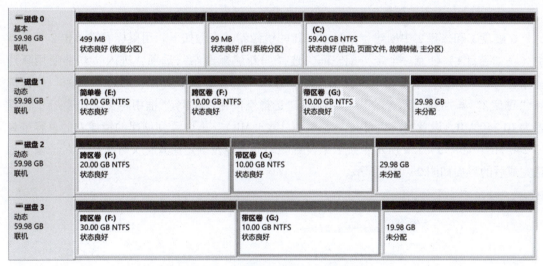

图 2-157　带区卷创建完成后的界面

4. 创建镜像卷

镜像卷如图 2-158 所示，其可以理解为简单卷的复制卷，由一个动态磁盘中的简单卷和另一个动态磁盘中的未指派空间组合而成，或者由两个未指派的可用空间组合而成，并被赋予一个共同的驱动器号。两个卷存储完全相同的数据，当一个卷作出修改时，另一个卷也完成相同的操作；当一个磁盘出现故障时，系统仍然可以使用另一个磁盘中的数据，因此，镜像卷具备容错功能。镜像卷的磁盘利用率不高，只有 50%。与跨区卷、带区卷不同的是，它可以包含系统卷和启动卷。在创建镜像卷时最好使用容量、型号和制造商都相同的磁盘。镜像卷一旦被创建就无法再进行扩展。镜像卷的特点如表 2-6 所示。

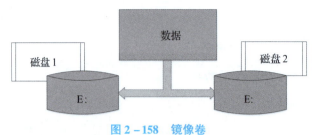

图 2 −158　镜像卷

表 2 − 6　镜像卷的特点

组成方式	2 块磁盘
容量组成	每块磁盘未指定空间相同的容量
优点	有容错功能，读取速度高
缺点	建立后无法扩展，浪费 50% 空间，写入速度低
特点	使用任何成员都需要中断或删除镜像
支持系统	早期系统不支持，Windows 2000 以上系统支持

　　在磁盘 1 和磁盘 2 中创建容量为 10 GB 的镜像卷，步骤如下。用鼠标右键单击 2 个磁盘中（例如磁盘 1）任意一个未分配空间，选择"新建镜像卷"选项，进入"欢迎使用新建镜像卷向导"界面；单击"下一页"按钮，进入"选择磁盘"界面；通过"添加"按钮选择"磁盘 2"添加到"已选的"框中，在"选择空间量（MB）"框中将 2 块磁盘容量都设置为 10 240 MB，设置完成后可在"卷大小总数（MB）"框中看到创建的镜像卷的总容量为 10 240 MB，如图 2 − 159 所示；接下来设置驱动器号以及确定格式化文件系统等。镜像卷创建完成后的界面如图 2 − 160 所示。

图 2 − 159　设置镜像卷容量

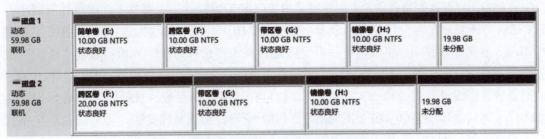

图 2 -160　镜像卷创建完成后的界面

 小贴士

中断镜像卷、删除镜像与删除卷的区别如下。

（1）中断镜像卷：中断后，原来的两个成员都会独立成为简单卷，不再容错。

（2）删除镜像：可以选择删除镜像中的某一成员，不再容错。

（3）删除卷：将镜像卷删除，数据将丢失。

5. 创建 RAID - 5 卷

RAID - 5 卷也称为"廉价磁盘冗余阵列"或"独立磁盘冗余阵列"，如图 2 - 161 所示。RAID - 5 卷最少需要 3 块磁盘，最多可由 32 个磁盘组成一个逻辑卷，并被赋予一个共同的驱动器号。RAID - 5 卷在存储数据时，会根据数据内容计算出奇偶校验数据，并将该奇偶校验数据一起写入 RAID - 5 卷。当某个磁盘出现故障时，系统可以利用其他磁盘中的数据和该奇偶校验数据恢复丢失的数据，因此，RAID - 5 卷具有一定的容错能力。RAID - 5 卷的磁盘空间利用率为 $(n-1)/n$，n 为组成 RAID - 5 卷的磁盘数量。RAID - 5 卷不包含系统卷和启动卷。RAID - 5 卷的特点如表 2 - 7 所示。

图 2 -161　RAID -5 卷

表 2 -7　RAID -5 卷的特点

组成方式	至少 3 块磁盘
容量组成	每块磁盘未指定空间相同的容量
优点	有容错功能，磁盘利用率高
缺点	只能损坏一块磁盘
支持系统	早期系统不支持，Windows 2000 以上系统支持

在磁盘 1、磁盘 2 和磁盘 3 上创建容量为 20 GB 的镜像卷，步骤如下。用鼠标右键单击 3 个磁盘中任意一个未分配空间，选择"新建 RAID – 5 卷"选项，进入"欢迎使用新建 RAID – 5 卷向导"界面；单击"下一页"按钮，进入"选择磁盘"界面；通过"添加"按钮将"磁盘 2"和"磁盘 3"添加到"已选的"框中，在"选择空间量（MB）"框中将 3 块磁盘容量都设置为 10 240 MB，设置完成后可在"卷大小总数（MB）"框中看到创建的 RAID – 5 卷的总容量为 20 480 MB，如图 2 – 162 所示；接下来设置驱动器号以及确定格式化文件系统等。RAID – 5 卷创建完成后的界面如图 2 – 163 所示。

图 2 –162　设置 RAID –5 卷容量

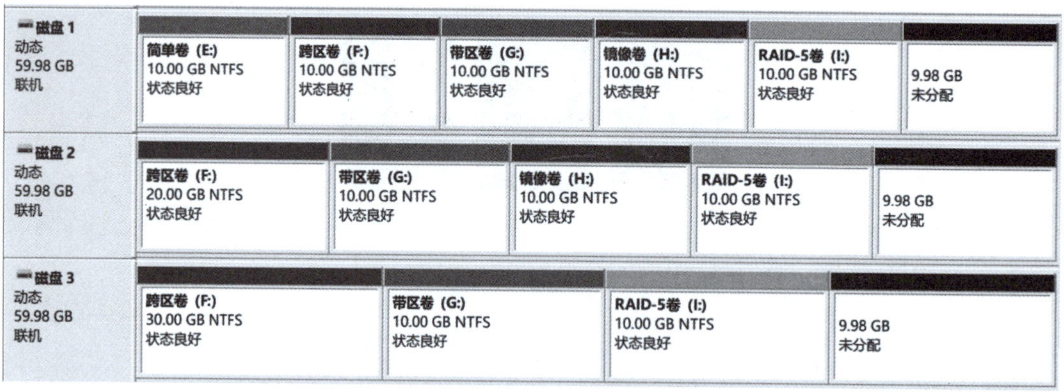

图 2 –163　RAID –5 卷创建完成后的界面

四、修复动态卷

镜像卷和 RAID – 5 卷都具有容错功能，如果其中一块磁盘发生故障，系统仍然能够正常读取数据，但此时这两种卷已经丧失容错功能，若卷中再有磁盘发生故障，则磁盘中的数据将丢失，因此应尽快修复故障卷以恢复卷的容错功能。

可以分别在图 2-163 中的 5 个动态卷中新建文件夹供测试使用，假设磁盘 1 故障。下面模拟构建故障磁盘，模拟磁盘 1 损坏。将 Windows Server 2019 虚拟机关闭，选择"编辑虚拟机设置"选项，在打开的"虚拟机设置"对话框中选择"磁盘 1"对应的磁盘，单击左下角"移除"按钮，再单击"确定"按钮。重新启动 Windows Server 2019 虚拟机，如图 2-164 所示，简单卷、跨区卷和带区卷显示"失败"，此时卷中数据丢失无法恢复。而镜像卷和 RAID-5 卷显示"失败的重复"，这两种卷支持容错，卷中数据仍然可读。下面说明如何修复镜像卷和 RAID-5 卷。

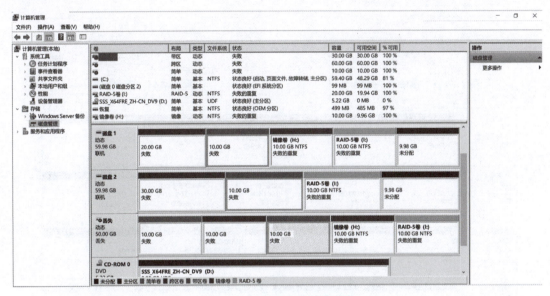

图 2-164　模拟构建故障磁盘

1. 修复镜像卷

关闭虚拟机，重新添加一块虚拟磁盘，再开启虚拟机后，在"丢失"磁盘的标有"失败的重复"的镜像卷 H:上单击鼠标右键，选择"删除镜像"选项，弹出"删除镜像"对话框，选择"丢失"，单击"删除镜像"按钮，在弹出的警告对话框中单击"是"按钮，如图 2-165 所示。完成后发现"磁盘 2"中的镜像卷 H:已经被系统转换为简单卷。将新添的"磁盘 1"转换为动态磁盘，单击鼠标右键，"磁盘 2"中经上一步转换而来的简单卷 H:，选择"添加镜像"选项，弹出"添加镜像"对话框，选择"磁盘 1"，单击"添加镜像"按钮，如图 2-166 所示。经系统重新同步后，即可恢复"磁盘 1"和"磁盘 2"组成的镜像卷 H:，如图 2-167 所示，此时镜像卷恢复容错功能。

2. 修复 RAID-5 卷

在"丢失"磁盘的标有"失败的重复"的 RAID-5 卷 I:上单击鼠标右键，选择"修改卷"选项，打开"修复 RAID-5 卷"对话框，如图 2-168 所示。选择新增的"磁盘 1"，单击"确定"按钮，此时 RAID-5 卷恢复容错功能，如图 2-169 所示。

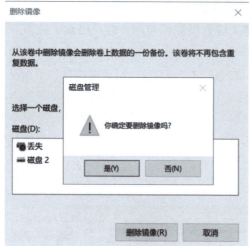

图 2－165　删除丢失镜像

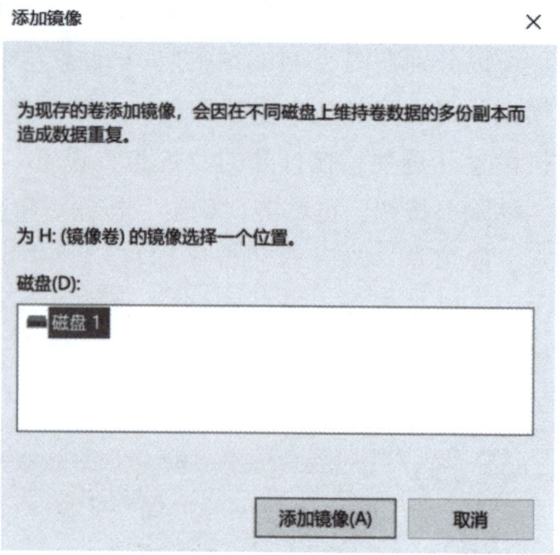

图 2－166　添加镜像

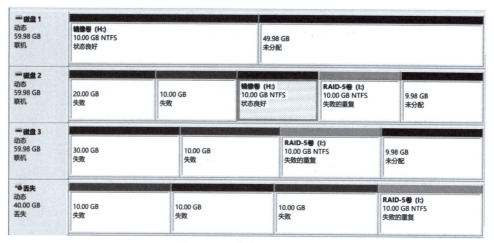

图 2－167　修复后的镜像卷

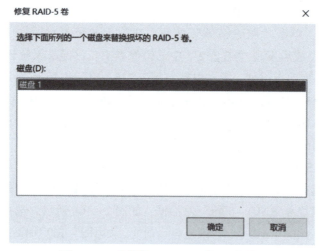

图 2－168　"修复 RAID－5 卷"对话框

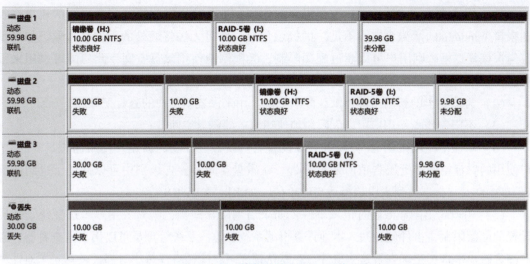

图 2-169　修复后的 RAID-5 卷

五、管理磁盘配额

1. 设置磁盘配额

在 Windows Server 2019 资源管理器中，用鼠标右键单击磁盘驱动器（例如磁盘 E:），选择"属性"选项，打开"新加卷（E:）属性"对话框，选择"配额"选项卡，勾选"启动配额管理"复选框，其下的各选项将变为可选状态，如图 2-170 所示。各选项的含义如下。

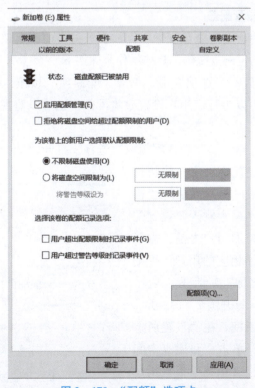

图 2-170　"配额"选项卡

（1）拒绝将磁盘空间给超过配额限制的用户：磁盘使用空间超过配额限制的用户将收到来自 Windows 的"磁盘空间不足"的提示信息，此时无法将额外的数据写入卷。如果没有勾选该复选框，则用户可以超过配额限制，无限制地使用磁盘空间，此功能可以用来跟踪、监视用户的磁盘使用情况。

（2）为该卷上的新用户选择默认配额限制：用来设置新用户的磁盘配额。

（3）不限制磁盘使用：可以无限制地使用服务器磁盘空间。

（4）将磁盘空间限制为/将警告等级设置为：设置允许卷的新用户使用的磁盘空间/用户使用的磁盘空间接近警告值时发出警告。在磁盘空间和警告级别中可以使用十进制数值（例如10），并在下拉列表中选择适当的单位（如 KB、MB、GB 等）。

（5）用户超出配额限制时记录事件：如果启用磁盘配额，则只要用户超过系统管理员设置的配额限制，事件就会写入本地计算机的系统日志。系统管理员可以用事件查看器，通过筛选磁盘事件类型来查看这些事件。在默认情况下，配额事件每小时都会被写入本地计算机的系统日志。

（6）用户超过警告等级时记录事件：如果启用配额，则只要用户超过系统管理员设置的警告级别，事件就会写入本地计算机的系统日志。系统管理员可以用事件查看器，通过筛选磁盘事件类型来查看这些事件。

设置完毕，单击"应用"按钮，保存设置，启用磁盘配额。除了可以在本地服务器的卷中启动磁盘配额外，还可以在远程计算机中管理磁盘配额。在管理远程计算机的磁盘配额之前，应先要连接远程计算机的卷。

2. 为特定用户指定磁盘配额

如果需要单独为某用户指定磁盘配额，例如设置更多的磁盘使用空间或更少的磁盘空间，可以为该用户单独指定磁盘配额。具体操作步骤如下。

在图 2－170 所示"配额"选项卡中，单击"配额项"按钮，打开"本地磁盘的配额项"窗口，通过该窗口可以为特定用户设置磁盘配额，也可以监视每个用户的磁盘配额的使用情况。

在菜单栏中选择"配额"→"新建配额项"选项，打开"选择用户"对话框。也可以直接单击工具栏中的"新建配额项"按钮打开该对话框。在"选择用户"对话框的"输入对象名称来选择"文本框中输入要设置配额的用户名称。注意在添加用户之前，需要首先在本地计算机中添加相应的用户，否则添加时会弹出"找不到名称"对话框。

单击"确定"按钮，打开图 2－171 所示的"添加新配额项"对话框。在"设置所选用户的配额限制"下方，单击"将磁盘空间限制为"单选按钮，并在文本框中为该用户

图 2－171 "添加新配额项"对话框

设置访问磁盘使用空间限制和警告登记设置。

　　单击"确定"按钮，保存设置，至此该磁盘配额的设置工作完成，指定的用户被添加到本地卷配额项列表中，如图 2 - 172 所示。

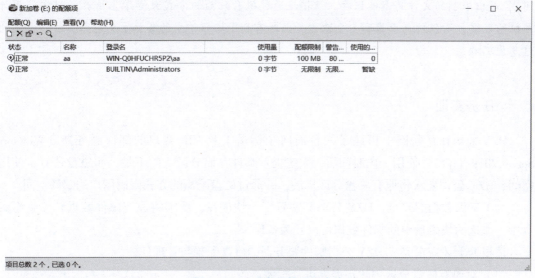

图 2 - 172　磁盘配额设置成功

3. 删除指定配额项

　　如果想删除指定的配额项，可在"本地磁盘的配额项"窗口中选择要删除的列表项，单击鼠标右键，选择"删除"选项，在"你确定要删除这些项目吗?"对话框中单击"是"按钮即可，如图 2 - 173 所示。

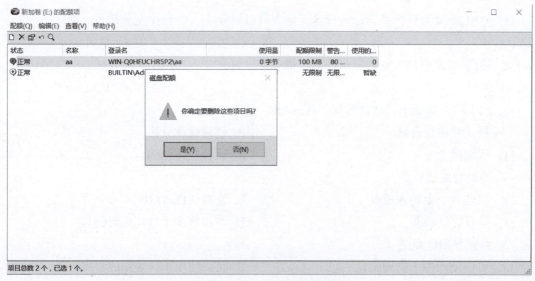

图 2 - 173　删除指定配额项

拓展阅读

目前，很多高校的图书馆都配有设置了磁盘配额的公共计算机，学生们可以使用公共计算机阅读或打印文献资料，但每名学生账户的使用空间有限（例如只能使用 200 MB 磁盘空间），超出限制的文件将不能保存。该措施通过磁盘配额的方式激励学生培养成科学使用计算机的习惯，增强信息素养和安全意识，同时有利于培养学生的集体主义观念，打造优良的信息化环境。

任务实训

HZY 公司在互联网上搭建了一台面向全体员工及 VIP 客户的邮件服务器（Windows Server 2019 平台），使用一段时间后，系统提示邮件存储分区空间不足，而磁盘还有未使用空间，HZY 公司要求将原有磁盘分区扩展，并通过磁盘配额的方式限制用户的邮件空间。

为了确保数据的安全，HZY 公司又购置了一块磁盘，要求将原有邮件数据转移到新磁盘中，使这两块磁盘中的邮件数据可以互为备份。

请根据上述需求完成 HZY 公司邮件服务器的磁盘配置与管理任务。

（1）对原有磁盘分区创建扩展卷进行扩展。

（2）启用磁盘配额。

（3）为邮件服务器添加磁盘并初始化。

（4）将新添加的基本磁盘转换为动态磁盘。

（5）为原磁盘分区添加镜像，创建镜像卷。

自测习题

1. 使用 MBR 分区方式为磁盘分区，最多可以划分（　　）个主分区。

A. 4　　　　　　　　　B. 3　　　　　　　　　C. 2　　　　　　　　　D. 1

2. 使用 MBR 分区方式为磁盘分区，最多可以划分（　　）个扩展分区。

A. 4　　　　　　　　　B. 3　　　　　　　　　C. 3　　　　　　　　　D. 1

3. 以下哪个选项不是磁盘管理工具的功能？（　　）

A. 格式化磁盘分区　　　　　　　　　　　B. 创建磁盘分区

C. 压缩磁盘分区　　　　　　　　　　　　D. 运行病毒扫描

4. 简单卷的特点是（　　）。

A. 只包含一个物理磁盘　　　　　　　　　B. 支持硬件 RAID

C. 具有容错功能　　　　　　　　　　　　D. 可以跨多个物理磁盘创建

5. 跨区卷的优点是（　　）。

A. 可以使用多个物理磁盘　　　　　　　　B. 可以使用不同容量的物理磁盘

C. 可以在不同计算机间共享　　　　　　　D. 以上都是

6. 在 Windows Server 2019 中，镜像卷不可以使用以下哪个文件系统？（　　）

A. FAT32　　　　　　　　　　　　　　B. EXT4

C. NTFS　　　　　　　　　　　　　　　D. FAT

7. 在 Windows Server 2019 中，使用 GPT 分区方式为磁盘分区，最多可以划分（　　）个分区。

A. 4　　　　　　　B. 128　　　　　　C. 256　　　　　　D. 无限

8. 以下（　　）能提供容错功能。

A. 跨区卷　　　　　　　　　　　　　　B. 带区卷

C. 镜像卷　　　　　　　　　　　　　　D. RAID – 5 卷

9. 在 Windows Server 2019 中，动态卷的类型包括（　　）。

A. 跨区卷　　　　　　　　　　　　　　B. 带区卷

C. 镜像卷　　　　　　　　　　　　　　D. 简单卷

E. RAID – 5 卷

10. 镜像卷的磁盘空间利用率为（　　）。

A. 80%　　　　　　　　　　　　　　　B. 70%

C. 60%　　　　　　　　　　　　　　　D. 50%

11. 对 Windows Server 2019 中磁盘配额阐述错误的是（　　）。

A. 文件系统必须是 NTFS　　　　　　　B. 只能针对单一用户进行控制

C. 系统管理员不受磁盘配额的限制　　　D. 可以检测并修复磁盘的错误

 任务测评

项目二 任务 3　管理 Windows 磁盘（100 分）			学号： 姓名：		
序号	评分内容	评分要点说明	小项加分	分项得分	备注
一、管理基本磁盘（40 分）					
1	使用磁盘管理工具创建磁盘分区（15 分）	能正确启动磁盘管理工具，得 2 分； 能对磁盘进行初始化，得 3 分； 能正确创建主分区、扩展分区和逻辑分区，得 10 分			
2	使用 diskpart 工具创建磁盘分区（15 分）	能使用命令正确创建 3 种磁盘分区，得 15 分			
3	基本磁盘分区常用操作（10 分）	能正确创建扩展卷及压缩卷，得 3 分； 能正确更改磁盘驱动器路径，得 3 分； 能正确转换文件系统，得 4 分			

续表

序号	评分内容	评分要点说明	小项加分	分项得分	备注
二、创建动态磁盘（40 分）					
4	基本磁盘与动态磁盘的转换（5 分）	能根据需求正确地将基本磁盘与动态磁盘进行转换，得 5 分			
5	创建简单卷（5 分）	能正确创建简单卷，得 3 分； 能够正确创建扩展卷，得 2 分			
6	创建跨区卷（5 分）	能正确创建跨区卷，得 5 分			
7	创建带区卷（5 分）	能正确创建带区卷，得 5 分			
8	创建镜像卷（5 分）	能正确创建镜像卷，得 5 分			
9	创建 RAID－5 卷（5 分）	能正确创建 RAID－5 卷，得 5 分			
10	修复动态卷（10 分）	能正确修复和创建镜像卷，得 5 分； 能正确修复 RAID－5 卷，得 5 分			
三、管理磁盘配额（20 分）					
11	设置磁盘配额（20 分）	能正确设置磁盘配额的各项信息，得 15 分； 能验证配置结果，得 5 分			
总分					

任务4 管理文件系统与共享资源

 任务描述

HZY 公司创建了自己的文件服务器，内有 HZY 公司最新的设备资料、考勤状况、行政文件和各部门资料等。在使用过程中发现有以下需求。

（1）管理员需对所有文件夹拥有完全控制权。

（2）所有员工对共享文件夹只拥有读取权限。

（3）每位员工只对自己的文件夹拥有完全控制权，且不能读取其他员工的文件夹。

（4）每位员工所能使用的磁盘空间有一定的限制。

（5）每位员工希望能保存尽量多的数据。

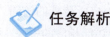 **任务解析**

在前面的任务中已经介绍了 Windows 系统管理中的账号和组的管理、域环境的搭建以及磁盘管理，在网络中其实还存在很多的资源，例如文件、目录和打印机等各种网络共享资源。Windows Server 2019 提供了控制资源存取的工具，从而能够灵活地控制特定的用户和组等内容，并且这些控制是由系统管理员决定的，这样才能避免非授权的访问，从而提供一个安全的网络环境。除了管理文件系统，构建网络的一个重要目的是实现网络资源的共享，把企业内部的网络公共资源设置成可以共享访问并能进行高效管理，同时保证一定的访问安全，也是企业网络管理员的基本职责。

通过完成本任务，使学生对资源对象访问控制的概念有基本的认识，同时具备文件和目录等资源对象的访问控制、共享资源和访问共享资源的设置、卷影副本的使用等操作技能。

 知识链接

一、权限的概念

权限是指用户对资源对象的访问控制，例如是否能够新建或删除文件、文件夹、打印机等对象。

二、文件和文件夹的权限及文件系统

1. 文件和文件夹的权限

文件和文件夹是计算机系统组织数据的集合单位。Windows Server 2019 提供了强大的文件管理功能，其 NTFS 文件系统具有高安全性能，用户可以十分方便地在计算机或网络中处理、使用、组织、共享和保护文件和文件夹。

文件和文件夹的权限可分为两种。

（1）NTFS 权限：仅在 NTFS 磁盘中的文件或文件夹具有些权限。NTFS 权限称为文件与文件夹的访问权限。

利用 NTFS 权限，可以控制用户和组对文件夹及个别文件的访问。NTFS 权限只适用于 NTFS 磁盘分区。NTFS 权限不能用于由 FAT16 或者 FAT32 文件系统格式化的磁盘分区。

Windows Server 2019 只为用 NTFS 进行格式化的磁盘分区提供 NTFS 权限。为了保护 NTFS 磁盘分区中的文件和文件夹，要为需要访问该资源的每个用户授予 NTFS 权限。用户必须获得明确的授权才能访问资源。用户如果没有被组授予权限，它就不能访问相应的文件或者文件夹。不管用户是访问文件还是访问文件夹，也不管这些文件或文件夹是在计算机中还是在网络中，NTFS 的安全性功能都有效。

对于 NTFS 磁盘分区中的每个文件和文件夹，NTFS 都存储一个远程访问控制列表（Access Control List，ACL）。ACL 中包含那些被授权访问该文件或者文件夹的所有用户账户、组和计算机，还包含它们被授予权限的访问类型。为了让用户能够访问某个文件或者文件夹，针对用户、组所属的计算机，ACL 中必须包含一个对应的元素，这样的元素叫作访问控制项（Access

Control Entry，ACE）。为了让用户能够访问文件或者文件夹，ACE 必须具有用户所请求的访问类型。如果 ACL 中没有相应的 ACE 存在，Windows Server 2019 就拒绝该用户访问相应的资源。

可以通过授予文件夹权限，控制对文件夹和包含在这些文件夹中的文件和子文件夹的访问。表 2－8 列出了可以授予的标准 NTFS 文件夹权限和各个权限允许的访问类型。

表 2－8　标准 NTFS 文件夹权限列表

NTFS 文件夹权限	允许的访问类型
读取（Read）	查看文件夹中的文件和子文件夹，查看文件夹属性、所有人和权限
写入（Write）	在文件夹中创建新的文件和子文件夹，修改文件夹属性，查看文件夹的所有人和权限
列出文件夹内容（List Folder Contents）	查看文件夹中的文件和子文件夹的名称
读取和运行（Read&Execute）	遍历文件夹，执行"读取"权限和"列出文件夹内容"权限允许的动作
修改（Modify）	删除文件夹，执行"写入"权限和"读取和运行"权限的动作
完全控制（Full Control）	改变权限，成为所有人，删除子文件夹和文件，以及执行所有其他 NTFS 文件夹权限允许的动作

可以通过授予文件权限，控制对文件的访问。表 2－9 列出了可以授予的标准 NTFS 文件权限和各个权限允许的访问类型。

表 2－9　标准 NTFS 文件权限列表

NTFS 文件权限	允许的访问类型
读取（Read）	读文件，查看文件属性、所有人和权限
写入（Write）	覆盖写入文件，修改文件属性，查看所有人和权限
读取和运行（Read & Execute）	运行应用程序，执行"读取"权限允许的动作
修改（Modify）	修改和删除文件，执行"写入"权限和"读取和运行"权限允许的动作
完全控制（Full Control）	改变权限，成为所有人，执行所有其他 NTFS 文件权限允许的动作

如果将针对某个文件或者文件夹的权限授予个别用户，又授予某个组，而该用户是该组的一个成员，那么该用户就对同样的资源有了多个权限。关于 NTFS 如何组合多个权限，存在一些规则和优先权。除此之外，在复制或者移动文件和文件夹时，对权限也会产生影响，具体如下。

①权限是累积的。

一个用户对某个资源的有效权限是授予这一用户的 NTFS 权限与授予该用户所属组的 NTFS 权限的组合。例如，如果用户 Long 对文件夹"Folder"有"读取"权限，用户 Long 是组 Sales 的成员，而组 Sales 对文件夹"Folder"有"写入"权限，那么用户 Long 对文件夹"Folder"就有"读取"和"写入"两种权限。

②文件权限超越文件夹权限。

NTFS 文件权限超越 NTFS 文件夹权限。例如，某个用户对某个文件有"修改"权限，那么即使该用户对包含该文件的文件夹只有"读取"权限，其仍然能够修改该文件。

③"拒绝"权限超越其他权限。

可以拒绝某用户或者组对特定文件或者文件夹的访问，为此，将"拒绝"权限授予该用户或者组即可。这样，即使某用户作为某组的成员具有访问该文件或文件夹的权限，但是因为将"拒绝"权限授予了该用户，所以该用户具有的任何其他权限也被阻止。因此，对权限的累积规则来说，"拒绝"权限是一个例外。应该避免使用"拒绝"权限，因为允许用户和组进行某种访问比明确拒绝它们进行某种访问更容易做到。巧妙地构造组和组织文件夹中的资源，使用各种各样的"允许"权限就可以满足需要，从而避免使用"拒绝"权限。

（2）"共享"权限：只要是共享的文件夹就具有此权限。

如何快速有效地控制对 NTFS 磁盘分区中的网络资源的访问呢？答案就是利用默认的共享文件夹权限共享文件夹，然后通过授予 NTFS 权限控制对这些文件夹的访问。当共享的文件夹位于 NTFS 磁盘分区中时，该共享文件夹的权限与 NTFS 权限进行组合，用以保护文件资源。

共享文件夹权限具有以下特点。

①共享文件夹权限只适用于文件夹，而不适用于单独的文件，并且只能为整个共享文件夹设置"共享"权限，而不能对共享文件夹中的文件或子文件夹进行设置。因此，共享文件夹权限不如 NTFS 权限详细。

②共享文件夹权限并不对直接登录计算机的用户起作用，只适用于通过网络连接该文件夹的用户，即"共享"权限对直接登录服务器的用户是无效的。

③在 FAT/FAT32 系统卷中，共享文件夹权限是保证网络资源被安全访问的唯一方法。原因很简单，就是 NTFS 权限不适用于 FAT/FAT32 卷。

④默认的共享文件夹权限是"读取"，并被指定给 Everyone 组。

共"享权"限分为"读取""修改"和"完全控制"。共享文件夹权限列表如表 2 – 10 所示。

表 2 – 10　共享文件夹权限列表

权限	允许用户完成的操作
读取	显示文件夹名称、文件名称、文件数据和属性，运行应用程序文件，改变共享文件夹中的文件夹

权限	允许用户完成的操作
修改	创建文件夹，向文件夹中添加文件，修改文件中的数据，向文件中追加数据，修改文件属性，删除文件夹和文件，执行"读取"权限允许的操作
完全控制	修改文件权限，获得文件的所有权，执行"修改"和"读取"权限所允许的所有任务；在默认情况下，Everyone 组具有该权限

当系统管理员对 NTFS 权限和共享文件夹权限进行组合时，结果是组合的 NTFS 权限，或者组合的共享文件夹权限，哪个范围更小取哪个。

当在 NTFS 卷中为共享文件夹授予权限时，应遵循以下规则。

①可以对共享文件夹中的文件和子文件夹应用 NTFS 权限。可以对共享文件夹中包含的每个文件和子文件夹应用不同的 NTFS 权限。

②除共享文件夹权限外，用户必须具有该共享文件夹包含的文件和子文件夹的 NTFS 权限，才能访问那些文件和子文件夹。

③在 NTFS 卷中必须要求 NTFS 权限。默认 Everyone 组具有"完全控制"权限。

2. 文件系统

文件系统是指操作系统中对磁盘或磁盘分区中的文件进行组织、访问、分配和回收的方式或总体结构，包括文件的命名、存储、检索、共享和保护等。Windows Server 文件系统类型如下。

1）文件分配表（FAT）、FAThers2 和扩展文件分配表（exFAT）

FAT 文件系统是 Windows 操作系统支持的最简单的文件系统。该文件系统通过使用卷级表来跟踪文件系统对象。FAT 文件系统维护表的两个副本以便进行复原。这两个表和根目录必须位于格式化磁盘中的固定位置。FAT 是一种适合小卷集、对系统安全性要求不高、需要双重引导的用户选择使用的文件系统。

由于 FAT 的大小限制，不能使用 FAT 创建大于 4 千兆字节（GB）的卷。为了容纳更大的磁盘，微软公司开发了 FAT32，它可支持高达 64 GB 的磁盘分区。

exFAT 是为闪存驱动器设计的文件系统，它支持的卷大小大于 FAT32 文件系统支持的卷大小。exFAT 文件系统适用于媒体设备，例如新式平板电视、媒体中心和便携式媒体播放机。

FAT 和 FAT32 都不提供文件系统级别的安全性。对于附加到运行任何 Windows Server 操作系统的服务器的磁盘，不应在此类磁盘中创建 FAT 或 FAT32 卷，但是可以考虑使用 FAT、FAT32 或 exFAT 文件系统设置外部媒体（如 USB 闪存驱动器）的格式。

 小贴士

从 Windows Server 2016 开始，FAT 和 FAT32 文件系统均支持通过加密文件系统（EFS）进行加密。

2）NTFS

NTFS（New Technology File System）是一种高性能的文件系统，是 Windows Server 操作系统中最常见的文件系统。它支持许多新的文件安全、存储和容错功能，而这些功能也正是 FAT 文件系统所缺少的。

NTFS 是从 Windows NT 开始使用的文件系统，它是一种特别为网络和磁盘配额、文件加密等管理安全特性设计的磁盘格式。NTFS 包括文件服务器和高端个人计算机所需的安全特性，它还支持对关键数据以及十分重要的数据的访问控制和私有权限。除了可以赋予计算机中的共享文件夹特定权限外，NTFS 文件和文件夹无论共享与否都可以被赋予权限，NTFS 是唯一允许为单个文件指定权限的文件系统。但是，当用户从 NTFS 卷移动或复制文件到 FAT 卷时，NTFS 权限和其他特有属性将丢失。

NTFS 设计简单但功能强大，从本质上讲，卷中的一切都是文件，文件中的一切都是属性。从数据属性到安全属性，再到文件名属性，NTFS 卷中的每个扇区都被分配给了某个文件，甚至文件系统的超数据（描述文件系统自身的信息）也是文件的一部分。

如果安装 Windows Server 2019 时采用了 FAT 文件系统，则用户可以在安装完毕后使用命令 convert 把 FAT 分区转化为 NTFS 分区，如下所示。

```
Convert D:/FS:NTFS
```

上述命令的作用是将磁盘 D：转换成 NTFS 格式。无论是在运行安装程序中还是在运行安装程序之后，相对于重新格式化磁盘来说，这种转换都不会使用户的文件受到损害。但由于 Windows 95/98 操作系统不支持 NTFS，所以在要配置双重启动系统，即在同一台计算机上同时安装 Windows Server 2019 和其他操作系统（如 Windows 98）时，可能无法从计算机上的另一个操作系统访问 NTFS 分区中的文件。

 小贴士

在托管多个 Windows Server 角色和功能［如活动目录域服务、VSS 和分布式文件系统（DFS）］的服务器中实现卷时，需要使用 NTFS。

3）复原文件系统（ReFS）。

微软公司在从 Windows Server 2012 开始便引入了 ReFS，旨在增强 NTFS 的功能。如名称所示，ReFS 的一个主要优点就是通过更准确的检测机制和联机修正完整性问题的功能来增强对损坏数据的复原能力。ReFS 还支持更大的单个文件和卷，包括删除重复数据。

在大多数情况下，ReFS 是 Windows Server 中数据卷的最佳文件系统选择。但请记住，ReFS 并不提供与 NTFS 完全相同的功能。例如，ReFS 不支持文件级压缩和加密。ReFS 也不适用于引导卷和可移动媒体。

ReFS 引入了一项新功能，可以准确地检测到损坏数据并且能够在保持联机状态的同时修复这些损坏数据，从而有助于提高数据的完整性和可用性。

（1）完整性流：ReFS 将校验和用于元数据和文件数据（可选），这使 ReFS 能够可靠地检测到损坏数据。

（2）存储空间集成：与镜像或奇偶校验空间配合使用时，ReFS 可以使用存储空间提供的数据的备用副本自动修复检测到的损坏数据。修复过程将本地化到损坏区域且联机执行，并且不会出现卷停机时间。

（3）补救数据：如果卷损坏并且损坏数据的备用副本不存在，则 ReFS 将从命名空间中删除损坏数据。ReFS 在处理大多数不可更正的损坏数据时可将卷保持在联机状态，但在极少数情况下，ReFS 需要将卷保持在脱机状态。

（4）主动错误纠正：除了在读取和写入之前验证数据外，ReFS 还引入了一个称为清理器的数据完整性扫描器。此清理器会定期扫描卷，从而识别潜在损坏数据，然后主动触发损坏数据的修复。

为了更好地理解 ReFS，将 ReFS 与 NTFS 进行功能上的比较，如表 2 – 11 所示。

表 2 – 11　ReFS 与 NTFS 的比较

功能	ReFS	NTFS
最大文件名称长度	255 个 Unicode 字符	255 个 Unicode 字符
最大路径名称长度	32K 个 Unicode 字符	32K 个 Unicode 字符
文件大小上限	35 PB	256 TB
最大卷大小	35 PB	256 TB
BitLocker 加密	是	是
故障转移群集支持	是	是
块克隆	是	否
稀疏 VDL	是	否
镜像加速奇偶校验	是	否
文件系统压缩	否	是
文件系统加密	否	是
事务	否	是
磁盘配额	否	是
可引导	否	是

ReFS 相对于 NTFS 的优势如下。

（1）不需要 chkdsk 命令修复磁盘。

计算机在长期使用中，尤其是在突然断电等情况下，有时会出现需要修复的情况。NTFS 在出错时需要使用 chkdsk 命令来修复磁盘，但 ReFS 不需要修复磁盘。

（2）ReFS 把磁盘产生坏道对数据的影响降到最低。

对于 NTFS，数据区产生坏道时数据可能损坏，但 ReFS 自带自动校验数据并修复的功能。

ReFS 相对于 NTFS 的缺点如下。

（1）从表 2 – 11 可以发现 ReFS 不支持引导，即暂时不支持安装系统，不能作为引导分区（但国内有些论坛已经尝试成功引导）。

（2）现在 Windows 10 专业版默认已经不提供 ReFS 的格式化选择，只有企业版及专业工作站版才提供（但专业版依然提供对格式的支持）。

ReFS 是一种微软公司新的文件系统，主要针对服务器或需要大量处理数据的计算机，它对数据损坏具有弹性。但 ReFS 暂时还不是 NTFS 的真正替代品，REFS 有点类似 NTFS + 数据阵列，另外针对固态硬盘及 4 K 读取速度有比较大的提升。但是，现在 ReFS 似乎不够稳定，版本之间可能有兼容性问题，特别是 Windows 10 早期版本。ReFS 的版本兼容性、稳定性及所支持的功能还有所欠缺，还在不断更新变化中。因此，暂时来讲，Windows 的主力文件系统还是 NTFS。等 ReFS 成熟稳定后，NTFS 有可能被 ReFS 替代。

任务实施

本任务的所有操作都部署在图 2 – 174 所示的环境中。DC1 和 MemberServer1 是 2 台虚拟机。在 DC1 和 MemberServer1 中可以测试资源共享情况，而资源访问权限的控制、加密文件系统与压缩、分布式文件系统等需要在 MemberServer1 中实施并测试。

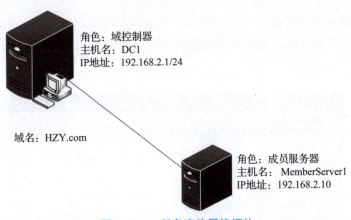

角色：域控制器
主机名：DC1
IP地址：192.168.2.1/24

域名：HZY.com

角色：成员服务器
主机名：MemberServer1
IP地址：192.168.2.10

图 2 – 174　任务实施网络拓扑

一、资源共享

为了保证系统安全，在默认情况下，服务器中的所有文件夹是不被共享的，若要分享文件，一般会创建一个共享文件夹，如果要授予用户某种资源的访问权限，则将文件夹设置为共享后，还要赋予用户相应的访问权限。如果要保证用户拥有不同的权限，则可以创建不同的组，将用户添加到相应的组中，这样能够更简单快捷地分配用户访问权限。

1. 设置共享资源

（1）在 DC1 中的"服务器管理器"窗口中选择"工具"→"计算机管理"选项，在

"计算机管理"窗口的左窗格中选择"共享文件夹"→"共享"节点，如图 2-175 所示。"共享"节点中提供了有关本地计算机中的所有共享、会话和打开文件的信息，可以查看本地和远程计算机的连接和资源使用概况。

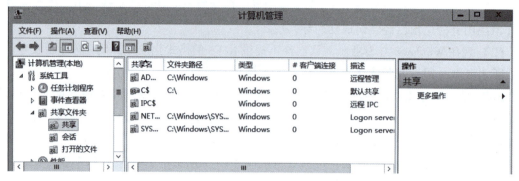

图 2-175 "共享"节点

 小贴士

共享名称后带有"＄"符号的是隐藏共享，在网络中其他计算机的 Windows 平台中查看时，默认不会显示，也不能被其他计算机搜索到，虽然不显示，但在其他计算机的 Windows 系统中可以直接输入地址来访问。

（2）在左窗格中用鼠标右键单击"共享"节点，选择"新建共享"选项即可打开"创建共享文件夹向导"对话框，在此进行权限的设置，如图 2-176 所示。同时，提前在 DC1 中创建用户 stu1。

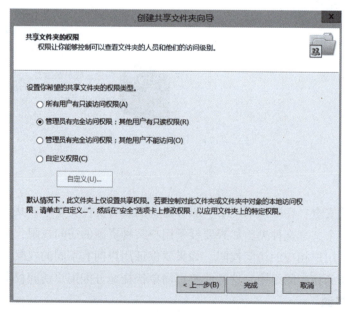

图 2-176 设置共享文件夹权限

2. 访问共享资源

1）利用网络发现和访问共享资源

步骤 1：在 MemberServer1 中，单击左下角的"资源管理器"图标，打开"资源管理器"窗口，单击窗口左下角的"网络"链接，打开 MemberServer1 的"网络"窗口，如图 2 – 177 所示。如果此计算机当前的网络位置是公用网络，且没有启用"网络发现"功能，则会出现提示，选择是否要在所有公用网络中启用"网络发现"和"文件共享"功能。如果选择不启用，该计算机的网络位置会被更改为专用网络，也会启用"网络发现"和"文件共享"功能。

小贴士

> 确保 DC1 和 MemberServer1 启用了"网络发现"功能，并且运行了 Function DiscoveryResource Publication、UPnP Device Host 和 SSDP Discovery 3 个服务。注意按顺序启用 3 个服务，并且都改为自动启用。

步骤 2：双击"DC1"计算机，弹出"Windows 安全中心"对话框。输入用户 stu1 的用户名及密码，连接到 DC1，如图 2 – 178 所示（注意，这里用户 stu1 是 DC1 中的域用户）。

图 2 – 177　"网络"窗口　　　　　　　图 2 – 178　"Windows 安全中心"对话框

步骤 3：单击"确定"按钮，打开 DC1 中的共享文件夹，如图 2 – 179 所示。

步骤 4：双击共享文件夹"share1"，尝试在该文件夹中新建文件，提示失败，如图 2 – 180 所示。

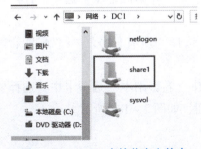
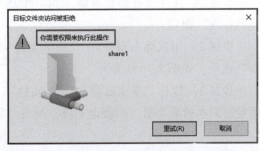

图 2 – 179　DC1 中的共享文件夹　　　　　　图 2 – 180　创建文件失败

Windows 服务器管理 ....

步骤 5：注销 MemberServer1，重新执行步骤 1 ~ 步骤 4。注意本次输入 DC1 的用户 Administrator 的用户名及密码，连接到 DC1。验证前面操作中设置的共享权限情况。

2）使用 UNC

通用命名标准（Universal Naming Conversion，UNC）是用于命名文件和其他资源的一种约定，以两个反斜杠"\"开头，指明该资源位于网络计算机中。UNC 路径的语法格式如下。

```
\\Servername\sharename
```

其中，Servername 是服务器的名称，也可以用 IP 地址代替，而 sharename 是共享资源的名称。目录或文件的 UNC 名称也可以把目录路径包括在共享名称之后，其语法格式如下。

```
\\Servername\sharename\dir\filename
```

请在 MemberServer1 的在"运行"对话框中输入如下命令，并分别通过以不同用户连接到 DC1 来测试前面操作中设置的共享。

```
\\192.168.2.1\share1
```

或者

```
\\DC1\share1
```

二、使用卷影副本

卷影副本也称为快照，是存储在 Data Protection Manager（DPM）服务器中的副本的时间点副本。简单来说，卷影副本的最直接特性就是在服务器中设定一个空间（该空间可以根据所在卷或磁盘分区的最大容量设定容量上限），而且可以根据设定的时间点把卷的备份文件存放到卷影副本空间中，也就是说，同一个文件可以在不同时间备份不同的版本。因此，如果为了防范文件被误删除或者误修改，不妨启用卷影副本功能来保证数据的完整。

1. 启用"共享文件夹的卷影副本"功能

在 DC1 的共享文件夹"share1"中建立"t1"和"t2"两个文件夹，并在该共享文件夹所在的计算机 DC1 中启用"共享文件夹的卷影副本"功能，步骤如下。

步骤 1：在"服务器管理器"窗口中选择"工具"→"计算机管理"选项，打开"计算机管理"窗口。

步骤 2：用鼠标右键单击"共享文件夹"节点，选择"所有任务"→"配置卷影副本"选项，如图 2-181 所示。

步骤 3：打开"本地磁盘（C:）属性"对话框，在"卷影副本"远项卡中，选择要启用卷影副本的驱动器（如磁盘 C:），单击"设置"按钮，如图 2-182 所示。

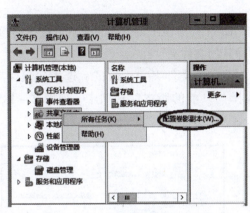

图 2 - 181 "配置卷影副本"选项

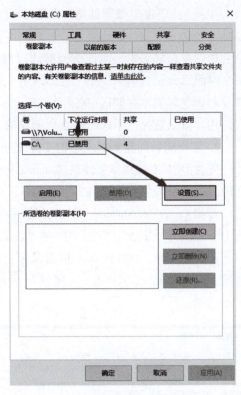

图 2 - 182 启用卷影副本

步骤 4：设置卷影副本空间的使用上限，然后单击"计划"按钮，设定卷影副本的备份计划（根据实际情况设置备份时间，单击"新建"按钮可设多个时间点），如图 2 - 183 所示。设置完成后，单击"确定"按钮结束。这时卷影副本功能就会自动启用。

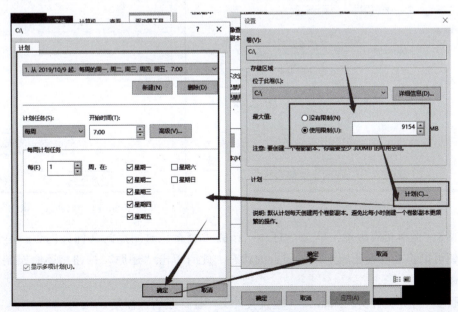

图 2 - 183 设置卷影副本计划

步骤 5：单击"立即创建"按钮，可以马上创建卷影副本，如图 2 – 184 所示。此时，系统会自动为该磁盘创建第 1 个卷影副本，也就是将该磁盘中所有共享文件夹的文件都复制到卷影副本存储区中，而且系统默认以后会在星期一——星期五的上午 7：00 与中午 12：00 两个时间点分别自动添加一个卷影副本，即在到达这两个时间点时会将所有共享文件夹的文件复制到卷影副本存储区中备用。

用户可以选择在不同时间点所创建的卷影副本中的旧文件来还原文件。

2. 客户端访问卷影副本中的文件

先将 DC1 中的共享文件夹"share1"中的文件夹"t1"删除，再用此前的卷影副本进行还原，测试是否恢复了文件夹"t1"。

步骤 1：在 MemberServer1 中，使用"\\DC1"命令，以 DC1 的 Administrator 身份连接到 DC1 的共享文件夹，双击文件夹"share1"，删除其的文件夹"t1"。

步骤 2：向上回退到 DC1 根目录下，用鼠标右键单击文件夹"share1"，选择"属性"选项，打开"share1（\\DC1）属性"对话框，选择"以前的版本"选项卡，如图 2 – 185 所示。

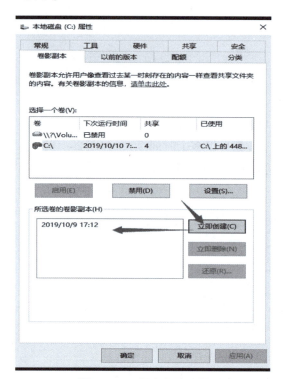

图 2 – 184　创建卷影副本

图 2 – 185　"share1（\\DC1）属性"对话框

步骤 3：选择相应版本，单击"打开"按钮可查看该时间点的文件夹内容，单击"还原"按钮可以将文件夹还原到该时间点的状态。此时单击"还原"按钮，还原误删除的文件夹"t1"。

步骤 4：打开文件夹"share1"，检查文件夹"t1"是否被恢复。

三、利用 NTFS 权限管理数据

在进行操作前，先在 DC1 中创建 "C：\testNTFS" 文件夹和本地域用户 sales.

1. 授予标准 NTFS 权限

1）NTFS 文件夹权限

步骤1：打开 DC1 的 "文件资源管理器" 窗口，用鼠标右键单击要设置权限的文件夹，如 "testNTFS"，选择 "属性" 选项，打开 "testNTFS 属性" 对话框，选择 "安全" 选项卡，如图 2－186 所示。

步骤2：默认已经有了一些权限设置，这些设置是从父文件夹（或磁盘）继承来的。例如，在用户 Administrators 的权限中，灰色阴影对应的权限就是继承的权限。

步骤3：如果要给其他用户指派权限，可单击 "编辑" 按钮，出现图 2－187 所示的 "testNTFS 的权限" 对话框。

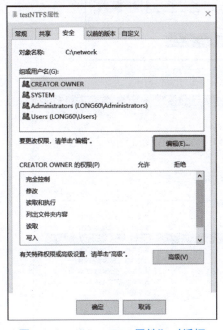

图 2－186　"testNTFS 属性" 对话框

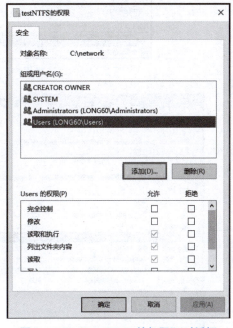

图 2－187　"testNTFS 的权限" 对话框

步骤4：单击 "添加" → "高级" → "立即查找" 按钮，从本地计算机上添加拥有对该文件夹访问和控制权限的用户或组，如 sales，如图 2－188 所示。

步骤5：选择后单击 "确定" 按钮，拥有对该文件夹访问和控制权限的用户或组就被添加到 "组或用户名" 列表框中。特别注意，如果新添加的用户的权限不是从父项继承来的，那么其所有权限都可以被修改。

步骤6：如果不想继承上一层的权限，可以在文件夹的高级安全设置对话框（图 2－189）选择某个要阻止继承的权限，单击 "禁用继承" 按钮，在打开的 "阻止继承" 对话框中选择 "将已继承的权限转换为此对象的显示权限" 或 "从此对象中删除所有已继承的权限" 选项。

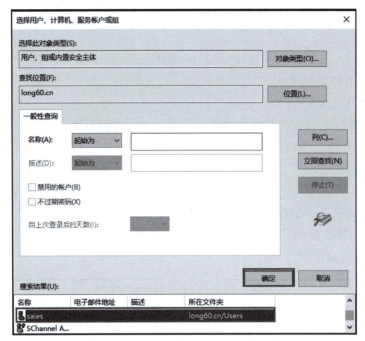

图 2－188 "选择用户、计算机、服务账户或组"对话框

图 2－189 高级安全设置对话框

2）NTFS 文件权限

NTFS 文件权限的设置与 NTFS 文件夹权限的设置类似。要对 NTFS 文件指派权限，可直接在文件上单击鼠标右键，选择"属性"选项，然后在打开的对话框中选择"安全"选项卡，即可为该文件设置相应权限。

2. 授予特殊访问权限

标准 NTFS 权限通常足够使用，用来控制对用户资源的访问，以保护用户资源。但是，如果需要更为特殊的访问级别，就可以使用 NTFS 的特殊访问权限。

在文件或文件夹属性对话框的"安全"选项卡中单击"高级"→"权限"按钮，打开"testNTFS 的高级安全设置"对话框，选择用户"sales"，如图 2－189 所示。

单击"编辑"按钮，打开图 2－190 所示的"testNTFS 的权限项目"对话框，可以更精确地设置用户"sales"的权限。其中"显示基本权限"和"显示高级权限"在单击后交替出现。

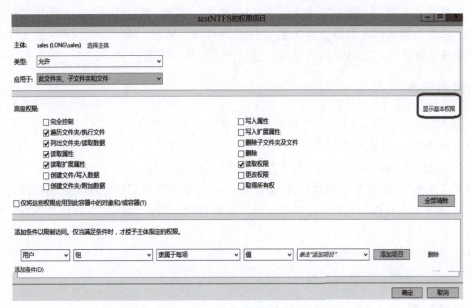

图 2－190　"testNTFS 的权限项目"对话框

特殊访问权限（即高级权限）有 14 项，把它们组合在一起就构成了标准 NTFS 权限。例如，标准的"读取"权限包含"列出文件夹/读取数据""读取属性""读取权限""读取扩展属性"等特殊访问权限。

其中有两个特殊访问权限对管理文件和文件夹的访问来说特别有用。

1）更改权限

如果为某用户授予这一权限，该用户就具有了针对文件或者文件夹修改权限的能力。

可以将针对某个文件或者文件夹修改权限的能力授予其他系统管理员和用户，但是不授予它们对该文件或者文件夹的"完全控制"权限。通过这种方式，这些系统管理员或用户就不能删除或者写入该文件或文件夹，但是可以为该文件或者文件夹授权。

为了将修改权限的能力授予管理员，将针对该文件或文件夹的"更改权限"的权限授予 Administrators 即可。

2）取得所有权

如果为某用户授予这一权限，则该用户就具有了取得文件和文件夹所有权的能力。

可以将文件和文件夹的所有权从一个用户或者组转移到另一个用户或者组。也可以将"所有者”权限授予某个人。而作为系统管理员，也可以取得某个文件或者文件夹的所有权。

对取得某个文件或者文件夹的所有权来说，需要应用下述规则。

当前的所有者或者具有“完全控制”权限的任何用户，可以将“完全控制”这一标准权限或者“取得所有权”这一特殊访问权限授予另一个用户或者组。这样，该用户或者该组的成员就能取得所有权。

Administrators 的成员可以取得某个文件或者文件夹的所有权，而不管为该文件或者文件夹授予了怎样的权限。如果某个系统管理员取得了所有权，则 Administrators 也取得了所有权。因此，该系统管理员组的任何成员都可以修改针对该文件或者文件夹的权限，并且可以将“取得所有权”这一权限授予另一个用户或者组。例如，如果某个雇员离开了原来的公司，某个系统管理员即可取得该雇员的文件的所有权，再将“取得所有权”这一权限授予另一个雇员，然后这一雇员就取得了前一雇员的文件的所有权。

 实训任务

利用网络拓扑（图 2 – 174）中服务器的关系完成以下操作。

（1）在 DC1 中设置共享资源“\test”。

（2）在 MemberServer1 中使用多种方式访问网络共享资源。

（3）在 DC1 中设置卷影副本，在 MemberServer1 中使用卷影副本恢复误删除的内容。

（4）观察共享权限与 NTFS 权限叠加后的最终权限，进而说明共享权限与 NTFS 权限叠加规则。

（5）设置 NTFS 权限的继承性。

（6）利用 NTFS 权限管理数据。

自测习题

1. 如果一个用户同时加入了读写组和拒绝访问组，则该用户的最终权限是（　　）。

A.“拒绝访问”　　　　B.“完全控制”　　　　C.“读取”　　　　　　D.“写入”

2. 新建的共享目录的默认共享权限是 Everyone 都能以（　　）权限访问。

A.“只读”　　　　　　B.“读写”　　　　　　C.“写入”　　　　　　D.“完全控制”

3. 在 NTFS 中，文件夹的标准权限有（　　）

A.“完全控制”　　　　B.“修改”　　　　　　C.“读取和运行”　　　D.“读取”

4. 某公司财务部有 6 名员工，其中部门经理 1 名、会计 2 名、出纳 3 名。为了便于管理，网络管理员为会计建立了一个组，名为“AccountantGroup”，该组对公司的所有财务文件有允许修改的 NTFS 权限；为出纳建立了一个组，名为“TellerGroup”，该组对公司的所有财务文件有允许读取的 NTFS 权限。部门经理同时属于两个组，那么部门经理对公司财务文件的访问权限为（　　）。

A.“读取”　　　　　　B.“修改”　　　　　　C.“完全控制”　　　　D.“写入”

5. 当一个账户通过网络访问一个共享文件夹，而这个文件夹又在一个 NTFS 分区中时，该用户最终得到的权限是（　　）。

A. 对该文件夹的共享权限

B. 对该文件夹的 NTFS 权限

C. 对该文件夹的共享权限和 NTFS 权限的累加权限

D. 对该文件夹的共享权限和 NTFS 权限中最严格的权限

6. 需要提高资源管理的安全性，应该选择（　　　）。

A. FAT16 文件系统　　　　　　　　　　B. FAT32 文件系统

C. NTFS　　　　　　　　　　　　　　　D. CDFS

7. 已经设置了磁盘 C：权限为"只读"，磁盘 D：权限为"完全控制"，如果把一个在磁盘 D：根目录下的 A 文件夹复制到磁盘 C：根目录下，那么 A 文件夹的权限为（　　　）。

A."读取"　　　　B."修改"　　　　C."完全控制"　　　D."写入"

 任务测评

项目二 任务 4　管理文件系统与共享资源（100 分）			学号： 姓名：		
序号	评分内容	评分要点说明	小项 加分	分项 得分	备注
一、资源共享（40 分）					
1	设置资源共享（20 分）	能在"计算机管理"窗口中进行共享资源的设置，得 15 分； 能进行隐藏共享的设置，得 5 分			
2	访问网络共享资源（20 分）	能利用网络发现访问网络共享资源，得 10 分； 能使用 UNC 进行网络共享资源的访问，得 10 分			
二、使用卷影副本（30 分）					
3	启用卷影副本（15 分）	能为驱动器启用卷影副本功能，得 5 分； 能为卷影副本进行存储区容量的设置，得 5 分； 能为卷影副本进行计划设置，得 5 分			
4	客户机访问卷影副本中的文件（15 分）	能利用卷影副本对误删除的文件或文件夹进行还原操作，得 15 分			

项目二 任务 4　管理文件系统与共享资源（100 分）			学号： 姓名：		
序号	评分内容	评分要点说明	小项 加分	分项 得分	备注
三、利用 NTFS 权限管理数据（30 分）					
5	授予标准 NTFS 权限 （20 分）	能为文件夹设置 NTFS 权限，得 10 分； 能为文件设置 NTFS 权限，得 10 分			
6	授予特殊访问权限（10 分）	能分析安全需求，进行合理的权限设置， 并能利用文件或文件夹的安全设置进行特殊 访问权限的设置操作，得 10 分			
总分					

项目总结

本项目完成了对 Windows Server 2019 的基本配置管理，包括管理本地用户和组、管理 Windows 磁盘、搭建 Windows 域环境以及管理文件系统与共享资源等。

系统管理员可以创建、修改、删除用户和组以及授权和限制其对服务器执行某些操作，例如备份文件和关闭服务器等；系统管理员可以使用磁盘管理工具初始化新驱动器、扩展或压缩卷、更改驱动器号等，以实现数据存储和备份等操作；域控制器、组织单位、用户和计算机对象是活动目录中的基本组件，系统管理员可以使用这些组件来构建、配置和管理域环境；系统管理员可以通过文件共享来限制对共享资源的访问，例如创建和管理共享文件夹、使用 NTFS 权限和共享权限来限制访问。

掌握了本项目内容，将具备 Windows Server 2019 的基本配置和维护能力，满足中小型企业部署 Windows 域环境和维护的需求。

项目三

管理Windows Server 服务

【项目导入】

随着 HZY 公司的业务需求变化，需要对 HZY 公司的网络系统进行改造和升级，使 HZY 公司的网络系统可以提供方便、可靠、便捷的各种网络服务。

在 HZY 公司的网络系统升级前，网络服务器均需以 IP 地址的方式访问，升级后，在网络系统搭建 DNS 服务器提供域名解析服务，使用户通过域名的方式访问 HZY 公司的各个业务系统；随着 HZY 公司规模的扩大，HZY 公司网络中需要分配 IP 地址的主机数量日益增多，手动分配 IP 地址的形式在一些应用场景下显得不够灵活，网络系统升级后通过搭建 DHCP 服务器的方式可以对 IP 地址进行统一管理和自动分配；为了方便网上办公及对外发布信息，HZY 公司要创建门户网站和应用系统网站，并将 Web 网站部署到 HZY 公司内部服务器中；为了方便 HZY 公司各部门员工和在外出差员工共享文件资源，在 HZY 公司网络中搭建 FTP 服务器，使员工可以在 FTP 服务器中上传和下载文件。

网络管理员小李被委派对 HZY 公司的服务器进行相关配置，根据 HZY 公司的网络需求，搭建 DNS 服务器、DHCP 服务器、Web 服务器和 FTP 服务器，并对相关服务器进行测试验证。

【学习目标】

知识目标

（1）能够说明 DHCP 服务器、DNS 服务器、Web 服务器及 FTP 服务器在网络基础架构中的作用。

（2）能够阐述 DHCP 服务器、DNS 服务器、Web 服务器及 FTP 服务器的工作原理。

（3）能够说明几种主要 DHCP 作用域选项的作用。

（4）能够阐述 DNS 区域和 DNS 资源记录的功能。

（5）能够阐述安全网站的工作原理。

能力目标

（1）能够正确选择安装服务器角色过程中的各项选项。

（2）能够根据网络需求规划并配置 DHCP 服务器实现自动分配网络参数。

（3）能够通过配置 DHCP 中继代理实现为不同网段的客户端分配 IP 地址。

（4）能够通过配置区域和资源记录部署 DNS 服务器实现域名访问。

(5) 能够通过 IIS 创建 Web 网站。

(6) 能够灵活使用虚拟主机技术实现在一台服务器中架设多个 Web 网站。

(7) 能够通过配置默认目录及虚拟目录管理 Web 网站。

(8) 能够通过配置 FTP 服务器实现文件的上传和下载。

(9) 能够正确部署客户端对服务器进行测试。

素质目标

(1) 具备分析问题和解决问题的能力。

(2) 具备网络安全与数据安全的职业素养。

(3) 具备团队意识、大局意识、创新意识和质量意识。

【项目实施】

 任务1 配置与管理 DHCP 服务器

 任务描述

以前 HZY 公司的网络规模很小，可以通过手动的方式配置 IP 地址，后来由于 HZY 公司的规模扩大，计算机数量增多，存在以下问题。

(1) 经常出现 IP 地址冲突导致无法上网的问题。

(2) 手动为客户端配置 IP 地址工作量大。

(3) 为跨网络的计算机分配 IP 地址的工作比较烦琐。

为了便于 HZY 公司网络管理，减轻网络管理员的工作负担，HZY 决定在企业网络中部署 DHCP 服务器，代替网络管理员通过手动的方式配置 IP 地址及相关 TCP/IP 信息。

HZY 公司部署 DHCP 服务器的网络拓扑如图 3-1 所示。

 任务解析

为了使客户端能够自动获得 IP 地址，必须在网络中安装 DHCP 服务器。DHCP 服务器需要配置相应的作用域，生成 IP 地址池，以供客户端申请使用。DHCP 服务器在给客户端提供 IP 地址的同时，还需要指定各项 TCP/IP 参数、租约时间等。DHCP 服务器还应为网络中特殊的计算机（如 DNS 服务器、Web 服务器）设置保留地址。为了使 DHCP 服务器可跨网络分配 IP 地址，需要配置 DHCP 中继代理服务器。为了使客户端能够获得 DHCP 服务，需要对客户端进行相应的设置。

 知识链接

一、配置主机 IP 地址

在 TCP/IP 网络中，每台计算机都需要配置 IP 地址。配置主机 IP 地址的方式有两种：静态设置和动态设置。

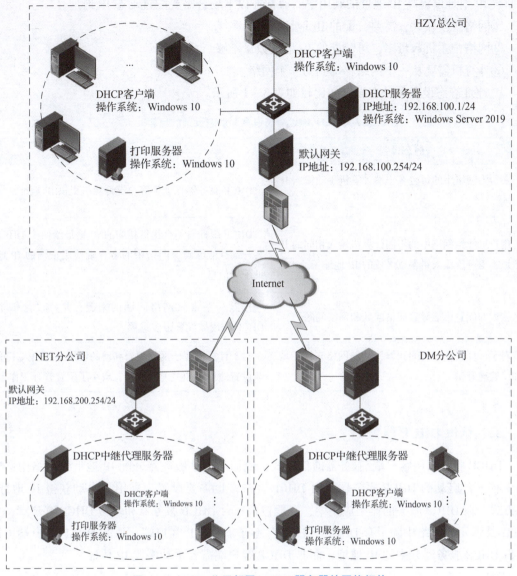

图 3 – 1　HZY 公司部署 DHCP 服务器的网络拓扑

（1）静态设置。静态 IP 地址即手动配置并将永久保持不变的 IP 地址。通常在以下场合需要配置静态 IP 地址。

①服务器或客户端运行的应用程序需 IP 地址保持不变。

②网络中没有 DHCP 服务器。

③要查找客户端计算机网络连通性方面的问题。

当网络中主机数量较多时，手动配置 IP 地址将变得非常困难，而且容易出错，影响网络的正常运行，也可能与其他主机的 IP 地址冲突而干扰主机运行，从而增加网络管理员的负担。

（2）动态设置。动态 IP 地址即向 DHCP 服务器租用的 IP 地址，DHCP 服务器能够从预先设置的 IP 地址池中自动给主机分配 IP 地址，这不仅能够解决 IP 地址冲突的问题，也能及时回收 IP 地址以提高 IP 地址的利用率。通常在以下场合需要配置动态 IP 地址。

①网络规模较大，需要分配的 IP 地址很多。

②网络中主机数量多，可分配的 IP 地址数量不够。

③计算机需要从一个网络移动到另一个网络。

IP 地址静态设置和动态设置的比较如表 3 - 1 所示。

表 3 - 1 　 IP 地址静态设置和动态设置的比较

静态设置	动态设置
必须为网络中的每台客户端计算机手动输入 IP 地址	DHCP 服务器自动为客户端计算机提供 IP 地址
用户可能给网络中的不同计算机输入相同的 IP 地址，也可能输入错误或无效的 IP 地址	DHCP 服务器不会租借相同的 IP 地址给两个 DHCP 客户端，能够确保网络中的客户端使用正确的 IP 地址配置信息
错误的配置可能导致通信问题和网络问题	排除一系常见网络问题的来源，并可以为每个 DHCP 作用域设置很多选项
对于计算机在子网间频繁移动的网络来说，增加了管理开销	对于计算机在子网间频繁移动的网络，无须人工重新设置地址及相关配置信息，减小了配置管理工作量

二、认识 DHCP 服务

DHCP 服务采用客户端/服务器通信模式，使用 DHCP 服务器分配 IP 地址，网络中必须至少有一台启动的 DHCP 服务器，而 DHCP 客户端也需要设置为采用"自动获得 IP 地址"的方式。在 DHCP 服务的典型应用中，一般包含一台 DHCP 服务器和多台 DHCP 客户端，如图 3 - 2 所示，网络中除了有 DHCP 客户端，还有非 DHCP 客户端，那么 DHCP 客户端可以获得 DHCP 服务器分配的 IP 地址，而非 DHCP 客户端需要手动配置 IP 地址。

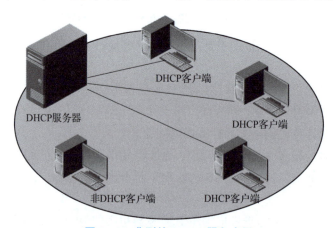

图 3 - 2 　 典型的 DHCP 服务应用

DHCP 服务器的用途如同前面所言，可以自动为 DHCP 客户端分配 IP 地址，但其实另一个更大的好处在于使用 DHCP 服务器可以降低管理的复杂性，以下几点原因说明在网络中部署 DHCP 服务器可以让网络管理有事半功倍的效果。

（1）不易出错。DHCP 服务器每提供一个 IP 地址，都会有相应的租用记录，因此几乎不可能发生 IP 地址重复租用的情况，而且租用过程无须人为介入，还可以避免人为错误，例如手动输入 IP 地址错误。

（2）易于维护。DHCP 服务器不但可以分配 IP 地址，还可以指定各项网络参数。因此，当需要变更相应网络参数时，只需要在 DHCP 服务器中修改，就可以使所有 DHCP 客户端都自动更新，节省维护成本。

（3）客户端无须频繁锁设定网络参数。只要 DHCP 服务器设置正确，客户端只需设置为使用 DHCP 服务器获得网络参数，即可完成 TCP/IP 的设置，快速又方便。

（4）IP 地址可重复使用。DHCP 服务器分配给客户端的 IP 地址是有租约期限的，当客户端租约到期或取消租约后，DHCP 服务器可以将此 IP 地址再分配给其他 DHCP 客户端使用，这样可以有效节省 IP 地址。

三、DHCP 服务器的工作原理

1. IP 地址分配策略

针对 DHCP 客户端的不同需求，DHCP 服务器提供了 3 种 IP 地址分配策略：手动分配、动态分配和自动分配。

（1）手动分配是由 DHCP 服务器管理员为少数特定 DHCP 客户端（如 DNS 服务器）静态绑定固定的 IP 地址。

（2）动态分配是 DHCP 客户端第一次从 DHCP 服务器获取 IP 地址，并非永久地使用该 IP 地址，到达租约期限后 DHCP 客户端就要释放 IP 地址，供其他 DHCP 客户端使用。绝大多数客户端获得的都是这种动态分配的 IP 地址。

（3）自动分配是当 DHCP 客户端第一次成功地从 DHCP 服务器获取 IP 地址后，就永久使用这个 IP 地址。

2. DHCP 的租约过程

DHCP 客户端从 DHCP 服务器获取 IP 地址的过程称为 DHCP 的租约过程。DHCP 的租约过程分为 4 个阶段——发现阶段、提供阶段、选择阶段和确认阶段，如图 3-3 所示。

1）发现阶段

发现阶段是 DHCP 客户端寻找 DHCP 服务器的阶段。当一台 DHCP 客户端启动时，它还没有 IP 地址，因此 DHCP 客户端要寻找 DHCP 服务器以获取一个合法的 IP 地址。DHCP 客户端现在不知道 DHCP 服务器的 IP 地址，此时 DHCP 客户端以广播方式发送 DHCP Discover 消息来寻找 DHCP 服务器。广播信息中包含 DHCP 客户端的 MAC 地址和计算机名，以便 DHCP 服务器确定是哪个 DHCP 客户端发送的请求。发现阶段如图 3-4 所示。

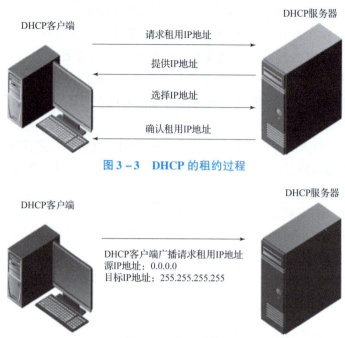

图 3－3　DHCP 的租约过程

DHCP客户端广播请求租用IP地址
源IP地址：0.0.0.0
目标IP地址：255.255.255.255

图 3－4　发现阶段

2）提供阶段

提供阶段是 DHCP 服务器提供 IP 地址的阶段。当 DHCP 服务器接收到来自 DHCP 客户端请求 IP 地址的信息后，根据 IP 地址分配的优先次序，DHCP 服务器会在 IP 地址池中选出一个合法的 IP 地址提供给 DHCP 客户端，此时 DHCP 服务器会将此 IP 地址做标记，与其他参数（DHCP 客户端的 MAC 地址、DHCP 服务器提供的合法 IP 地址、子网掩码、默认网关 IP 地址、租约期限、DHCP 服务器 IP 地址）一起加入 DHCP Offer 消息广播发送给 DHCP 客户端。提供阶段如图 3－5 所示。

DHCP服务器响应DHCP客户端
源IP地址：192.168.100.100
目标IP地址：255.255.255.255
提供的IP地址：192.168.100.1

图 3－5　提供阶段

在提供阶段，如果 DHCP 服务器出现故障，无法对 DHCP 客户端的请求做出反映，则可能发生如下两种情况。

（1）如果 DHCP 客户端是 Windows 2000 以上版本的 Windows 操作系统，且自动设置 IP 地址的功能处于激活的状态，那么 DHCP 客户端将改为使用自动专用 IP 寻址（Automatic Private IP Addressing，APIPA）方式，并自动配置 TCP/IP，APIPA 的范围为 169.254.0.1 ~ 169.254.255.254，子网掩码为 255.255.0.0。如果发现 DHCP 客户端的 IP 地址为 169.254.×.×，

则说明可能 DHCP 服务器没有设置好或出现故障。使用 APIPA 可以确保 DHCP 服务器不可用时，DHCP 客户端之间仍然可以利用 APIPA 进行通信。DHCP 客户端在使用 APIPA 分配的 IP 地址的同时，以后每隔 5 分钟发送 4 次 DHCP Discover 消息尝试与外界的 DHCP 服务器联系，直到它可以与 DHCP 服务器通信为止。当这个 DHCP 服务器再次能为请求服务时，DHCP 客户端将自动更新它们的 IP 地址。

 小贴士

> Windows 客户端采用手动设置 IP 地址方式时，如果 IP 地址已被其他客户端使用而发生 IP 地址冲突，此时客户端也会使用 APIPA，以便可以与同样使用 169.254.0.0/16 的主机通信。

（2）如果 DHCP 客户端的自动设置 IP 地址功能被禁用或使用的是其他操作系统，则 DHCP 客户端将无法从 DHCP 服务器获得 IP 地址，但 DHCP 客户端会每隔 5 分钟发送 4 次 DHCP Discover 消息，直到它可以与 DHCP 服务器通信为止。

3）选择阶段

选择阶段是 DHCP 客户端选择 IP 地址的阶段。网络中如果有多台 DHCP 服务器向该 DHCP 客户端发来 DHCP Offer 消息，则 DHCP 客户端将接收第一个 DHCP 服务器的 DHCP Offer 消息并提取 IP 地址，然后以广播方式发送 DHCP Request 消息，表明它接受提供的内容。该消息中包含为 DHCP 客户端提供 IP 配置的 DHCP 服务器的服务标识符，即 DHCP 服务器 IP 地址、DHCP 服务器查看服务器标识符字段，以确定提供的 IP 地址是否被接受，如果 DHCP Offer 消息被拒绝，则 DHCP 服务器会取消并保留其 IP 地址以响应下一个 IP 租约请求。选择阶段如图 3-6 所示。

图 3-6　选择阶段

4）确认阶段

确认阶段是 DHCP 服务器确认 IP 地址的阶段。DHCP 服务器收到 DHCP 客户端发来的 DHCP Request 消息后，只有 DHCP 客户端选择的 DHCP 服务器会进行如下响应。如果确认将 IP 地址分配给该 DHCP 客户端，则返回 DHCP ACK 消息，该消息包含有 IP 地址的有效租约和其他可配置的信息，虽然 DHCP 服务器确认了 DHCP 客户端的 IP 地址租约请求，但是 DHCP 客户端还没有接收到 DHCP 服务器的 DHCP ACK 消息。当 DHCP 客户端收到 DHCP

ACK 消息时，它就配置了 IP 地址，完成 TCP/IP 的初始化。如果 DHCP 服务器不能分配 IP 地址给该 DHCP 客户端，返回 DHCP NACK 消息。确认阶段如图 3 - 7 所示。

DHCP客户端   DHCP服务器

DHCP服务器确认
源IP地址：192.168.100.100
目标IP地址：255.255.255.255

图 3 - 7　确认阶段

3. 更新 IP 地址租约

如果 DHCP 采用动态分配策略，则 DHCP 客户端获取的 IP 地址是有一定的租约期限的，默认的租约期限是 8 天，当到达租约期限时 DHCP 服务器会收回该 IP 地址。如果 DHCP 客户端希望延长其 IP 地址的使用期限，则 DHCP 客户端必须更新 IP 地址租约。

1）自动更新 IP 地址租约

DHCP 在下列情况下，会自动向 DHCP 服务器提出更新 IP 地址租约请求。

（1）DHCP 客户端重新启动，获得 DHCP 服务器提供的 IP 地址后，每次重新登录网络时，不需要重复发送 DHCP Discover 消息，而是直接发送包含前一次所分配的 IP 地址的 DHCP Request 消息。当 DHCP 服务器接收到这一消息后，会尝试让 DHCP 客户端继续使用原来的 IP 地址，并回应一个 DHCP ACK 消息。如果此 IP 地址已无法再分配给原来的 DHCP 客户端使用，例如 IP 地址已经分配给其他 DHCP 客户端使用，则 DHCP 服务器给 DHCP 客户端回答一个 DHCP NACK 消息。当原来的 DHCP 客户端收到此 DHCP NACK 消息后，它就必须重新发送 DHCP Discover 消息来请求新的 IP 地址。

（2）当 DHCP 客户端的 IP 地址租约期过半时，DHCP 客户端将向 DHCP 服务器自动发送 DHCP 请求信息，表示要求续订，DHCP 服务器受到该请求后，将会向 DHCP 客户端发送 DHCP 确认信息，表示续订成功。

（3）如果在租约的一半时间进行续约申请失败，那么 DHCP 客户端等到租约期到达 87.5%（7/8）时，再向 DHCP 服务器发送 DHCP 续订请求，如果 DHCP 服务器此时接受请求，并发出确认信息，则表示继续 IP 地址租约；如果 DHCP 服务器还是没有响应，则 DHCP 客户端继续使用该 IP 地址，至到租约结束，IP 地址自动失效；如果 DHCP 客户端以后还需要使用自动分配的 IP 地址，则需要向 DHCP 服务器重新申请新的 IP 地址。

2）手动更新、释放 IP 地址租约

如果需要立即变更 DHCP 客户端配置信息，可以使用手动方式更新或释放 IP 地址租约。

```
ipconfig /renew          #手动更新 DHCP 客户端 IP 地址租约
ipconfig /release        #手动释放 DHCP 客户端 IP 地址租约
```

在 DHCP 客户端使用 ipconfig /renew 命令可以向 DHCP 服务器发送 DHCP Request 信息，

以接收更新选项和 IP 地址租约时间。如果 DHCP 服务器没有响应，则 DHCP 客户端将继续使用当前的 DHCP 配置选项。

在 DHCP 客户端使用 ipconfig /release 命令使 DHCP 客户端向 DHCP 服务器发送 DHCP Release 消息并释放其 IP 地址租约。当移动 DHCP 客户端到不同的网络并且 DHCP 客户端不需要以前的 IP 地址租约时这是很有用的。发布该命令后，DHCP 客户端的 TCP/IP 通信停止。如果 DHCP 客户端在 IP 地址租约时间内保持关闭并且不更新 IP 地址租约，则在 IP 地址租约到期以后，DHCP 服务器可能将 DHCP 客户端的 IP 地址分配给不同的 DHCP 客户端。如果 DHCP 客户端不发送 DHCP Release 消息，那么它在重新启动时，将试图尝试继续使用上一次使用过的 IP 地址。

四、DHCP 服务器授权

在工作组环境中，当 DHCP 服务器安装完成之后，DHCP 服务器首先会检测网络中是否存在正常运行的其他 DHCP 服务器。如果存在，它就不会启动 DHCP 服务；如果不存在，它就可以正常启动 DHCP 服务，并为 DHCP 客户端提供 IP 地址。但是，在实际应用中可能出现这种情况：网络中架设了非法的 DHCP 服务器。这可能会引发网络故障，造成网络管理工作混乱。例如，错误配置的 DHCP 服务器可能为 DHCP 客户端分配不正确的 IP 地址，导致 DHCP 客户端无法正常进行网络通信。

为了解决这一问题，Windows Server 2019 在域环境中引入了 DHCP 服务授权机制。授权（Authorized）是一种 Windows 的安全机制，可以防止未经授权的 DHCP 服务器在网络中分配 IP 地址。对于在 Windows Server 2019 域中的 DHCP 服务器来说，只有经过活动目录授权后才能为网络中的计算机提供 IP 地址分配服务。如果没有经过活动目录授权，则不进行初始化并停止提供 DHCP 服务。在域环境中，当 DHCP 服务器安装完成后，并不是立刻就可以分配 IP 地址给 DHCP 客户端，它还需要经过一个授权过程，授权是一种安全预防措施，未经授权的 DHCP 服务器不会将 IP 地址租借给 DHCP 客户端，而且只有 Enterprise Admins 成员才有权限进行 DHCP 服务的授权工作。

在域环境中，域控制器或域成员身份的 DHCP 服务器能够被授权，而独立服务器身份的 DHCP 服务器无法被授权。独立服务器在启动 DHCP 服务时，若检测到域内已有被授权的 DHCP 服务器，则该服务器不会启动 DHCP 服务；若检测到域内没有被授权的 DHCP 服务器，则该服务器可以正常启动 DHCP 服务，为 DHCP 客户端提供 IP 地址。在工作组环境中，DHCP 服务器肯定是独立服务器，无须授权（也不能授权）就可以向 DHCP 客户端提供 IP 地址。

🧑‍💻 拓展阅读

某地发生了一起网络安全事故，黑客利用 DHCP 漏洞攻击了该地区一个医院的网络系统。由于该医院未设置 DHCP 服务器授权机制，黑客成功地伪造了 DHCP 服务器，并向连接到网络中的设备分配了虚假的 IP 地址和 DNS 服务器，导致该医院的网络系统瘫痪，暂停了所有业务。

这起事故说明，如果未对 DHCP 服务器进行授权，就会存在被黑客攻击的风险，进而对网络安全和信息保护产生重大威胁。要认识到网络安全对于个人、组织及国家的重要性，及时更新安全防范措施以避免类似事故再次发生。同时，也应学习并遵守网络安全相关法律法规，加强网络安全管理，提高网络安全意识和技能。

五、DHCP 中继代理工作原理

DHCP 服务器可为网络中的 DHCP 客户端自动分配 IP 地址等网络参数，这在很大程度上方便了网络管理。在大型网络中，可能存在多个子网，例如目前企业网络通常采用多个网段或 VLAN 划分。DHCP 是基于 UDP 的广播协议，而网段之间的路由器，如果符合 RFC 1542 规范，则可以将 DHCP 消息转发到不同的网段；如果不符合 RFC 1542 规范，则可以在没有 DHCP 服务器的网络中将一台 Windows 服务器设置为 DHCP 中继代理（DHCP Relay Agent）。通过使用 DHCP 中继代理功能，可以使一台 DHCP 服务器为多个网段提供服务。

DHCP 中继代理的作用相当于提供了一种广播消息的转发机制，为不能通过三层设备的广播消息提供转发功能，使 DHCP 服务器可以为不在同一网段的 DHCP 客户端提供服务。DHCP 中继代理的工作过程如图 3－8 所示。

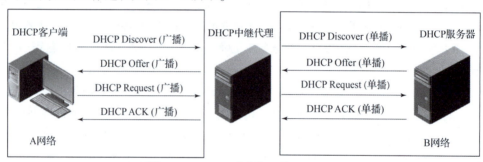

图 3－8　DHCP 中继代理的工作过程

（1）A 网络的 DHCP 客户端启动并进行 DHCP 初始化时，在本网络中广播 DHCP Discover 消息。

（2）如果 A 网络中存在 DHCP 服务器，则可以直接进行 DHCP 配置，不需要 DHCP 中继代理；如果 A 网络中没有 DHCP 服务器，但有 DHCP 中继代理设备，则此设备收到该广播消息后，使用单点播送向 DHCP 服务器发送 DHCP Discover 消息。

（3）DHCP 服务器使用单点播送向 DHCP 中继代理发送 DHCP Offer 消息。

（4）DHCP 中继代理向 A 网络中的 DHCP 客户端广播 DHCP Offer 消息。

（5）A 网络中的 DHCP 客户端广播 DHCP Request 消息。

（6）DHCP 中继代理使用单点播送向 B 网络中的 DHCP 服务器发送 DHCP Request 消息。

（7）DHCP 服务器用单点播送向 DHCP 中继代理发送 DHCP ACK 消息。

（8）DHCP 中继代理向 A 网络中的 DHCP 客户端广播 DHCP ACK 消息。

任务实施

一、DHCP 服务器安装前的准备

DHCP 服务器可以安装在 Windows 操作系统的所有服务器版本上。在 Windows Server

2019 中，安装 DHCP 服务器之前，需要规划以下信息。

（1）DHCP 服务器网络参数应为静态配置，即 IP 地址、子网掩码、默认网关等 TCP/IP 属性均需手动设置。

（2）在域环境中需要使用活动目录域服务器授权 DHCP 服务器。

（3）建立并激活作用域（作用域实际上是一段 IP 地址的范围），确定 DHCP 服务器应分发给 DHCP 客户端的 IP 地址范围。

（4）确定作用域的排除地址，DHCP 服务器不应向 DHCP 客户端分配所有 IP 地址，应保留一些固定 IP 地址给网络中其他服务器（例如 DNS 服务器、Web 服务器等）或其他特定计算机使用。

（5）为 DHCP 客户端确定正确的子网掩码、默认网关等参数。

（6）确定 IP 地址租约期限。默认值为 8 天。在一般情况下，IP 地址租约期限应等于该子网中的 DHCP 客户端的平均活动时间。例如，如果 DHCP 客户端是很少关闭的桌面计算机，则理想的 IP 地址租约期限可以比 8 天长，如果 DHCP 客户端是经常离开网络或在子网之间移动的移动设备，则 IP 地址租约期限可以少于 8 天。

（7）安装 DHCP 服务器需要具有系统管理员的权限。

二、安装 DHCP 服务器角色

在默认情况下，Windows Server 2019 中没有安装 DHCP 服务器，因此需要系统管理员进行 DHCP 服务器的安装操作。在工作组环境中，安装 DHCP 服务器的具体步骤如下。

单击"开始"按钮，在"服务器管理器"窗口中选择"管理"→"添加角色和功能"选项，在打开的对话框中单击"下一步"按钮，进入"开始之前"界面，如图 3-9 所示。

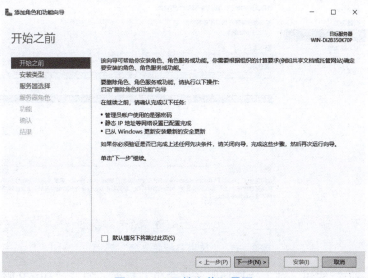

图 3-9　"开始之前"界面

单击"下一步"按钮，进入"选择安装类型"界面，默认单击"基于角色或基于功能的安装"单选按钮，如图 3-10 所示。

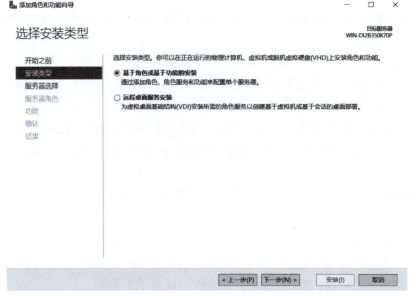

图 3 - 10 "选择安装类型"界面

单击"下一步"按钮，进入"选择目标服务器"界面，如图 3 - 11 所示，默认单击"从服务器池中选择服务器"单选按钮，并确认服务器池中的"名称""IP 地址"和"操作系统"。

图 3 - 11 "选择目标服务器"界面

单击"下一步"按钮，进入"选择服务器角色"界面，勾选"DHCP 服务器"复选框，在弹出的界面中单击"添加功能"按钮，如图 3 - 12 所示。

返回"选择服务器角色"界面，单击"下一步"按钮，进入"选择功能"界面，默认勾选". NET Framework 4.7 功能（2 个已安装，共 7 个）"复选框，如图 3 - 13 所示。

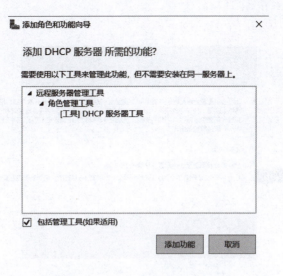

图 3 – 12　单击"添加功能"按钮

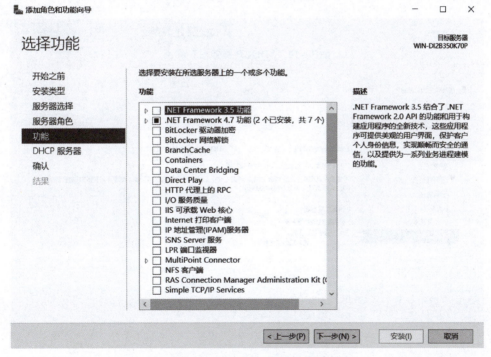

图 3 – 13　"选择功能"界面

单击"下一步"按钮，进入"DHCP 服务器"界面，查看 DCHP 服务器的介绍和"注意事项"，如图 3 – 14 所示。

单击"下一步"按钮，进入"确认安装所选内容"界面，对选择的 DHCP 服务器角色进行确认，如图 3 – 15 所示。

图 3 – 14 "DHCP 服务器"界面

图 3 – 15 "确认安装所选内容"界面

单击"安装"按钮，系统将开始安装，并显示安装进度等相关信息，如图 3 – 16 所示，安装完成之后单击"关闭"按钮，即完成 DHCP 服务器的安装。

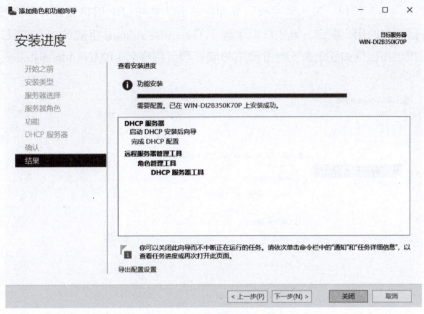

图 3 – 16 "安装进度"界面

三、授权 DHCP 服务器

在域环境中，为 DHCP 服务器授权可以在完成 DHCP 服务器的安装后，单击"服务器管理器"窗口右上方的惊叹号图标，单击"完成 DHCP 配置"按钮，弹出图 3 – 17 所示的"描述"界面，查看 DHCP 服务器授权工作的基本任务。

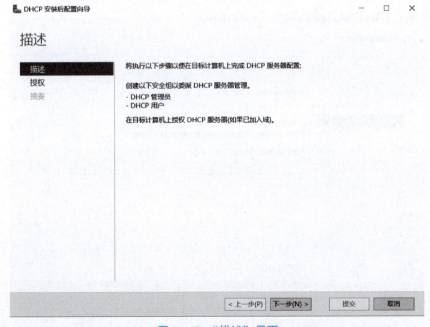

图 3 – 17 "描述"界面

单击"下一步"按钮,进入"授权"界面,单击"使用以下用户凭证"单选按钮,即用来对本服务器授权的用户账户,该账户需隶属于 Enterprise Admins 组成员才有权限进行 DHCP 服务器的授权工作,例如登录系统时所使用的域管理员用户名 LIDAN\Administrator,如图 3 – 18 所示。

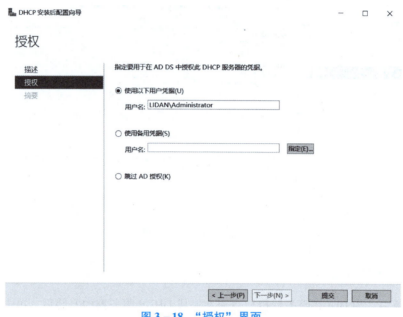

图 3 – 18 "授权"界面

单击"提交"按钮,进入"摘要"界面,如图 3 – 19 所示,此处对授权过程中各个步骤的操作内容和状态进行了摘要。单击"关闭"按钮,返回"服务器管理器"窗口,可以看到已经安装了 DHCP 服务器,如图 3 – 20 所示。

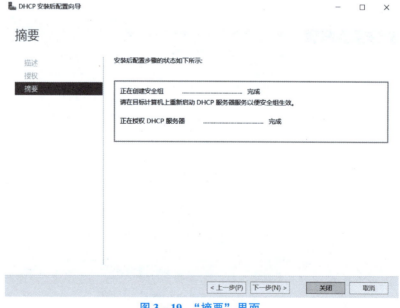

图 3 – 19 "摘要"界面

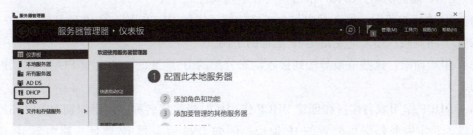

图 3-20　"服务器管理器"窗口

单击"开始"按钮，选择"Windows 管理工具"→"DHCP"选项，打开"DHCP"管理控制台界面，如图 3-21 所示。用鼠标右键单击 DHCP 服务器名称，在弹出的快捷菜单中可以看到"撤销授权"选项，说明 DHCP 服务器已经被授权。

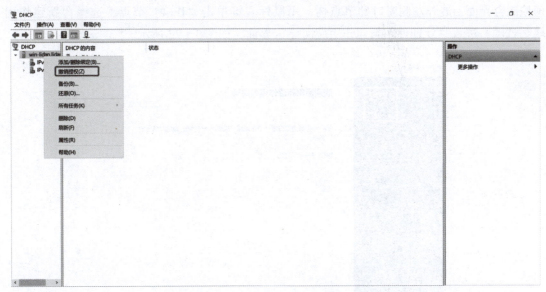

图 3-21　"DHCP"管理控制台界面

 小贴士

DHCP 服务器的授权除了上述方法，还可以在 DHCP 服务器安装完成后，进入"DHCP"管理控制台界面，用鼠标右键单击 DHCP 服务器名称，选择"授权"选项，完成授权工作。

四、创建 DHCP 作用域

安装 DHCP 服务器后，还需要建立一个或多个 DHCP 作用域，当 DHCP 客户端向 DHCP 服务器请求 IP 地址时，DHCP 服务器就可以从这些作用域中选择一个合适的、尚未出租的 IP 地址，租借给 DHCP 客户端。DHCP 作用域实质上就是可以向 DHCP 客户端提供 IP 地址租约的一组 IP 地址范围。DHCP 作用域具有下列属性。

（1）IP 地址的范围：可在其中包含或排除用于提供 DHCP 服务的 IP 地址。

（2）子网掩码：用来确定给定 IP 地址的子网。

（3）租约期限：这些值被分配到接收动态分配的 IP 地址的 DHCP 客户端，默认的租约期限为 8 天。

（4）DHCP 作用域名称：在创建 DHCP 作用域时指定该名称，用于识别 DHCP 作用域。

可以为特定服务器保留配置的 IP 地址，例如 DNS 服务器 IP 地址、路由器 IP 地址和 WINS 服务器 IP 地址。

（5）保留：可以确保 DHCP 客户端始终获取相同的 IP 地址。

1. 新建作用域

单击"开始"按钮，选择"Windows 管理工具"→"DHCP"选项，打开"DHCP"管理控制台界面，展开左侧窗口的节点树，用鼠标右键单击"IPv4"节点，选择"新建作用域"选项，进入"欢迎使用新建作用域向导"界面，如图 3 – 22 所示。

图 3 – 22　"欢迎使用新建作用域向导"界面

单击"下一步"按钮，进入"作用域名称"界面，在文本框中输入该作用域的"名称"和"描述"，如图 3 – 23 所示。

单击"下一步"按钮，进入"IP 地址范围"界面，在"起始 IP 地址"和"结束 IP 地址"文本框中分别输入预分配的 IP 地址范围，如图 3 – 24 所示。

单击"下一步"按钮，进入"添加排除和延迟"界面，设置 DHCP 客户端的排除地址。在"起始 IP 地址"和"结束 IP 地址"文本框中输入欲排除的 IP 地址或 IP 地址段，单击"添加"按钮，添加到"排除的地址范围"列表框中，如图 3 – 25 所示。

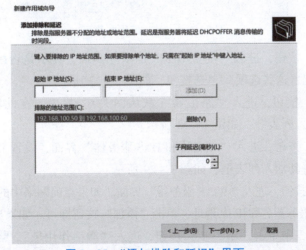

图 3 – 23 "作用域名称"界面

图 3 – 24 "IP 地址范围"界面

图 3 – 25 "添加排除和延迟"界面

小贴士

（1）如果排除的不是 IP 地址段，而是一个 IP 地址，只需在"起始 IP 地址"文本框中输入这个 IP 地址即可。

（2）在一台 DHCP 服务器中，IP 作用域在一个子网中只能有一个。例如，创建一个 IP 作用域，其 IP 地址范围为 192.168.100.10 ～ 192.168.100.190，子网掩码为 255.255.255.0，在该 DHCP 服务器中就不能再创建 IP 地址范围为 192.168.100.200～1192.168.100.250、子网掩码为 255.255.255.0 的作用域，此时系统会报错。解决方法是：建立一个 IP 地址范围为 192.168.100.10 ～ 192.168.100.250 的作用域，再将192.168.100.191～192.168.100.199 设置为排除 IP 地址段即可。

单击"下一步"按钮，进入"租用期限"（即 IP 地址租约期限）界面，系统默认 IP 地址租约期限是 8 天，用户可以根据具体的网络需求分配 IP 地址租约期，如图 3－26 所示。

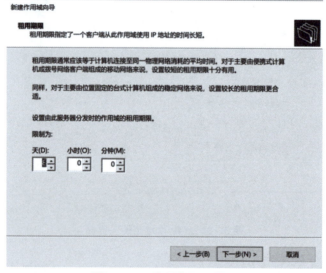

图 3－26 "租用期限"界面

单击"下一步"按钮，进入"配置 DHCP 选项"界面，提示是否配置 DHCP 选项，单击"是，我想现在配置这些选项"单选按钮，如图 3－27 所示。

单击"下一步"按钮，进入"路由器（默认网关）"界面，在此输入 IP 地址，单击"添加"按钮将其加入列表框，如图 3－28 所示。

单击"下一步"按钮，进入"域名称和 DNS 服务器"界面，设置 DNS 服务器 IP 地址，单击"添加"按钮将其加入列表框，如图 3－29 所示。

单击"下一步"按钮，进入"WINS 服务器"界面。如果当前网络中的应用程序需要 WINS 服务，则输入 WINS 服务器名称和 IP 地址，单击"添加"按钮即可。如果当前网络中的应用程序不需要 WINS 服务，则单击"下一步"按钮，进入"激活作用域"界面，默认单击"是，我想现在激活此作用域（Y）"单选按钮，如图 3－30 所示。

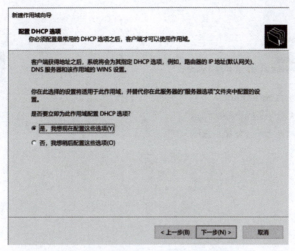

图 3-27 "配置 DHCP 选项"界面

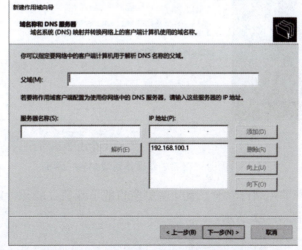

图 3-28 "路由器（默认网关）"界面

图 3-29 "域名称和 DNS 服务器"界面

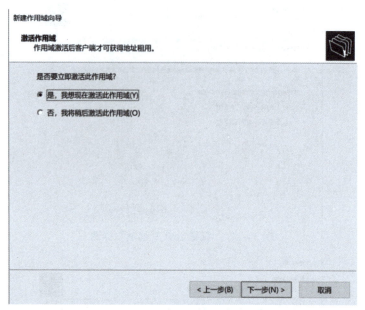

图 3 – 30   "激活作用域"界面

单击"下一步"按钮，进入"正在完成新建作用域向导"界面，单击"完成"按钮即可完成 IP 作用域的创建，如图 3 – 31 所示。

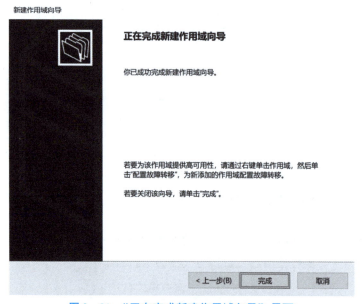

图 3 – 31   "正在完成新建作用域向导"界面

打开"DHCP"管理控制台界面，展开左侧窗口的节点树，展开"IPv4"节点，可以看到新建的作用域，如图 3 – 32 所示。

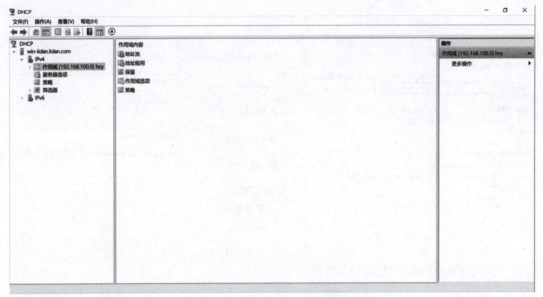

2. 激活作用域

如果"作用域"节点右下角有红色向下箭头，则表示该作用域未被激活。作用域只有被激活，DHCP 服务器才能调用作用域中的 IP 地址分配给 DHCP 客户端。若要激活作用域，用鼠标右键单击"作用域"节点，选择"激活"选项即可。

五、保留特定 IP 地址给 DHCP 客户端

通过作用域中的"保留"选项，可以选择某些保留 IP 地址用于给网络中的指定 DHCP客户端永久租用分配，只对网络中启用了 DHCP 且必须为特定目的保留 IP 地址的设备（如打印服务器）才创建"保留"。它是通过将 DHCP 客户端的 MAC 地址与需要固定分配的 IP地址进行绑定来实现的。保留特定 IP 地址的具体步骤如下。

查看需要保留 IP 地址的 DHCP 客户端的 MAC 地址。打开 DHCP 客户端的"网络连接详细信息"对话框，查看该客户端的 MAC 地址为 00 – 0C – 29 – 9F – EE – 8C，如图3 – 33 所示。

进入 DHCP 服务器，在"DHCP"管理控制台界面左边窗口中的节点树，用鼠标右键单击"作用域"节点的"保留"选项，选择"新建保留"选项，打开"新建保留"对话框，如图 3 – 34 所示。

在"新建保留"对话框中，在"保留名称"文本框中输入名称，再输入为 DHCP 客户端保留的 IP 地址和 DHCP 客户端的 MAC 地址。若有需要也可以在"描述"文本框中输入描述性的说明文字。输入完毕单击"添加"按钮即可完成保留特定 IP 地址的设定。

（1）保留名称：用来区别 DHCP 客户端的名称，可以是计算机名等。注意此名称只是一般性文字说明，并且此处不能为空。

（2）IP 地址：要保留给 DHCP 客户端的 IP 地址。

图 3－33　查看 DHCP 客户端的 MAC 地址

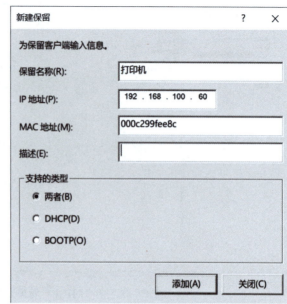

图 3－34　"新建保留"对话框

（3）MAC 地址：DHCP 客户端网络适配器的物理地址，它是 12 位的十六进制数。

（4）描述：一些辅助性的说明文字。

（5）支持的类型：设置客户端是否必须为 DHCP 客户端，或者是早期的 BOIS 客户端，或者两者都支持。

保留特定 IP 地址设置完成后，可以在"作用域"→"地址租用"节点的界面中查看 IP 地址的租用情况，其中 192.168.100.60 是由 DHCP 服务器租借给 DHCP 客户端的保留 IP 地址，如图 3－35 所示。

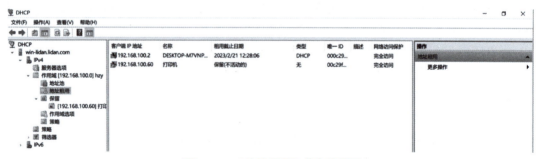

图 3－35　"地址租用"节点的界面

在 MAC 地址为 00－0C－29－9F－EE－8C 的 DHCP 客户端，执行 ipconfig /release 命令将之前申请的 IP 地址释放，然后执行 ipconfig /renew 命令重新获取 IP 地址。可以发现重新获取的 IP 地址为 DHCP 服务器设置的保留 IP 地址 192.168.100.60，如图 3－36 所示。

图 3 - 36　保留 IP 地址的 DHCP 客户端测试

六、配置 DHCP 选项

DHCP 服务器除了可以为 DHCP 客户端分配 IP 地址和子网掩码外，还可以提供给 DHCP 客户端其他 TCP/IP 配置选项，包括默认网关 IP 地址、DNS 服务器 IP 地址、WINS 服务器 IP 地址等，如图 3 - 37 所示。当 DHCP 客户端向 DHCP 服务器租用 IP 地址或更新 IP 地址租约时，便可以从 DHCP 服务器获取这些 DHCP 选项。常用的 DHCP 选项如表 3 - 2 所示。

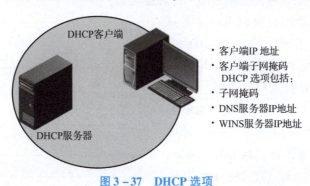

图 3 - 37　DHCP 选项

表 3 - 2　常用的 DHCP 选项

选项代码及名称	说明
003 路由器	DHCP 客户端所在子网的默认网关 IP 地址
006DNS 服务器	DHCP 客户端进行域名解析时需要的首选和备用 DNS 服务器 IP 地址
015DNS 域名	DHCP 客户端在解析只包含主机但不包含域名的不完整 FQDN 时应使用的默认域名

续表

选项代码及名称	说明
044WINS 服务器	DHCP 客户端解析 NetBIOS 名称时需要使用的首选和备用 WINS 服务器 IP 地址
046WINS/NBT 节点	DHCP 客户端使用的 NetBIOS 名称解析方法

在 DHCP 服务器中，可以以下 4 种不同的级别管理 DHCP 选项。

（1）服务器选项：会被应用到该 DHCP 服务器中的所有作用域，DHCP 客户端不论从该 DHCP 服务器的哪个作用域租用 IP 地址，都可以得到这些选项。

（2）作用域选项：应用于选定作用域的 DHCP 客户端，只有 DHCP 客户端从这个作用域租用 IP 地址，才可以得到这些选项。

（3）保留选项：只影响指定的保留 IP 地址的 DHCP 客户端，只有当 DHCP 客户端租用此保留 IP 地址时才可以得到这些选项。

（4）类别选项：可以在 DHCP 服务器、作用域或保留区域内，针对某些特定类别的计算机配置选项。

当以上 4 种不同级别的 DHCP 选项出现冲突时，DHCP 客户端应用 DHCP 选项的优先级顺序如下：类别选项 > 保留选项 > 作用域选项 > 服务器选项。如果 DHCP 客户端是用户手动设置的，则 DHCP 客户端手动设置优先级高于 DHCP 服务器提供的设置。

1. 配置保留选项、作用域选项和服务器选项

由于保留选项、作用域选项和服务器选项的配置方法类似，这里以在所建立的 "hzy" 作用域配置作用域的默认网关选项为例，配置过程如下。

打开 "DHCP" 管理控制台界面，展开要进行配置的 "作用域 [192.168.100.0] hzy" 目录树，用鼠标右键单击 "作用域选项" 节点，选择 "配置选项" 选项，打开 "作用域选项" 对话框，在 "常规" 选项卡（如图 3-38）的 "可用选项" 列，勾选 "003 路由器" 复选框，在 "数据项" 区域输入默认网关的 IP 地址 192.168.100.254，单击 "添加" 按钮，然后单击 "确定" 按钮即可完成 DHCP 服务器的作用域选项的配置。

2. 配置类别选项

DHCP 服务器还支持在服务器、作用域或保留区中针对某些特定类别的计算机配置一些选项，只有当隶属于这个类别的 DHCP 客户端租用 IP 地址时，DHCP 服务器才会为

图 3-38 "作用域选项" 对话框

这些 DHCP 客户端配置这些选项。例如，要给不在同一个作用域中的同一类别的 DHCP 客户端自动分配一个 DNS 服务器的 IP 地址，就可以使用类别选项实现。Windows Server 2019 的 DHCP 服务器支持的类别选项有两类：一类是用户类别，另一类是供应商类别。

（1）用户类别。可以为某些特定的 DHCP 客户端配置一个用户类别识别码，例如设置名为 "fina" 的用户类别识别码后，当这些 DHCP 客户端向 DHCP 服务器租用 IP 地址时，会将这个用户类别识别码一并传给 DHCP 服务器，而 DHCP 服务器会依据用户类别识别码来给予这些 DHCP 客户端相同的配置。当然前提是在 DHCP 服务器中先配置与 DHCP 客户端相同的用户类别识别码，并针对用户类别识别码配置其中的选项。

（2）供应商类别。可以根据操作系统开发商所提供的供应商类别识别码来设置选项。Windows Server 2019 的 DHCP 服务器已具备识别 Windows 客户端的能力，并通过表 3 - 3 所示的 4 个内置供应商类别选项来设置 DHCP 客户端的 DHCP 选项。如果要支持其他操作系统的类别，需向操作系统开发商询问类别识别码，然后才能在 DHCP 服务器中添加。

表 3 - 3　供应商类别选项

供应商类别选项	说明
DHCP Standard Options	适用于所有客户端
Microsoft Windows 2000 选项	适用于 Windows 2000 操作系统（含）以上的客户端
Microsoft Windows 98 选项	适用于 Windows 98/ME 操作系统的客户端
Microsoft 选项	适用于其他 Windows 操作系统的客户端

由于配置用户类别选项与配置供应商类别选项类似，所以下面以配置用户类别选项为例进行说明。假设 HZY 公司给财务部的所有计算机设置用户类别识别码 "fina"。当财务部向 DHCP 服务器租用 IP 地址时，IP 地址的范围是 192. 168. 100. 80 ~ 192. 168. 100. 100，DNS 服务器的 IP 地址为 192. 168. 100. 101，IP 地址租约期限为 16 天，具体的配置步骤如下。

1）为 DHCP 服务器添加用户类别识别码

进入 "DHCP" 管理控制台界面，展开左侧窗口的节点树，用鼠标右键单击 "IPv4" 节点，选择 "定义用户类" 选项，打开 "DHCP 用户类" 对话框，如图 3 - 39 所示。

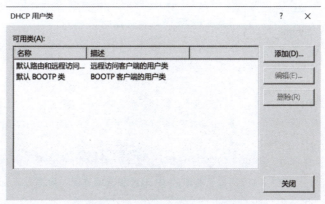

图 3 - 39　"DHCP 用户类" 对话框

单击"添加"按钮，打开"新建类"对话框，在"显示名称"文本框中输入"财务部"，在"ASCII"下的文本框中输入用户类别识别码"fina"，如图 3 - 40 所示（注意，用户类别识别码严格区分大小写）。

2）在 DHCP 服务器中以用户类别识别码"fina"配置类别选项

在 DHCP 服务器中可以通过"策略"为特定的 DHCP 客户端分配不同的 IP 地址及 DHCP 选项，这个功能称为基于策略的分配（Policy - Based Assignment），它使网络管理员可以更灵活地管理 DHCP 客户端。

进入"DHCP"管理控制台界面，展开左侧窗口的节点树，展开"作用域［192.168.100.0］

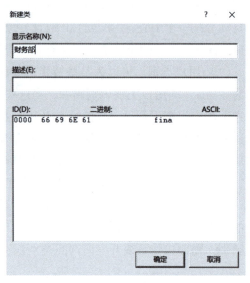

图 3 - 40 "新建类"对话框

hzy"节点，用鼠标右键单击"策略"选项，选择"新建策略"选项。进入"DHCP 策略配置向导"对话框的"基于策略的 IP 地址和选项分配"界面，在"策略名称"文本框中输入策略的名称，在"描述"文本框输入策略的描述信息，如图 3 - 41 所示。单击"下一步"按钮，进入"为策略配置条件"界面，如图 3 - 42 所示。

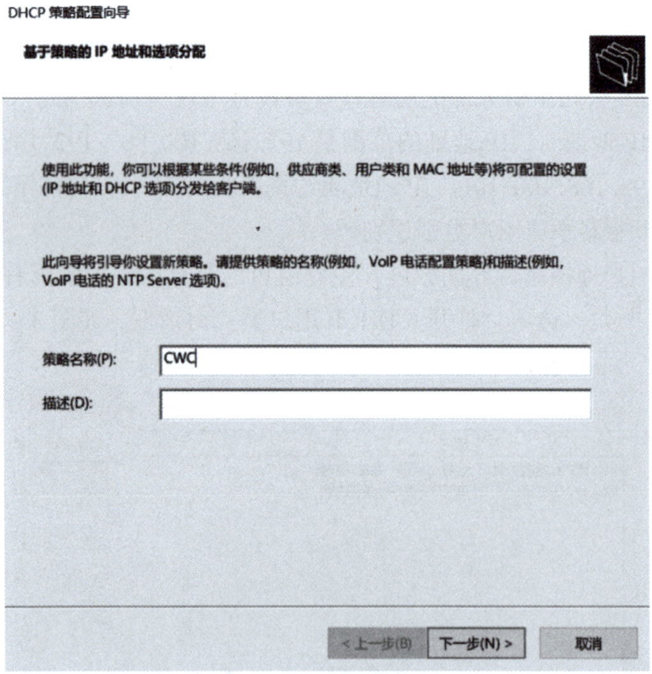

图 3 - 41 "基于策略的 IP 地址和选项分配"界面

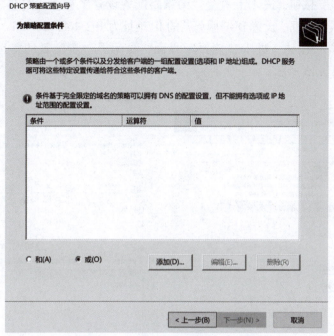

图 3－42　"为策略配置条件"界面

　　单击"添加"按钮，打开"添加/编辑条件"对话框，如图 3－43 所示，在"条件"下拉列表中选择"用户类"选项，在"值"下拉列表中选择"财务部"选项（标识符为"fina"），单击"添加"按钮，然后单击"确定"按钮。

　　返回"为策略配置条件"界面，单击"下一步"按钮，进入"为策略配置设置"界面，输入要分配给 DHCP 客户端的 IP 地址范围 192.168.100.80 ～ 192.168.100.100，如图 3－44 所示。

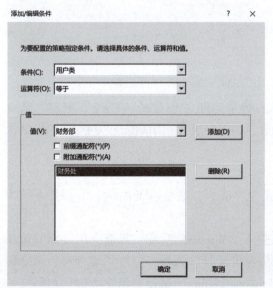

图 3－43　"添加/编辑条件"对话框

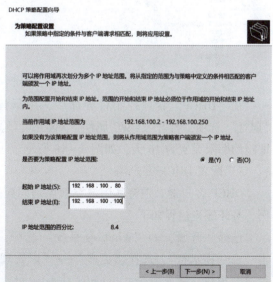

图 3－44　"为策略配置设置"界面

单击"下一步"按钮，进入下一个"为策略配置设置"界面，勾选"可用选项"列的"006DNS 服务器"复选框，设置 DNS 服务器的 IP 地址为 192.168.100.101，如图 3-45 所示。

单击"下一步"按钮，进入"摘要"界面，显示上一步配置的筛选条件，单击"完成"按钮，如图 3-46 所示。

图 3-45　勾选"006DNS 服务器"复选框　　　　图 3-46　"摘要"界面

返回"DHCP"管理控制台界面，如图 3-47 所示，"CWC"为刚才创建的策略，DHCP 服务器会将这个策略中的设置分配给用户类别识别码为"fina"的 DHCP 客户端。

图 3-47　查看创建的"CWC"策略

在"DHCP"管理控制台界面中，用鼠标右键单击刚才创建的"CWC"策略，选择"属性"选项，打开"CWC 属性"对话框，勾选"为策略设置租用期限"复选框，将 IP 地址租约期限设置为 16 天，如图 3-48 所示。

3）配置 DHCP 客户端

DHCP 客户端必须将其用户类别识别码配置为"fina"，这里以 Windows 10 操作系统为例，具体配置过程如下。

选择"开始"→"Windows 系统"选项，进入"Windows 系统"界面，用鼠标右键单击"命令提示符"，选择"更多"→"以管理员身份运行"选项，打开"管理员：命令提示符"窗口，输入命令"ipconfig /setclassid "Ethernet0" fina"来设置用户类型识别码（注意用户类型识别码区分大小写），如图 3-49 所示。

图 3 – 48　"CWC 属性"对话框

图 3 – 49　设置 DHCP 客户端用户类型识别码

每块网卡都可以配置一个用户类别识别码。"Ethernet0"是网卡的显示名称。Windows 10 操作系统可以在控制面板中的"网络连接"界面查看网卡名称，如图 3 – 50 所示。

图 3 – 50　查看网卡名称

DHCP 客户端是否配置成功，可以使用命令"ipconfig /showclassid " Ethernet0""或"ipconfig /all"来检查，检查结果如图 3 – 51 所示。

图 3 – 51　检查所配置的 DHCP 客户端用户类别识别码

在 DHCP 客户端中重新更新 IP 地址租约后，可以查看到其 DNS 服务器 IP 地址已经被设置为 192.168.100.101，IP 地址租约期限为 16 天，如图 3 – 52 所示。

图 3 – 52　DHCP 客户端测试成功

小贴士

　　如果要删除 DHCP 客户端的用户类别识别码，可以使用命令"ipconfig /setclassid "Ethernet0""。

七、配置筛选器

　　网络管理员可以依据 DHCP 客户端的 MAC 地址信息建立白名单和黑名单，允许或拒绝响应 DHCP 客户端的 IP 地址请求。使用筛选器可以设置允许和拒绝规则，从而实现只为网络中特定的 DHCP 客户端分配 IP 地址，或拒绝分配 IP 地址。在默认情况下，允许和拒绝筛选器都处于被禁用的状态，如图 3 – 53 所示。如果要启用允许或拒绝筛选器，可以右击相应的图标，将其启用激活。

　　如果仅启用允许筛选器，DHCP 服务器将只为允许的 DHCP 客户端提供 IP 地址，其他DHCP 客户端都默认设置成被拒绝；如果仅启用拒绝筛选器，DHCP 服务器将拒绝为指定的DHCP 客户端提供 IP 地址，其他 DHCP 客户端都默认设置成被允许；如果同时设置了允许和拒绝筛选器，那么拒接的优先级要高于允许的优先级。

　　筛选器是利用 MAC 地址识别 DHCP 客户端的，这里以设置拒绝筛选器为例进行说明。假设 HZY 公司的网络管理员检测到某主机是 HZY 公司局域网中一台中毒的 DHCP 客户端，则利用筛选器可以使该 DHCP 客户端获取不到 DHCP 服务器分配的 IP 地址，具体操作过程如下。

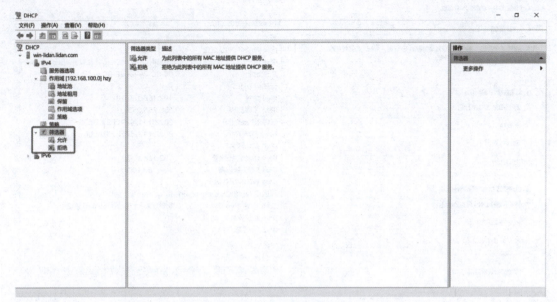

图 3 - 53　筛选器设置界面

进入"DHCP"管理控制台界面，展开左侧窗口的节点树，展开"筛选器"节点，用鼠标右键单击"拒绝"节点，选择"启用"选项，将"拒绝"节点激活。然后，用鼠标右键单击"拒绝"节点，选择"新建筛选器"选项，打开"新建筛选器"对话框，在"MAC 地址"文本框中输入要拒绝的 DHCP 客户端的 MAC 地址，在"描述"文本框输入描述信息，如图 3 - 54 所示，单击"添加"按钮即可。

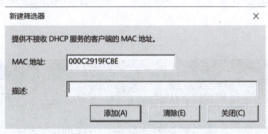

图 3 - 54　"新建筛选器"对话框

八、配置与测试 DHCP 客户端

1. 配置 DHCP 客户端

目前，常用的操作系统均可作为 DHCP 客户端，这里以 Windows 10 操作系统客户端为例进行说明。

在 DHCP 客户端打开"Internet 协议版本 4（TCP/IPv4）属性"对话框，单击"自动获得 IP 地址"和"自动获得 DNS 服务器地址"单选按钮，单击"确定"按钮，如图 3 - 55 所示。"网络连接详细信息"对话框中的网络参数如图 3 - 56 所示。

图 3-55　配置 DHCP 客户端　　　　图 3-56　"网络连接详细信息"对话框中的网络参数

2. 使用 ipconfig 命令测试

在 DHCP 客户端中打开命令行窗口，输入"ipconfig /all"，可以查看到 DHCP 客户端的 IP 地址、子网掩码、DNS 服务器 IP 地址 DHCP 服务器 IP 地址、IP 地址租约期限及过期时间，如图 3-57 所示。如果不是 DHCP 客户端，则没有 DHCP 服务器地址、IP 地址租约期限及过期时间信息。

图 3-57　在 DHCP 客户端使用命令查看相关信息

九、配置 DHCP 中继代理

HZY 总公司与 NET 分公司通过不同的网络连接，为了使 HZY 总公司的 DHCP 服务器可以为 NET 分公司提供 DHCP 服务，于是在 NET 分公司架设了一台 DHCP 中继代理服务器，网络相关配置如图 3-58 所示。

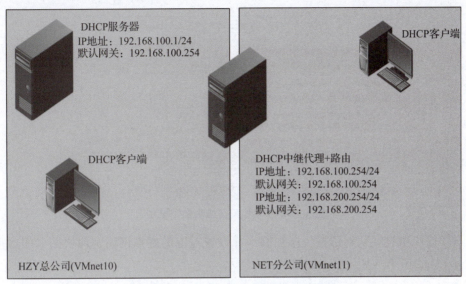

图 3-58　DHCP 中继代理网络相关配置

当 NET 分公司的 DHCP 客户端请求租用 IP 地址时，会先将请求发送给 DHCP 中继代理，DHCP 中继代理将消息转发到 HZY 总公司网络中的 DHCP 服务器。HZY 总公司所在的网段是 192.168.100.0/24，NET 分公司所在的网段是 192.168.200.0/24。DHCP 中继代理服务器使用双网卡，网卡 1 的 IP 地址是 192.168.100.254/24，其虚拟机网络连接模式使用自定义的"VMnet10"。网卡 2 的 IP 地址是 192.168.200.254/24，其虚拟机网络连接模式使用自定义的"VMnet11"。

下面以在 VMware 虚拟机中实现 DHCP 中继代理为例进行说明。NET 分公司设置 DHCP 中继代理的具体步骤如下。

1. 配置 DHCP 服务器

以系统管理员身份登录 DHCP 服务器，进入"DHCP"管理控制台界面，分别新建两个作用域"hzy"和"net"，hzy 作用域的 IP 地址范围是 192.168.100.10 ～ 192.168.100.200，默认网关 IP 地址是 192.168.100.254。net 作用域的 IP 地址范围是 192.168.200.10 ～ 192.168.200.200，默认网关 IP 地址是 192.168.200.254。

2. 为 DHCP 中继代理服务器添加双网卡

DHCP 中继代理服务器使用双网卡，对应两个虚拟网络。在虚拟机中自定义创建两个虚拟网络，VMnet 10 的子网 IP 地址设置为 192.168.100.0，VWnet 11 的子网 IP 地址设置为 192.168.200.0。在 VMware 中，选择"编辑"→"虚拟网络编辑器"选项，打开"虚拟网络编辑器"窗口，如图 3-59 所示，可看到已完成两个虚拟网络的创建。

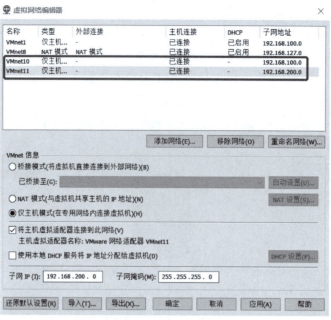

图 3-59 "虚拟网络编辑器"窗口

打开"虚拟机设置"对话框，添加网卡并设置对应的虚拟网络，两块网卡的虚拟网络分别对应 VMnet10 和 VMnet11，如图 3-60 所示。

图 3-60 "虚拟机设置"对话框

进入 DHCP 中继代理服务器系统，为两块网卡设置网络参数，如图 3-61 所示。

图 3-61　为 DHCP 中继代理服务器的网卡设置网络参数

3. 安装"路由和远程访问"服务

以系统管理员身份登录 DHCP 中继代理服务器，在"服务器管理器"窗口中选择"管理"→"添加角色和功能"选项，在弹出的界面中持续单击"下一步"按钮直到进入"选择服务器角色"界面，勾选"远程访问"复选框，如图 3-62 所示。

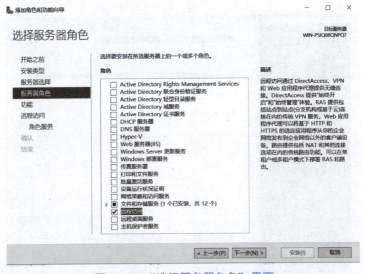

图 3-62　"选择服务器角色"界面

持续单击"下一步"按钮，直到进入"选择角色服务"界面，勾选"DirectAccess 和 VPN（RAS）"与"路由"复选框，如图 3-63 所示。

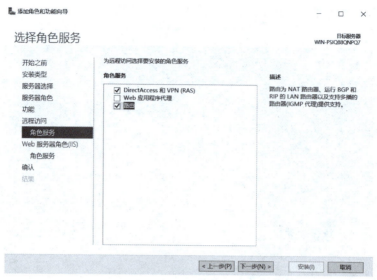

图 3-63 "选择角色服务"界面

单击"下一步"按钮，进入"添加角色和功能向导"界面，单击"添加功能"按钮，单击"确定"按钮。持续单击"下一步"按钮，直到进入"确认安装所选内容"界面，单击"安装"按钮，完成安装，然后单击"关闭"按钮，完成"路由和远程访问"服务的安装。

4. 启用并配置"路由与远程访问"服务

单击"开始"按钮，选择"Windows 管理工具"→"路由和远程访问"选项，打开"路由和远程访问"管理控制台界面，展开左侧窗口的节点树，用鼠标右键单击"本地服务器"节点，选择"配置并启用路由和远程访问"选项，进入"欢迎使用路由和远程访问服务器安装向导"界面，如图 3-64 所示。

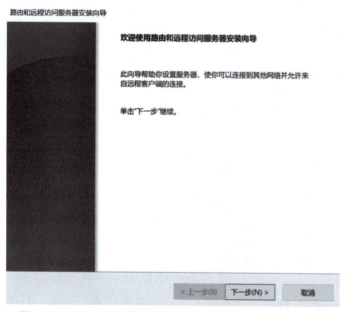

图 3-64 "欢迎使用路由和远程访问服务器安装向导"界面

单击"下一步"按钮，进入"配置"界面，单击"自定义配置"单选按钮，如图 3 – 65 所示。

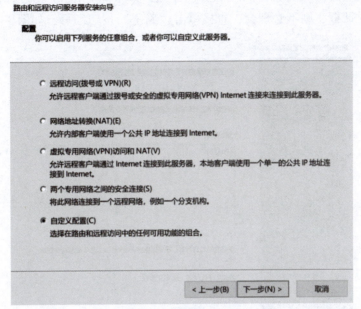

图 3 – 65 "配置"界面

单击"下一步"按钮，进入"自定义配置"界面，勾选"LAN 路由"复选框，如图 3 – 66 所示。

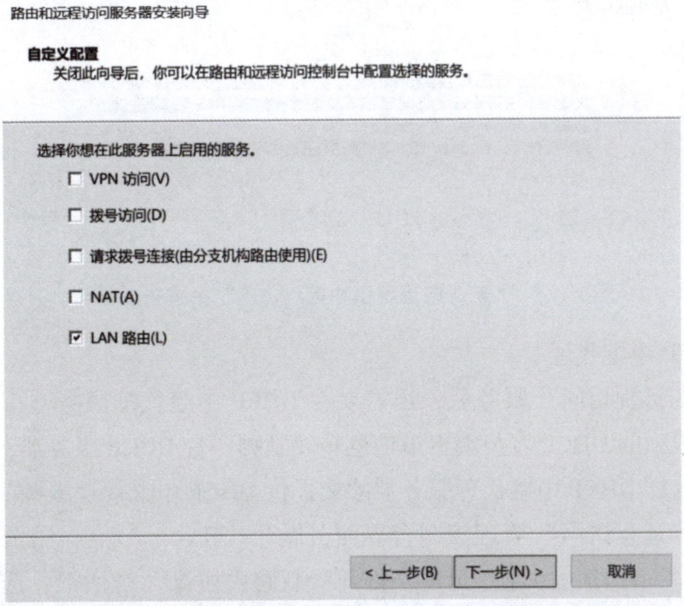

图 3 – 66 "自定义配置"界面

单击"下一步"按钮，进入"正在完成路由和远程访问服务器安装向导"界面，单击"完成"按钮，如图 3 – 67 所示，并在"启动服务"界面中单击"完成"按钮，即可成功配置并启用"路由与远程访问"服务。注意，如果此时弹出"无法启用路由和远程访问"的警告对话框，则不必理会，直接单击"确定"按钮即可，如图 3 – 68 所示。

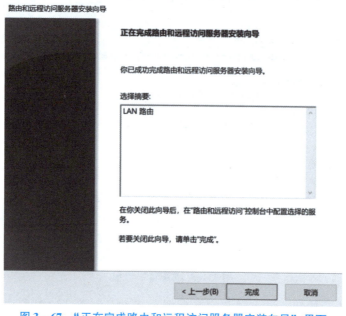

图 3 – 67 "正在完成路由和远程访问服务器安装向导"界面

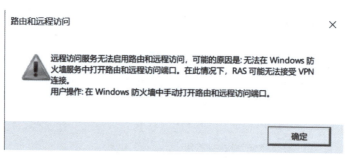

图 3 – 68 "无法启用路由和远程访问"的警告对话框

5. 配置 DHCP 中继代理

启用"路由与远程访问"服务后，还需要在 DHCP 中继代理服务器中添加中继代理通信协议，指定将收到的 DHCP 客户端申请信息转发到哪一台 DHCP 服务器，以及提供转发服务的网络接口，这样 DHCP 中继代理服务器才能提供 DHCP 中继代理服务。

进入"路由和远程访问"管理控制台界面，展开"IPv4"节点，用鼠标右键单击"常规"选项，选择"新增路由协议"选项，打开"新路由协议"对话框，选择"DHCP Relay Agent"选项，单击"确定"按钮，如图 3 – 69 所示。

用鼠标右键单击"DHCP 中继代理程序"选项，选择"属性"选项，打开"DHCP 中继代理 属性"对话框，在"服务器地址"文本框中输入 DHCP 服务器 IP 地址 192.168.100.1，单击"添加"按钮，将 IP 地址添加至下方文本框中，单击"确定"按钮，如图 3 – 70 所示。

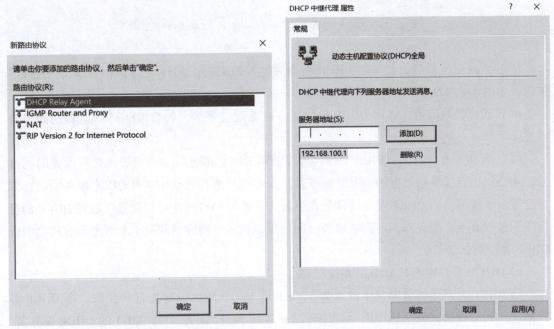

图 3 – 69　"新路由协议"对话框　　　　图 3 – 70　"DHCP 中继代理 属性"对话框

继续用鼠标右键单击"DHCP 中继代理程序"选项，选择"新增接口"选项，打开
"DHCP Relay Agent 的新接口"对话框，选择"Ethernet1"选项，如图 3 – 71 所示
（"Ethernet1"接口即图 3 – 58 所示的连接 NET 分公司网络的接口。当 DHCP 中继代理接收
到来自"Ethernet1"传输的 DHCP 消息时，就会将它转发给 DHCP 服务器）。

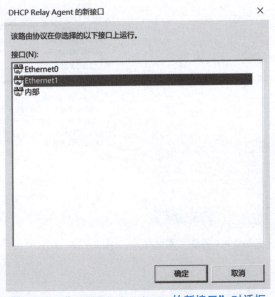

图 3 – 71　"DHCP Relay Agent 的新接口"对话框

小贴士

"新增接口"一定是与 DHCP 客户端处于同一子网中的接口。

单击"确定"按钮，打开"DHCP 中继属性 – Ethernet1 属性"对话框，单击"确定"按钮，如图 3 – 72 所示。

（1）跃点计数阈值：表示 DHCP 消息最多能够经过多少个符合 RFC1452 规范的路由器转发。

（2）启动阈值（秒）：DHCP 中继代理接收到 DHCP 消息后，必须等此处所设置时间过后，才会将信息发送给远程的 DHCP 服务器。当本地与远程网络中都有 DHCP 服务器时，如果希望由本地网络的 DHCP 服务器优先提供服务，就可以通过此处的设置延迟将 DHCP 消息发送至远程 DHCP 服务器，因为在这段时间内可以让同一网段内的 DHCP 服务器有机会响应 DHCP 客户端的请求。

6. DHCP 客户端测试 DHCP 中继代理

将 DHCP 客户端的虚拟网络设置为 VMnet11，将 IP 地址设置为自动获取。在 DHCP 客户端的"网络连接详细信息"对话框中可以看到 IP 地址为 192.168.100.1 的 DHCP 服务器，可以通过 DHCP 中继代理为 NET 分公司分配 IP 地址 192.168.200.10，如图 3 – 73 所示。

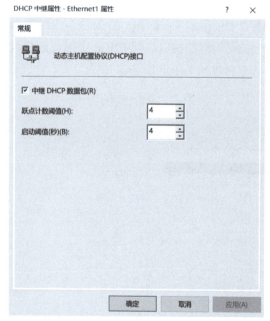

图 3 – 72　"DHCP 中继属性 – Ethernet1 属性"对话框　　图 3 – 73　DHCP 客户端测试 DHCP 中继代理成功

 任务实训

DZ 学院为了便于网络维护和管理，在网络调试实训室架设了一台 DHCP 服务器，最近

又新建设了网络工程实训室。DZ 学院要求网络工程实训室的计算机通过 DHCP 中继代理获取网络调试实训实训室的 DHCP 服务器动态分配的 IP 地址等参数。任务实训网络拓扑如图 3 –74 所示，实现以下需求。

（1）网络调试实训室所有学生机使用 DHCP 服务器动态分配的 IP 地址。

①将 DHCP 服务器的 IP 地址池设为 10. 10. 0. 20 ~ 10. 10. 0. 60。

②子网掩码为 255. 255. 0. 0。

③默认网关 IP 地址为 10. 10. 0. 1。

（2）网络调试实训室教师机和网络打印机使用 DHCP 服务器分配的保留 IP 地址。

①教师机的保留 IP 地址为 10. 10. 0. 1。

②网络打印机的保留 IP 地址为 10. 10. 0. 2。

（3）网络工程实训室的所有 DHCP 客户端通过 DHCP 中继代理由网络调试实训室的 DHCP 服务器动态分配 IP 地址。

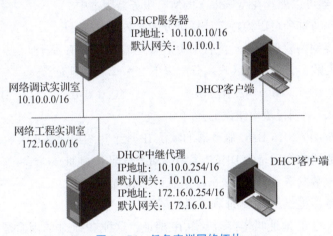

图 3 –74　任务实训网络拓扑

自测习题

1. 要实现动态 IP 地址分配，要求网络中至少有一台计算机安装了（　　）。

A. DHCP 服务器

B. DNS 服务器

C. IIS 服务器

D. PDC 主域控制器

2. 在 DHCP 客户端中运行（　　）命令可以重新获取 IP 地址。

A. ipconfig

B. ipcongig /release

C. nslookup

D. ipconfig /renew

3. 使用 DHCP 服务器的好处是（　　）。

A. 提高系统的安全性与可靠性

B. 对于经常变动位置的计算机能迅速更新位置信息

C. 减小 TCP/IP 网络的配置工作量

D. 减小网络流量

4. 使用 Windows Server 2019 的 DHCP 服务器时，当 DHCP 客户端的 IP 地址租约期限超过租约时间的 50% 时，DHCP 客户端会向 DHCP 服务器发送（   ）数据包，以更新现有的 IP 地址租约。

    A．DHCP Discover   B．DHCP Request

    C．DHCP YACK   D．DHCP NACK

5. 在 DHCP 客户端 IP 地址参数的配置选项中，备用配置的用途是（   ）。

    A．在使用静态 IP 地址的网络中启用备用配置

    B．在使用动态 IP 地址的网络中启用备用配置

    C．当动态 IP 地址有冲突时启用备用配置

    D．当静态 IP 地址有冲突时启用备用配置

6. 以下对 DHCP 的描述，错误的是（   ）。

    A．DHCP 减轻了网络管理员的负担，使网络管理员可以不用手动配置 TCP/IP 属性

    B．DHP 服务器可以配置在 Windows 的所有服务器版本中

    C．DHCP 的保留选项可以为特定计算机分配永久的 IP 地址

    D．DHCP 需要网络管理员手动配置 DHCP 客户端的 TCP/IP 属性

7. 若 DHCP 失败，将自动为客户端分配以下（   ）段地址。

    A．239.192.0.0   B．192.168.0.0   C．10.0.0.0   D．169.254.0.0

8. 关于 DHCP，下列说法中错误的是（   ）。

    A．Windows Server 2016 DHC 服务器的默认 IP 地址租约期限是 6 天

    B．DHCP 服务器的作用是为 DHCP 客户端动态分配 IP 地址

    C．DHCP 客户端发送 DHCP Discover 消息请求 IP 地址

    D．DHCP 服务器提供从 IP 地址到域名的解析

9. 有一种特殊的 IP 地址叫作自动专用 IP 地址，这种 IP 地址的用途是（   ）。

    A．指定给特殊的专用服务器

    B．作为默认网关的访问 IP 地址

    C．作为 DHCP 服务器的专用 IP 地址

    D．无法获得动态 IP 地址时作为临时的主机 IP 地址

10. 以下 IP 地址中属于自动专用 IP 地址的是（   ）。

    A．224.0.0.1   B．127.0.0.1

    C．169.254.1.15   D．192.168.0.1

11. 手动更新 IP 地址租约，可使用 ipconfig 命令，加上参数（   ）。

    A．/release   B．/renew   C．/all   D．/setclassid

12. 某 DHCP 服务器设置的 IP 作用域为 172.16.1.100 ~ 172.16.1.200，此时该网络中某台安装 Windows 系统的工作站启动后，获得的 IP 地址是 169.254.100.222，导致这一现象最可能的原因是（   ）。

    A．DHCP 服务器提供了保留 IP 地址

    B．DHCP 服务器设置的 IP 地址租约期限太长

C. 网段中还有其他 DHCP 服务器，工作站从其他 DHCP 服务器获得 IP 地址

D. DHCP 服务器故障

13. DHCP 服务器的安装要求包括（　　）。

（1）应使用提供 DHCP 服务的 WindowsServer 2019 操作系统。

（2）IP 地址和子网掩码等参数必须手动设定。

（3）必须拥有一组有效和可以分配给 DHCP 客户端的 IP 地址。

A. （1）和（2）   B. （1）和（3）

C. （2）和（3）   D. （1）、（2）和（3）

14. 在 DHCP 选项的设置中，不可以设置的是（　　）。

A. DNS 域名   B. DNS 服务器 IP 地址

C. 计算机名   D. 默认网关 IP 地址

15. （多选）用来显示网卡的 DHCP 类别信息的命令是（　　）。

A. ipconfig /all   B. ipconfig /release

C. ipconfig /renew   D. ipconfig /showclassid

16. DHCP 中继代理可以通过（　　）工具来开启。

A. WINS   B. DHCP   C. 路由和远程访问   D. DNS

17. DHCP 中继代理的作用是（　　）。

A. 为 DHCP 客户端提供动态 IP 地址服务

B. 为 DHCP 客户端配置 DNS 服务器等

C. 在网络间转发 DHCP 消息

D. 以上都是

 任务测评

项目三 任务 1　配置与管理 DHCP 服务器（100 分）			学号： 姓名：		
序号	评分内容	评分要点说明	小项 加分	分项 得分	备注
一、添加并配置 DHCP 服务器（60 分）					
1	安装 DHCP 服务器角色 （10 分）	能正确设置安装 DHCP 服务器角色过程中的各项参数，得 10 分			
2	创建 DHCP 作用域（10分）	能正确设置创建 DHCP 作用域过程中的各项参数，得 10 分			
3	激活作用域（5 分）	能正确激活作用域，得 5 分			
4	配置保留选项（10 分）	能正确配置保留选项，得 10 分			

续表

项目三 任务1　配置与管理 DHCP 服务器（100分）			学号： 姓名：		
序号	评分内容	评分要点说明	小项 加分	分项 得分	备注
一、添加并配置 DHCP 服务器（60分）					
5	配置服务器选项（10分）	能正确配置服务器选项，得10分			
6	配置 DHCP 客户端（5分）	能正确配置 DHCP 客户端，得5分			
7	测试 DHCP 客户端（10分）	能正确测试 DHCP 客户端，并获取正确结果，得10分			
二、配置 DHCP 中继代理（40分）					
8	配置 DHCP 服务器（15分）	能正确设置创建作用域过程中的各项参数，得10分； 能根据需求正确添加作用域，得5分			
9	配置 DHCP 中继代理（15分）	能正确安装 DHCP 中继代理服务器，得5分； 能够正确设置 DHCP 中继代理的各项参数，得10分			
10	测试 DHCP 客户端（10分）	能正确测试 DHCP 客户端，并获取正确结果，得10分			
总分					

任务2　配置与管理 DNS 服务器

任务描述

目前，HZY 公司内部全部通过 IP 地址实现相互访问，员工经常抱怨 IP 地址众多且难以记忆，要访问相关业务系统非常麻烦。HZY 公司计划搭建 DNS 服务器以方便员工使用容易记忆的域名访问相关业务系统。HZY 公司网络拓扑如图 3 – 75 所示。网络管理员按照以下需求搭建 DNS 服务器。

（1）实现 HZY 总公司的 DNS 服务器能完成 HZY 公司内部的域名解析请求。

（2）实现 HZY 总公司的 DNS 服务器能完成公网域名解析请求。

（3）实现 HZY 总公司的 DNS 服务器的负载均衡及容错功能。

（4）实现 HZY 总公司的 DNS 服务器完成分公司的 DNS 服务器的域名解析请求。

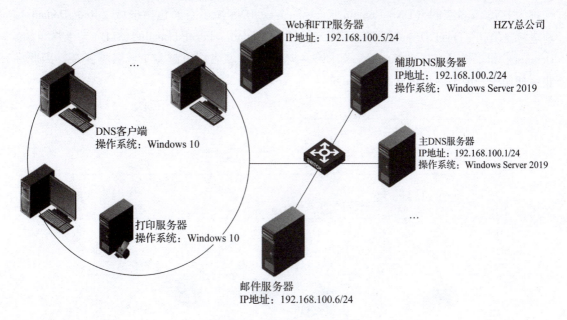

图 3 – 75　HZY 公司网络拓扑

任务解析

在 Windows Server 2019 服务器中添加 DNS 服务器角色，搭建 DNS 服务器。创建相应的区域，添加资源记录，能够实现 HZY 公司网络内部的域名解析。设置转发器，使其指向公网 DNS 服务器，可以实现公网域名解析。通过设置区域传送，创建辅助 DNS 服务器，可以提高域名解析效率，实现 DNS 服务器的负载均衡与容错功能。为了减轻 DNS 服务器的负担，HZY 总公司 DNS 服务器可以通过创建子域委派，对分公司的子域进行域名解析。

知识链接

一、认识 DNS

DNS（Domain Name System，域名系统）是 Internet 的一项核心服务。众所周知，在网络中唯一能够用来识别主机身份和定位其位置的方式就是 IP 地址，而人们在使用网络资源时，往往为了便于记忆和理解，更倾向于使用具有代表意义的名字，例如，域名 www. hzy. com 相对于 IP 地址更容易理解和记忆。

DNS 是一种包含 DNS 主机名与 IP 地址映射的分布式、分层式数据库，能够使人们更方便地访问 Internet，而不用记忆能够被机器直接读取的 IP 地址。这使得对网络服务的访问更加简单，同时对于网站的推广也起到极其重要的作用。

二、DNS 名称空间

DNS 是一个分布式数据库，采用分层次的逻辑结构，如同一棵倒置的树。这个树形结构称为 DNS 域名空间（DNS Domain Namespace）。DNS 域名空间包括根域（Root Domain）、顶级域（Top – Level Domain，TLD）、二级域（Second – Level Domain，SLD）、子域（Sub Domain）和主机名（Host Name），如图 3 – 76 所示。域名层级越多，域名越复杂，因此在实际使用中一般不会超过五级域名。

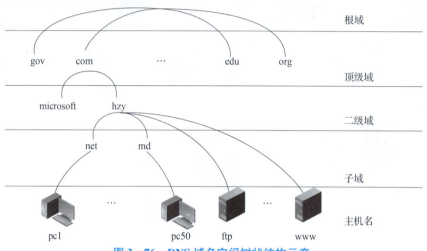

图 3 – 76　DNS 域名空间树状结构示意

1. 根域

该树状结构的最顶层称为根域，根域没有名称，用 "." （点号）表示，在 DNS 域名表示中通常省略。它由国际互联网信息中心（Internet Network Information Center，InterNIC）负责管理或授权管理，该机构把域名空间各部分的管理责任分配给连接到 Internet 的各个组织。根域没有上级域，其下级域即顶级域，在根域服务器中并没有保存任何网址，只具有初始指针指向顶级域。

2. 顶级域

根域的下一级是顶级域，又称为一级域，其数目有限，且不能轻易改变。顶级域也由 InterNIC 管理，顶级域常用 2 ~ 3 个字符的名称代码表示，由两类常用顶级域组成。

组织域采用 3 个字符的代号，标识 DNS 域名空间所包含的组织的主要功能或活动。常用的组织域如表 3 – 4 所示。

表 3 – 4　常用的组织域

顶级域名	说明
com	公司企业
gov	政府机构
edu	教育机构
org	非营利性组织

续表

顶级域名	说明
net	网络服务机构
mil	军事机构

国家或地区顶级域名采用 2 个字符的国家或地区代号。常用的国家或地区顶级域名如表 3 – 5 所示。

表 3 – 5　常用的国家或地区顶级域名

顶级域名	说明
cn	中国
hk	中国香港
uk	英国
de	德国
fr	法国
jp	日本

3. 二级域

顶级域的下一级是二级域，二级域名是由 InterNIC 正式注册给个人、组织或企业的唯一名称，该名称没有固定的长度。二级名基于相应的顶级域名，例如，microsoft. com 的二级域名是 microsoft，这是微软公司向 InterNIC 申请的二级域名。二级域名如果要在 Internet 中使用，则必须事先申请。

4. 子域

企业或组织可以在其申请的二级域下再细分多层子域。例如，HZY 总公司在 hzy. com 之下为分公司 net 建立一个子域，其域名为 net. hzy. com，此子域的域名最后需附加其父域的域名（hzy. com），也就是说域的名称空间是有连续性的。

5. 主机名

主机名处于域名空间结构的最底层，主机名和前面所述的域名（DNS 后级）一起用于标识 TCP/IP 网络中的资源。主机名和 DNS 后缀结合成完全合格域名（Full Qualified Domain Name，FQDN），主机名是 FQDN 最左端的部分。例如，如图 3 – 76 所示，www 和 ftp 是 HZY 公司内的两台主机，它们的 FQDN 分别是 www. hzy. com 和 ftp. hzy. com，其中 www 和 ftp 表示主机名，hzy. com 称为 DNS 后缀。用户在访问网络中的 Web、FTP 等服务时，通常使用 FQDN 进行访问。但是，FQDN 并不能真正定位目标服务器的物理地址，而是需要 DNS 服务器将 FQDN 解析成 IP 地址。

域名和主机名只能使用字母（a~z）、数字（1~9）和"–"组成。其他公共字符，例如"&""/""_"等都不可以用于表示域名和主机名。

图 3 –77 所示是域名的层次说明。

图 3 – 77　域名的层次说明

> 查看计算机的主机名的步骤如下。
> (1) 在命令行窗口中, 使用 hostname 命令可以查看。
> (2) 在 GUI 中, 用鼠标右键单击 "此电脑" 图标, 选择 "属性" 选项可以查看。

三、DNS 域名解析方法

DNS 域名解析方法主要有两种: 一种是通过 hosts 文件解析, 另一种是通过 DNS 服务器解析。

1. hosts 文件

在 DNS 之前早期的 TCP/IP 网络中, 是采用 hosts 文件进行域名解析的。该文件中存有网络中的所有主机名与其对应的 IP 地址建立的一个关联数据库, 所有接入网络的主机都存有一份相同的 hosts 文件。当网络中的主机之间进通信时, 源主机会通过查询 hosts 文件, 将目的主机的主机名解析成 IP 地址, 以便进行通信。

hosts 文件在不同操作系统中的位置不同, 甚至在不同 Windows 版本中的位置也不同。hosts 文件在 Windows 系统中是一个没有扩展名的系统文件, 在 Windows Server 2019 中, hosts 文件位于 "%systemroot%\system32\drivers\etc" 文件夹中 ("%systemroot%" 表示操作系统根目录, 例如 "C：\Windows"), 可以以系统管理员身份用记事本打开 host 文件进行编辑。默认 hosts 文件包含注释语句并使用了一条默认规则 "127.0.0.1 localhost", 即 localhost 主机名对应的 IP 地址是 127.0.0.1, 如图 3 – 78 所示。用户也可以按照 hosts 文件的格式自行加入解析记录。

这种解析方法虽然简单, 但是随着网络中主机数目的增多, hosts 文件会越来越大, 在 hosts 文件中维护所有主机记录的工作量大, 而且查询速度低, 不易管理与维护。

2. DNS

为了解决以上问题, 早期的网络管理人员计划将巨大的信息量按层次结构划分成许多较小的部分, 将每一部分存储在不同的计算机中, 形成层次化、分布式的结构。这样一方面解决了信息的统一性问题, 另一方面使信息数据的分布范围变大, 不会形成瓶颈, 有利于提高访问效率。DNS 由此应运而生。DNS 最初的设计目标是 "用具有层次名称空间、分布式管

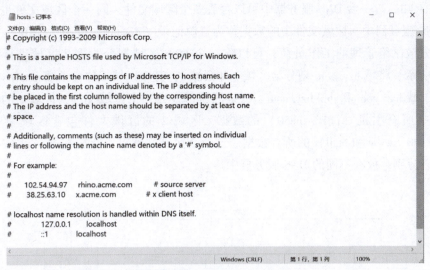

图 3-78　查看 hosts 文件

理、扩展的数据库容量和可以接受的性能的、轻型、快捷、分布的数据库取代笨重的集中管理的 hosts 文件系统"。

　　DNS 是互联网中主机名与其对应 IP 地址相互映射的一个分布式、分层式数据库，数据库中的主机名可以分布到多台服务器中，由此可以减小任何一台服务器的负载，并提供了分段、分级别管理命名系统的能力。DNS 能够使用户更方便地访问互联网，而不用记忆能够被机器直接读取的 IP 地址。由于 DNS 数据库是分布式的，其大小不受限制，并且其性能不会因服务器数量增多而下降，所以通过 DNS 服务器解析域名是目前应用的最广泛的域名解析方法。

拓展阅读

　　根服务器是国际互联网中最重要的战略基础设施，是互联网通信的"中枢"。由于种种原因，IPv4 互联网根服务器的数量一直被限定为 13 个。基于全新技术架构的全球下一代互联网（IPv6）根服务器测试和运营试验项目——"雪人计划"于 2015 年 6 月 23 日正式发布。

　　2017 年 11 月 28 日，"雪人计划"已在全球完成 25 台 IPv6 根服务器架设，在中国部署了其中的 4 台，打破了中国过去没有根服务器的困境。中国下一代互联网工程中心主任、"雪人计划"首任执行主席刘东认为，"雪人计划"将突破根服务器瓶颈，全球互联网有望实现多边共治。

四、DNS 区域

　　DNS 区域（Zone）是域名空间树形结构的一部分，它能够将域名空间根据用户需要划分为较小的区域，而非域（Domain），以便于管理。一个 DNS 区域中的主机数据（包括主机名和对应的 IP 地址）必须存放在 DNS 服务器中，而用来存放这些数据的文件就称为区域文件（Zone File）。一台 DNS 服务器中可以存放多个区域文件，同一个区域文件也可以存放到多台 DNS 服务器中。区域文件中的数据称为资源记录（Resource Record，RR）。

为了分散网络管理的工作负荷，可以将一个 DNS 区域划分为多个区域进行管理。如图 3-79 所示，将域 hzy.com 划分为区域 1 和区域 2，其中区域 1 包含子域 net.hzy.com，区域 2 包含子域 hzy.com 和 dm.hzy.com。每个区域都存在一个区域文件，区域 1 的区域文件包含区域中所有主机（pc1~pc50）的数据，区域 2 的区域文件包含区域中所有主机（pc51~pc100、www 和 mail）的所有数据。这两个区域文件可以存放在同一台 DNS 服务器中，也可以分别存放在不同的 DNS 服务器中。

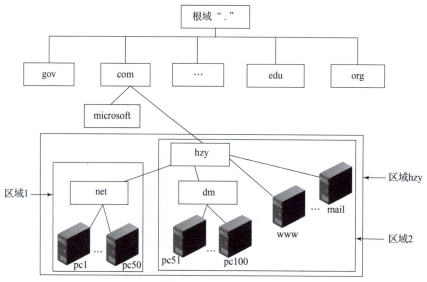

图 3-79　DNS 区域

一个区域所包含的范围在一个域名空间中是连续的，否则无法构成一个区域。在图 3-79 所示的区域中，不能创建包含 net.hzy.com 和 dm.hzy.com 两个子域的区域，因为这两个子域位于不连续的域名空间中。

1. DNS 区域类型

Windows Serve 2019 的 DNS 服务器支持各种不同类型的 DNS 区域，在日常 DNS 管理工作中，根据功能不同，DNS 区域分为主要区域（Primary Zone）、辅助区域（Secondary Zone）和存根区域（Stub Zone）。

（1）主要区域：创建在一个区域的主 DNS 服务器中，其包含相应的 DNS 域名空间的所有资源记录，具有权威性。主要区域的数据库文件是可读可写的，所有针对该区域信息的修改操作必须在主要区域中完成。如果 DNS 服务器是独立服务器或成员服务器，则区域中的记录资源存储在本地文件（区域数据库文件）中，文件名默认是"区域名.dns"。例如，区域名称为"hzy.com"，则区域数据库默认文件名为"hzy.com.dns"。区域数据库文件默认保存在"%Systemroot%\System32\dns 文件夹"中；如果 DNS 服务器是域控制器，则可以将区域中的记录资源存储在区域数据库文件中或活动目录集成区域。存储在活动目录集成区域的优点是在活动目录中存储 DNS 数据更安全，可以通过活动目录的复制完成 DNS 区域的复制。

（2）辅助区域：创建在一个区域的辅助 DNS 服务器中，同样包含相应的 DNS 域名空间的所有资源记录，具有权威性。与主要区域不同的是，辅助区域只是主要区域的副本，此副本是利用区域传送的方式从其主 DNS 服务器复制过来的。辅助 DNS 服务器中的区域数据是只读的，无法修改。辅助区域的主要作用是均衡解析负载并提供容错能力，当主要区域崩溃时，可以将辅助区域转为主要区域。

（3）存根区域：也用于存储主要区域的只读副本，与辅助区域不同的是，存根区域只包含表示该区域的授权 DNS 服务器所需的资源记录，包括起始授权机构（SOA）、名称服务器（NS）和黏附主机记录，存根记录就像一个书签，利用这些记录就可以找到存根区域的授权 DNS 服务器。

根据 DNS 客户端查询资源记录的方式不同，可以将 DNS 区域分为正向查找区域和反向查找区域。

（1）正向查找区域：通过 FQDN 查找 IP 地址，例如 DNS 客户端需要解析 www. hzy. com 的 IP 地址，DNS 服务器将搜索其正向查找区域 hzy. com，查找主机名为 www. hzy. com 的主机记录中的 IP 地址，并将 IP 地址返回给 DNS 客户端。

（2）反向查找区域：通过 IP 地址查找 FQDN，例如 DNS 客户端需要查询 192. 168. 100. 1 的主机名，DNS 服务器将搜索其反向查找区域 100. 168. 192. in - addr. arpa，查找与 IP 地址关联的主机名，并把主机名返回给 DNS 客户端。

2. 资源记录

资源记录用于解析 DNS 客户端请求的 DNS 数据库记录，存在于区域数据库文件中，每台 DNS 服务器都包含它所管理的 DNS 域名空间的所有资源记录。资源记录包含与特定主机有关的信息，例如，将 FQDN 映射成 IP 地址的资源记录为 A 记录，将 IP 地址映射到域名的资源记录为 PTR 记录。DNS 服务器支持多种不同类型的资源记录，表 3 - 6 列举了不同的资源记录类型和每种资源记录的说明。

表 3 - 6　资源记录类型及其说明

类型	说明
起始授权机构（SOA）	记录区域文件中的第一条记录； 记录包括区域的主 DNS 服务器名称； 记录区域复制所需的信息（如序列号、刷新间隔、重试间隔及该区域的过期值）
名称服务器（NS）	记录标识每个区域的 DNS 服务器； 记录所有正向和反向查找区域； 记录由域名所解析的主机名
服务（SRV）	记录由主机提供的网络服务； 记录由网络服务所解析的主机名和端口； 在活动目录集成区域才使用该记录，一般无须手动创建，而由活动目录安装程序自动创建

续表

类型	说明
主机（A）	记录所有计算机注册的记录； A 记录用于正向解析，是 FQDN 到 IP 地址的映射
别名（CNAME）	记录将多个名称映射到同一台计算机，从而无须为需要域名解析的主机额外创建主机记录，以便于用户访问。有时一台主机可能担当多个服务器，这时需要给这台主机创建别名
邮件交换器（MX）	记录标识区域中存在简单邮件传输协议（SMTP）的邮件服务器； 记录由邮件服务器所解析的主机名
指针（PTR）	记录只存在于反向查找区域； 记录 IP 地址到 FQDN 的映射

五、DNS 域名解析

1. DNS 域名解析的过程

在分布式 DNS 体系中，以图 3 - 80 所示的 DNS 客户端访问 "www. hzy. com" 的 Web 服务器为例，说明其 DNS 域名解析的过程。

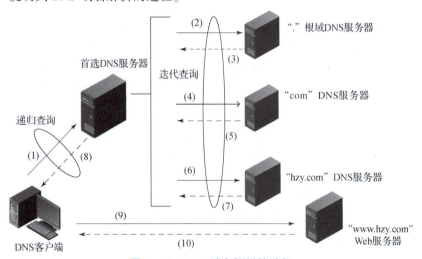

图 3 - 80　DNS 域名解析的过程

（1）DNS 客户端将查询 www. hzy. com 的解析请求发送到自己的首选 DNS 服务器。

（2）DNS 客户端的首选 DNS 服务器检查区域数据库（缓存），由于此服务器中没有 hzy. com 域的授权记录，所以将查询信息传递到互联网中的根域 DNS 服务器，请求解析主机名。

（3）根域 DNS 服务器发现这个域名以 "com" 结尾，于是把负责解析 com 顶级域名的 DNS 服务器的 IP 地址返回给 DNS 客户端的首选 DNS 服务器。

（4）首选 DNS 服务器转向负责 com 域名的 DNS 服务器发出查询请求。

（5）负责 com 域名的 DNS 服务器同样会将负责 hzy. com 域名的 DNS 服务器的 IP 地址发送给首选 DNS 服务器。

（6）首选 DNS 服务器转向负责 hzy. com 域名的 DNS 服务器发出查询请求。

（7）由于此 DNS 服务器具有 www. hzy. com 的记录，所以它将 www. hzy. com 的 IP 地址返回给首选 DNS 服务器。

（8）DNS 客户端的首选 DNS 服务器将 www. hzy. com 的 IP 地址发送给 DNS 客户端。

（9）域名解析成功后，DNS 客户端可以通过解析到的 www. hzy. com 的 IP 地址访问 Web 服务器。

（10）Web 服务器响应 DNS 客户端的访问请求。

如果 DNS 客户端的首选 DNS 服务器没有返回 www. hzy. com 的 IP 地址，那么 DNS 客户端将尝试访问自己的备用 DNS 服务器。

2. 递归查询与迭代查询

在上面的 DNS 域名解析过程中，分别用到了两种不同类型的查询模式：DNS 客户端与 DNS 客户端的首选 DNS 服务器之间的递归查询（Recursive Query）、DNS 客户端的首选 DNS 服务器与其他 DNS 服务器之间的迭代查询（Iterative Query）。

1）递归查询

由 DNS 客户端所提出的查询请求一般属于递归查询。当 DNS 客户端提交查询请求后，DNS 服务器会查询自己的区域文件、缓存，如果没有找到结果，则 DNS 服务器就会代替 DNS 客户端向其他 DNS 服务器请求查询，最终将解析结果返回给 DNS 客户端。在域名查询的过程中，DNS 客户端将完全处于等待状态。递归查询时 DNS 客户端得到的结果只能是解析成功或解析失败。在图 3 – 80 中，步骤（2）~（7）就属于递归查询。

2）迭代查询

DNS 服务器之间的查询大部分属于迭代查询。例如，当网络中第 1 台 DNS 服务器向第 2 台 DNS 服务器提出查询请求后，如果第 2 台 DNS 服务器没有第 1 台 DNS 服务器所需的记录，但是它能够提供完成该域名解析的第 3 台 DNS 服务器的 IP 地址，它就会提供第 3 台 DNS 服务器的 IP 地址给第 1 台 DNS 服务器，由第 1 台 DNS 服务器再向第 3 台 DNS 服务器查询，依此循环，直到返回查询结果为止。因此，迭代查询就是：如果 DNS 服务器中有 DNS 客户端请求的数据，则返回正确 IP 地址；如果 DNS 服务器中没有 DNS 客户端请求的数据，则返回一个指针。在图 3 – 80 中，步骤（1）和（8）就属于迭代查询。

六、区域传送

DNS 划分若干区域进行管理，每个区域由一个或多个 DNS 服务器负责域名解析工作。如果采用单台 DNS 服务器，而这个 DNS 服务器因出现故障（如停电、断网、网络攻击或自然灾害等）而没有响应，那么将会造成整个区域的域名解析失败，影响网络正常通信。因此，在网络中部署 DNS 服务器时，为了容错及减轻单台 DNS 服务器的解析负载，通常至少需要再配置一台辅助 DNS 服务器。配置辅助 DNS 服务器是一种容错措施，考虑的是一旦主 DNS 服务器出现故障或因负载太重无法及时响应 DNS 客户端的请求，辅助 DNS 服务器将挺身而出为主 DNS 服务器排忧解难。辅助 DNS 服务器的区域数据都是从主 DNS 服务器复制而来的，如图 3 – 81 所示，使用 DNS 的"区域传送"功能，即从主 DNS 服务器中将区域文件复制到辅助 DNS 服务器中，因此辅助 DNS 服务器中的数据都是只读的。

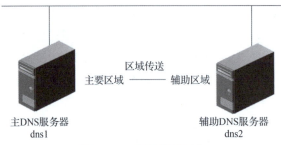

图 3 – 81　区域传送示意

使用辅助 DNS 服务器的好处如下。

（1）辅助 DNS 服务器提供区域冗余，能够在该区域的主 DNS 服务器崩溃的情况下，继续为 DNS 客户端解析该区域的域名，也可以快速升级为主 DNS 服务器。

（2）创建辅助 DNS 服务器可以减小 DNS 网络通信量。采用分布式结构，在低速广域网链路中添加 DNS 服务器能有效地管理和减小 DNS 网络通信量。

（3）辅助 DNS 服务器可以减小区域的主 DNS 服务器的负载。辅助 DNS 服务器能应答该区域 DNS 客户端的解析请求，从而减小该区域主 DNS 服务器必须应答的解析请求数量。

七、子域委派

子域即主域下的一个子域名，在 DNS 中可以通过创建子域扩展域名空间。如果子域的信息都存储在父区域文件中，则当区域中的子域过多时维护很不方便，并且会遇到域名查询量的瓶颈。为了减轻 DNS 服务器的负载，方便维护，主域 DNS 服务器可以把一个子域的查询授权给一台专门的子域 DNS 服务器，称为子域委派或子域授权。

建立子域与建立子域委派都需要创建一个新域，二者的区别是：建立子域时，子域中的权威域就是父域中的权威域，而建立子域委派时需要给新域指定一个权威 DNS 服务器。

八、根提示与转发器

当 DNS 服务器在接收到 DNS 客户端的查询请求后，它将在所管辖区域的数据库中寻找是否有该 DNS 客户端需要的数据，如果该 DNS 服务器所管辖区域数据库中没有 DNS 客户端所查询的主机名，并且在缓冲区中也查不到，则在默认情况下将直接转发查询请求到位于根提示内的 DNS 服务器。除此之外还可以在 DNS 服务器中设置转发器（Forwarder），将查询请求转发给另一个已经配置好的 DNS 服务器进行查询。

1. 根提示

根提示内的 DNS 服务器就是图 3 – 76 所示根域的 DNS 服务器，这些 DNS 服务器的名称与 IP 地址等数据存储于"％Systemroot％\System32\DNS\cache.dns"。也可以在"DNS 管理器"窗口中用鼠标右键单击服务器名，选择"属性"选项，打开相应的属性对话框，选择

"根提示"选项卡，提示"根提示解决在本地 DNS 服务器上不存在的区域的查询。只有在转发器没有配置或未响应的情况下才使用这些根提示。"，在此可以添加、编辑或删除 DNS 服务器，也可以单击"从服务器复制"按钮，从其他 DNS 服务器复制根提示，如图 3 − 82 所示。

图 3 − 82　"根提示"选项卡

2. 转发器

1）转发器介绍

转发器是指具有特殊功能和应用的 DNS 服务器。转发器就是实现本地 DNS 服务器无法正常响应的解析请求，转发给其他 DNS 服务器进行查询，如图 3 − 83 所示。转发的目的 DNS 服务器一般为公网上由 ISP 提供的 DNS 服务器。转发到转发器的查询一般为递归查询。

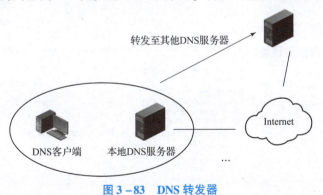

图 3 − 83　DNS 转发器

2）条件转发器

条件转发器的作用是将不同的区域转发给不同的转发器。如图 3 − 84 所示，将 net. hzy. com 的域名解析请求转发给 192. 168. 100. 111，将 dm. hzy. com 的域名解析请求转发给 192. 18. 100. 222。

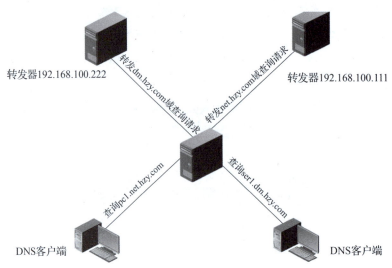

图 3 – 84　条件转发器

任务实施

一、安装 DNS 服务器角色

1. 添加 DNS 服务

DNS 服务器为 DNS 客户端提供域名解析服务，与 DHCP 服务器类似，应为 DNS 服务器设置固定网络参数，并且要将 DNS 服务器的"首选 DNS 服务器"的 IP 地址指向自己，以便让这台计算机中的其他应用程序可以通过这台 DNS 服务器来查询 IP 地址。安装 DNS 服务器的具体步骤如下。

在"服务器管理器"窗口中选择"管理"→"添加角色和功能"选项，单击"下一步"按钮，进入"开始之前"界面，如图 3 – 85 所示。

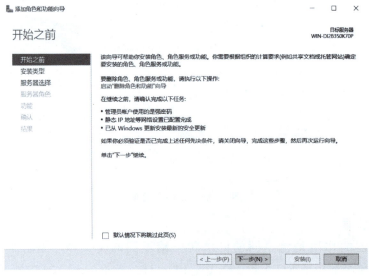

图 3 – 85　"开始之前"界面

单击"下一步"按钮，进入"选择安装类型"界面，默认单击"基于角色或基于功能的安装"单选按钮，如图 3 - 86 所示。

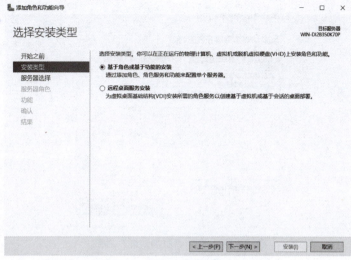

图 3 - 86　"选择安装类型"界面

 小贴士

由于活动目录域需要用到 DNS 服务器，所以当将 Windows Server 2019 计算机升级为域控制器时，如果之前没有安装 DNS 服务器，系统默认会在这台域控制器上安装 DNS 服务器。

单击"下一步"按钮，进入"选择目标服务器"界面，如图 3 - 87 所示，默认单击"从服务器池中选择服务器"单选按钮，并确认"服务器池"中的"名称""IP 地址"和"操作系统"。

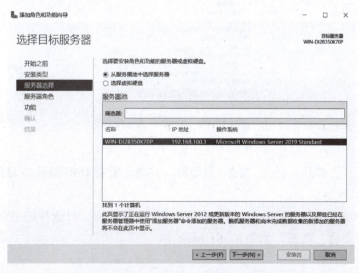

图 3 - 87　"选择目标服务器"界面

单击"下一步"按钮,进入"选择服务器角色"界面,勾选"DNS 服务器"复选框,在打开的对话框中单击"添加功能"按钮,如图 3-88 所示。

图 3-88　单击"添加功能"按钮

返回"选择服务器角色"界面,单击"下一步"按钮,进入"选择功能"界面,默认勾选". NET Framework 4.7 功能(2 个已安装,共 7 个)"复选框,如图 3-89 所示。

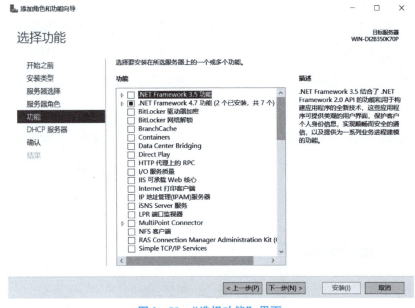

图 3-89　"选择功能"界面

单击"下一步"按钮,进入"DNS 服务器"界面,查看 DNS 服务器的介绍和"注意事项",如图 3-90 所示。

单击"下一步"按钮,进入"确认安装所选内容"界面,对选择的 DNS 服务器角色进行确认,单击"安装"按钮,如图 3-91 所示。

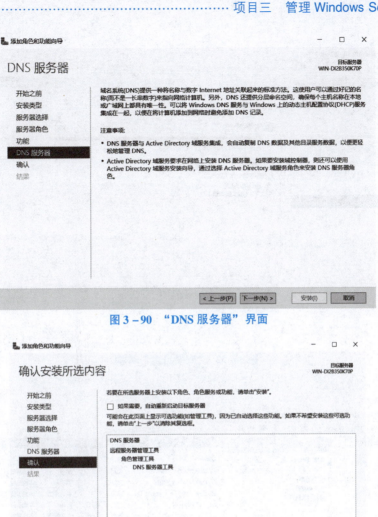

图 3 - 90 "DNS 服务器"界面

图 3 - 91 "确认安装所选内容"界面

系统开始安装,并显示安装进度等相关信息,安装完成之后单击"关闭"按钮,即完成 DNS 服务器的安装,如图 3 - 92 所示。

2. 启动或停止 DNS 服务器

可以使用"服务"窗口、"DNS 管理器"窗口或"net"命令完对 DNS 服务器的启动或停止。

1) 使用"服务"窗口

DNS 服务器安装成功后将自动启动,名称为"DNS Server"。选择"服务器管理器"→"工具"→"服务"选项,打开"服务"窗口,在服务列表中可以查看到已经启动的 DNS 服务器,如图 3 - 93 所示。如有需要也可以用鼠标右键单击"DNS Server",选择"停止"选项来停止 DNS 服务器。

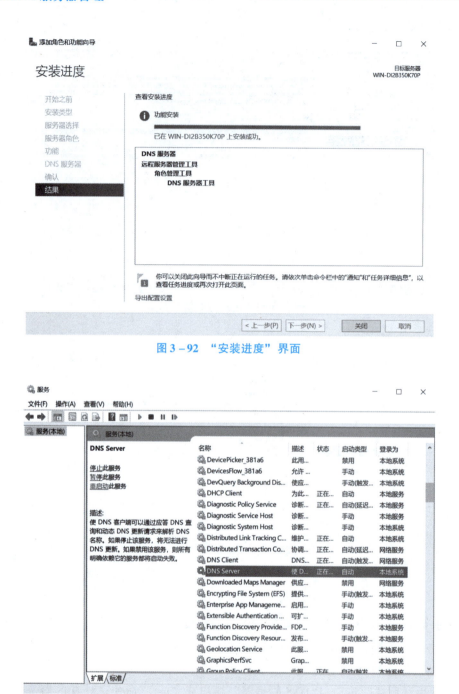

图 3 – 92　"安装进度"界面

图 3 – 93　"服务"窗口

2）使用"DNS 管理器"窗口

单击"开始"按钮，选择"Windows 管理工具"→"DNS"选项，打开"DNS 管理器"窗口，在左侧节点树中用鼠标右键单击服务器名称，选择"所有任务"选项，在"所有任务"的级联菜单中可以选择"启用""停止"或"重新启动"选项，如图 3 – 94 所示。

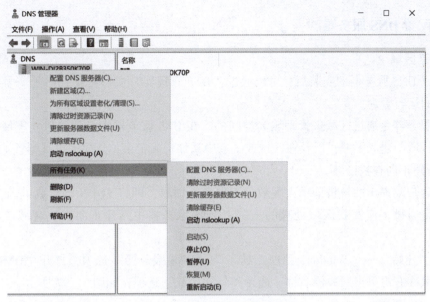

图 3 – 94　"DNS 管理器"窗口

3）使用"net"命令

在 Windows PowerShell 中，以系统管理员身份运行"net start"命令可以查看所有已经启动的服务器，其中包括安装后已启动的 DNS 服务器，如图 3 – 95 所示。

图 3 – 95　使用"net start"命令查看已启动的服务器

在 Windows PowerShell 中，以系统管理员身份运行"net start dns"命令可以启动 DNS 服务器，运行"net stop dns"命令可以停止 DNS 服务器，如图 3 – 96 所示。

图 3 – 96　使用相关命令启动和停止 DNS 服务器

二、配置 DNS 服务器

1. 新建区域

在完成 DNS 服务器的安装后，可以通过"DNS 管理器"窗口完成 DNS 服务器的前期设置和后期的运行管理。

DNS 服务器是通过区域来管理域名空间的。在 DNS 服务器中必须先建立区域，然后根据需要在区域中建立子域，以及在区域或子域中添加资源记录，从而完成其配置工作。

1）新建正向查找区域

DNS 客户端提出的解析请求大多数是正向解析请求，即将 FQDN 解析成 IP 地址。正向解析请求是通过正向查找区域处理的。在主 DNS 服务器中新建正向查找区域的操作步骤如下。

选择"开始"→"Windows 管理工具"→"DNS 服务器"选项，打开"DNS 管理器"窗口。用鼠标右键单击服务器名称，选择"新建区域"选项，如图 3-97 所示。

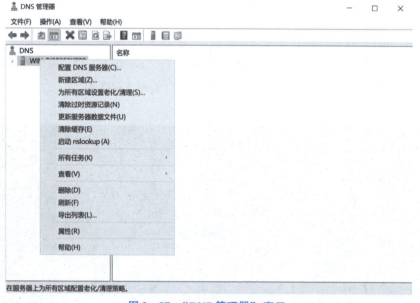

图 3-97　"DNS 管理器"窗口

进入"欢迎使用新建区域向导"界面，单击"下一步"按钮，如图 3-98 所示。

进入"区域类型"界面，默认单击"主要区域"单选按钮，如图 3-99 所示，单击"下一步"按钮。

进入"正向或反向查找区域"界面，默认单击"正向查找区域"单选按钮，如图 3-100 所示。

进入"区域名称"界面，在"区域名称"文本框中输入"hzy.com"，如图 3-101 所示。

单击"下一步"按钮，进入"区域文件"界面，默认单击"创建区域文件，文件名为"单选按钮，并默认使用文件名"hzy.com.dns"，如图 3-102 所示。

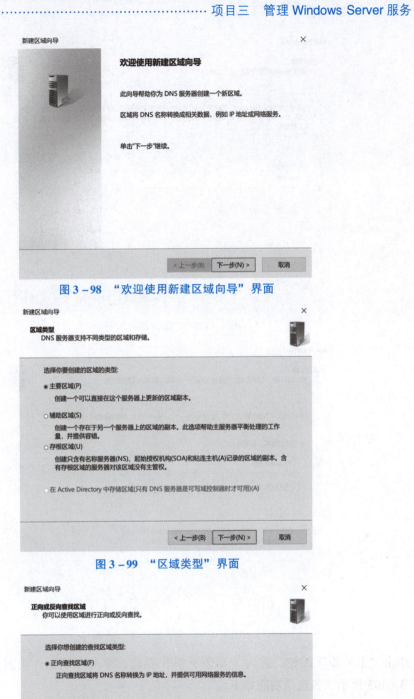

图 3 – 98 "欢迎使用新建区域向导"界面

图 3 – 99 "区域类型"界面

图 3 – 100 "正向或反向查找区域"界面

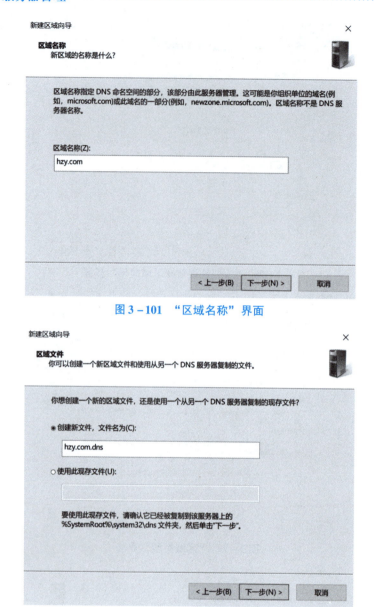

图 3 – 101 "区域名称"界面

图 3 – 102 "区域文件"界面

单击"下一步"按钮，进入"动态更新"界面，单击"不允许动态更新"单选按钮，如图 3 – 103 所示，各选项功能如下。

（1）只允许安全的动态更新（适合 Active Directory 使用）：只有在安装了活动目录集成区域才可以使用该选项，在建议域控制器中使用该选项。如果域内 DNS 客户端的主机名、IP 地址发生变动，则当将这些变动数据发送给 DNS 服务器后，DNS 服务器会自动更新 DNS 区域的相关记录。

（2）允许非安全和安全动态更新：如果要使任何 DNS 客户端都可以接受资源记录的动态更新，则可以使用该选项，但是由于可以接受来自非信任源的更新，所以使用此选项时可能不安全。

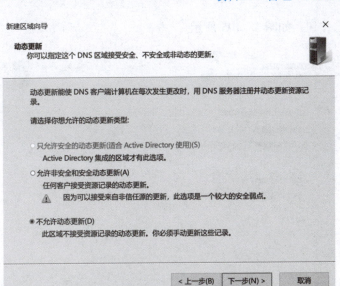

图 3 – 103　"动态更新"界面

（3）不允许动态更新：可以使此区域不接受资源记录的动态更新，因此应用比较安全。

单击"下一步"按钮，进入"正在完成新建区域向导"界面，单击"完成"按钮，完成正向查找区域的新建，如图 3 – 104 所示。

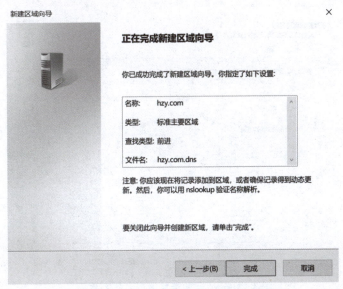

图 3 – 104　"正在完成新建区域向导"界面

2）新建反向查找区域

反向查找区域可以使 DNS 客户端利用 IP 地址解析其对应的 FQDN，新建反向查找区域与新建正向查找区域类似，具体步骤如下。

打开"DNS 管理器"窗口，用鼠标右键单击服务器名称，选择"新建区域"选项，进入"欢迎使用新建区域向导"界面，单击"下一步"按钮，进入"区域选择"界面，默认单击"主要区域"，单击"下一步"按钮，进入"正向或反向查找区域"界面，单击"反向查找区域" 单选按钮, 如图 3 – 105 所示。

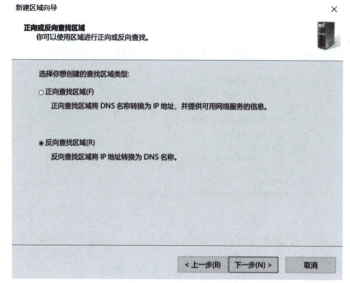

图 3 – 105 "正向或反向查找区域" 界面

单击 "下一步" 按钮, 进入 "反向查找区域名称" 界面, 单击 "IPv4 反向查找区域" 单选按钮, 如图 3 – 106 所示。

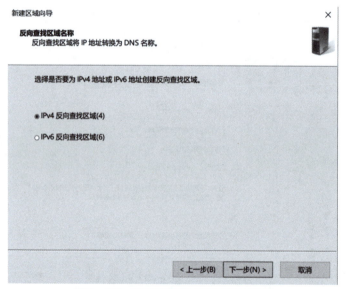

图 3 – 106 "反向查找区域名称" 界面

单击 "下一步" 按钮, 进入下一个 "反向查找区域名称" 界面, 在 "网络 ID" 文本框中输入 "192.168.100", 网络 ID 是 IP 地址与子网掩码进行与运算后的结果, 如图 3 – 107 所示。

单击 "下一步" 按钮, 进入 "区域文件" 界面, 默认单击 "创建新文件, 文件名为" 单选按钮, 并默认使用文件名 "100.168.192.in – addr.arpa.dns", 单击 "下一步" 按钮, 如图 3 – 108 所示。

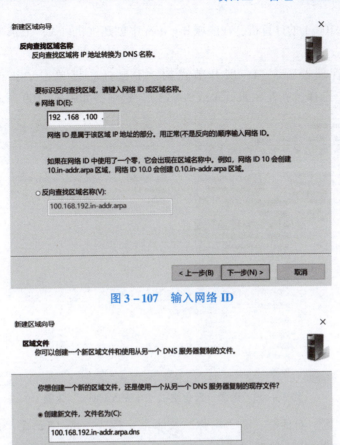

图 3-107　输入网络 ID

图 3-108　"区域文件"界面

小贴士

反向查找区域的文件名不可随意设置，其前半段必须是网络 ID 的反向书写，后半段必须加上"in-addr. arpa. 后缀"。

进入"动态更新"界面，默认单击"不允许动态更新"单选按钮，单击"下一步"按钮，进入"正在完成新建区域向导"界面，单击"完成"按钮，完成反向查找区域的新建。

2. 添加 DNS 资源记录

1）新建主机（A）记录

主机记录也称为 A 记录，是使用最广泛的 DNS 资源记录。这里以 FQDN 为 dns1. hzy. com，

IP 地址为 192.168.100.1 的计算机,在区域 hzy.com 中创建主机 (A) 记录为例进行说明,具体操作步骤如下。

打开"DNS 管理器"窗口,展开节点树,用鼠标右键单击"正向查找区域"→"hzy.com"节点,选择"新建主机 (A 或 AAAA)"选项,如图 3–109 所示。

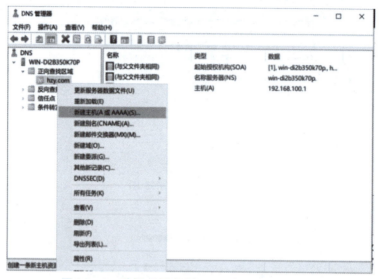

图 3–109　选择"新建主机 (A 或 AAAA)"选项

打开"新建主机"对话框,在"名称"文本框中输入"dns1",在"IP 地址"文本框中输入"192.168.100.1",单击"添加主机"按钮,如图 3–110 所示。如果反向查找区域已创建,则也可以根据需要勾选"创建相关的指针 (PTR) 记录"复选框,这里不勾选此复选框,后面单独新建指针 (PTR) 记录。

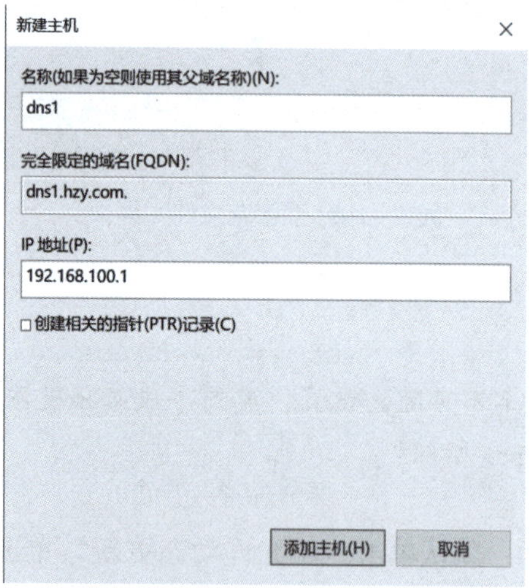

图 3–110　输入主机名和 IP 地址

完成主机 (A) 记录的添加,在"DNS 管理器"窗口中可以查看已新建的主机 (A) 记录,如图 3–111 所示。

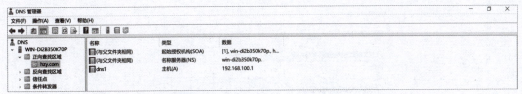

图 3 –111 查看主机（A）记录

如果 DNS 区域中有多条解析记录，其主机名都相同，但 IP 地址不相同，则 DNS 服务器可以提供轮询（Round – Robin）功能。例如，有 3 台 Web 服务器共同负责 www. 1234. com 这个网站，3 台 Web 服务器的 IP 地址分别为 10. 10. 10. 5、10. 10. 10. 15 和 10. 10. 10. 25，可以创建 3 条主机（A）记录，将域名 www. 1234. com 分别对应到这 3 个不同的 IP 地址。

DNS 客户端访问 Web 服务器时，首先会请求 DNS 服务器将域名解析为 IP 地址。当第一台 DNS 客户端查询 www. 1234. com 时，DNS 服务器提供 DNS 客户端这个域名对应的 IP 地址为 10. 10. 10. 5，第二台 DNS 客户端查询时就会把 IP 地址改为 10. 10. 10. 15……这样 DNS 服务器使用轮询功能，将不同的访问用户导向了 3 台不同的 Web 服务器，利用主机（A）记录实现了负载平衡。

2）新建别名（CNAME）记录

有时需要为一台主机根据不同的用途命名多个主机名。例如某台 Web 服务器，其主机名为 "www. hzy. com"。这台 Web 服务器同时提供 FTP 服务，可以给它命名一个标志性强的主机名，例如 "ftp. hzy. com"，此时就可以使用新建别名（CNAME）记录功能实现。

域名为 "www. hzy. com"、对应 IP 地址 192. 168. 100. 5 的主机（A）记录已经建立完成，新建别名 "ftp. hzy. com" 的具体操作步骤如下。

打开 "DNS 管理器" 窗口，展开节点树，用鼠标右键单击 "正向查找区域" → "hzy. com" 节点，选择 "新建别名（CNAME）" 选项，如图 3 – 112 所示。打开 "新建资源记录" 对话框，在 "别名" 文本框中输入 "ftp"，单击 "浏览" 按钮，找到要创建别名的 FQDN，然后单击 "确定" 按钮，完成别名（CNAME）记录的新建，如图 3 – 113 所示。

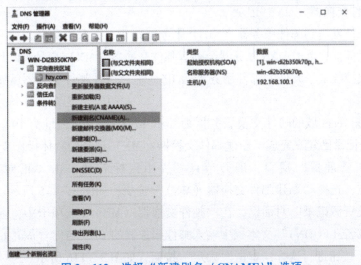

图 3 –112 选择 "新建别名（CNAME）" 选项

图 3 – 113　新建别名资源

利用 "ping ftp. hzy. com" 命令，查看 DNS 服务器的解析结果，如图 3 – 114 所示，可见已成功获取 IP 地址，还可得知原来的主机名为 "www. hzy. com"。

图 3 – 114　利用 "ping ftp. hzy. com" 命令测试新建别名（CNAME）记录

3）新建邮件交换器（MX）记录

当将电子邮件发送到邮件服务器（SMTP 服务器）后，此邮件服务器必须将电子邮件转发到目的邮件服务器，此时 DNS 服务器会查看邮件交换器（MX）记录，邮件交换器（MX）记录负责某个域接收电子邮件的邮件服务器的 IP 地址，这样邮件服务器就知道目的邮件服务器的 IP 地址了。

假设负责 hzy. com 域的邮件交换服务器为 mail. hzy. com，IP 地址为 192. 168. 100. 6，并且其主机（A）记录已建立完成。新建邮件交换器（MX）记录的具体操作步骤如下。

打开 "DNS 管理器" 窗口，展开节点树，用鼠标右键单击 "正向查找区域" → "hzy. com" 节点，选择 "新建邮件交换器（MX）" 选项，如图 3 – 115 所示。

打开 "新建资源记录" 对话框，在 "邮件交换器（MX）" 选项卡中，在 "邮件服务器的完全限定的域名（FQDN）" 文本框中输入邮件服务器的 DNS 名称 "mail. hzy. com"，也可以单击 "浏览" 按钮进行选择，单击 "确定" 按钮，如图 3 – 116 所示。

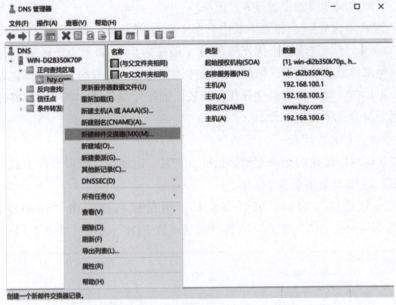

图 3 – 115　选择"新建邮件交换器（MX）"选项

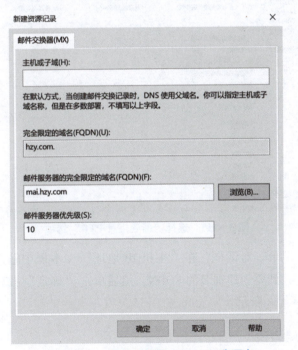

图 3 – 116　"邮件交换器（MX）"选项卡

"邮件交换器（MX）"选项卡中相关选项的功能如下。

（1）主机或子域：表示邮件服务器所负责的域名，该名称与所在区域的名称一起构成电子邮件地址中"@"右面的后缀。本例中不需要输入任何内容，除非要设置子域的邮件服务器，例如此处输入"net"，则表示设置的是子域 net. hzy. com 的邮件服务器。该子域可以事先或事后创建，也可以直接在子域中创建邮件交换器（MX）记录。

（2）邮件服务器的完全限定的域名（FQDN）：设置邮件服务器的全称，此名称必须是已创建的对应于邮件服务器的主机（A）记录。

（3）邮件服务器优先级：如果该域中有多个邮件服务器，则可以为它们设置优先级，数值范围为 0 ~ 65 535，数值越小优先级越高（最高为 0）。如果一个区域中有多台邮件服务器，则当其他邮件服务器向该区域的邮件服务器发送电子邮件时，会选择优先级最高的邮件服务器。如果传送失败，则会再选择优先级较低的邮件服务器。如果两台邮件服务器的优先级相同，则系统会选择其中一台。

4）新建指针（PTR）记录

在反向查找区域中创建的记录类型是指针（PTR）记录，它可以看作主机（A）记录的逆记录，作用是将 IP 地址解析为 FQDN。

打开 "DNS 管理器" 窗口，展开节点树，用鼠标右键单击 "反向查找区域" → "100. 168. 192. in – addr. arpa" 节点，选择 "新建指针 PTR" 选项，如图 3 – 117 所示。

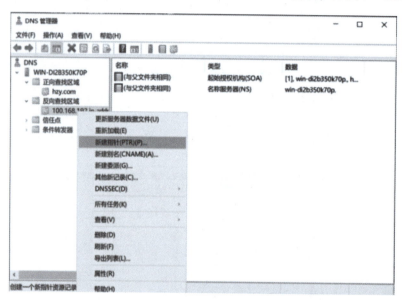

图 3 – 117　选择 "新建指针 PTR" 选项

打开 "新建资源记录" 对话框，在 "主机 IP 地址" 文本框中输入 "192. 168. 100. 1"，单击 "浏览" 按钮，找到要创建别名的 FQDN，然后单击 "确定" 按钮，完成指针（PTR）记录的新建，如图 3 – 118 所示。

三、DNS 客户端测试

1. 配置 DNS 客户端

DNS 服务器配置完成之后，还要对 DNS 客户端进行配置，才能让 DNS 客户端使用 DNS 服务器完成域名解析功能。

DNS 客户端分为静态 DNS 客户端和动态 DNS 客户端。

1）配置静态 DNS 客户端

以 Windows 10 操作系统为例，在 DNS 客户端配置静态 DNS 服务器 IP 地址的步骤如下。

在 DNS 客户端打开"Internet 协议版本 4（TCP/IPv4）属性"对话框，单击"使用下面的 DNS 服务器地址"单选按钮，分别在"首选 DNS 服务器"和"备用 DNS 服务器"文本框中输入首选 DNS 服务器 IP 地址和备用 DNS 服务器 IP 地址，单击"确定"按钮，如图 3 - 119 所示。

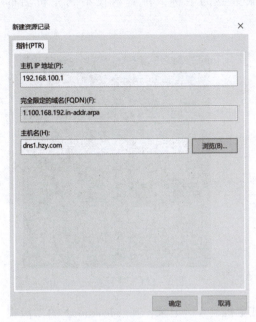

图 3 - 118　新建指针（PTR）记录

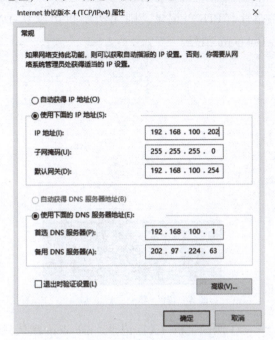

图 3 - 119　"Internet 协议版本 4（TCP/IPv4）属性"对话框

当 DNS 客户端请求首选 DNS 服务器时，如果没有得到响应，就会请求备用 DNS 服务器，如果想在 DNS 客户端指定两台以上 DNS 服务器，则可以在图 3 - 119 所示对话框中单击"高级"按钮，添加更多的 DNS 服务器 IP 地址，DNS 客户端将依据顺序依次请求通信，直到有 DNS 服务器响应为止。

2）配置动态 DNS 客户端

配置动态 DNS 服务器 IP 地址，需要在 DHCP 服务器上为 DNS 客户端配置 DNS 服务器的选项，请参考本项目的任务 1 "配置与管理 DHCP 服务器"。

2. DNS 客户端测试

1）nslookup

在 Windows 和 Linux 操作系统中都提供了一个诊断工具 nslookup，该工具用于查询 DNS 资源记录，查看域名解析是否正常，在网络故障时用来诊断网络问题。

nslookup 有两种模式：非交互式和交互式。

（1）非交互式。

非交互式的命令格式为"nslookup <需查询的域名或 IP 地址>"，如图 3 - 120 所示。一般来说，非交互式适用于简单的单次查询。

（2）交互式。

交互式的命令格式如下：输入"nslookup"后按 Enter 键，进入二级提示符交互查询状态，如果需要多次查询，则交互式更加合适，如图 3 - 121 所示。在执行 nslookup 交互式命令后，首先会显示当前提供域名解析的 DNS 服务器的信息，包括 DNS 服务器的 FQDN 和 IP地址。需要注意的是，FQDN 是通过 IP 地址解析出来的，如果 DNS 服务器未设置反向查找指针（PTR）记录，则无法解析出默认 DNS 服务器的名称，将显示找不到主机名的 Unknown 消息。

图 3 - 120　非交互式 nslookup

图 3 - 121　交互式 nslookup

①测试主机（A）记录。nslookup 默认只测试主机（A）记录，在 nslookup 下的二级提示符" > "后输入主机名，例如"dns1. hzy. com"，解析成功后显示对应的 IP 地址。

还可以通过设置不同的参数来修改测试记录的类型。例如（set type 表示设置查找的类型）：

set type = cname：测试别名（CNAME）记录；

set type = mx：测试邮件交换器（MX）记录；

set type = ptr：测试指针（PTR）记录。

②测试别名（CNAME）记录。例如，"ftp. hzy. com"解析成功后将显示该别名所对用的真实主机名"www. hzy. com"，如图 3 - 122 所示。

③测试邮件交换器（MX）记录。解析成功后将显示该域中邮件服务器的优先级、真实主机名及 IP 地址等信息，如图 3 - 123 所示。

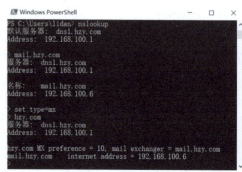

图 3 - 122　测试别名（CNAME）记录

图 3 - 123　测试邮件交换器（MX）记录

④测试指针（PTR）记录。解析成功后将显示 IP 地址所对应的主机名，如图 3－124 所示。

图 3－124　测试指针（PTR）记录

 小贴士

2）ping 命令

也可以用 ping 域名的方式简单测试 DNS 服务器与 DNS 客户端的配置，但需要注意的是 ping 不通不代表 DNS 服务器一定有问题，只要能解析出 IP 地址就表示 DNS 服务器是正常的，如图 3－125 所示。

3. 管理 DNS 缓存

当 DNS 客户端向 DNS 服务器请求域名解析时，DNS 服务器将从 DNS 缓存中读取该域名所对应的 IP 地址，当查找不到时就会到系统中查找 hosts 文件，如果还没有才会向 DNS 服务器请求一个 DNS 查询，DNS 服务器将返回该域名所对应的 IP 地址，在服务器收到 IP 地址以后将使用该 IP 地址进行访问，同时将 IP 地址缓存到本地的 DNS 缓存中。查看 DNS 缓存的命令为 ipconfig /displaydns。如果 IP 地址无法解析，或者是 DNS 缓存中的 IP 地址错误，可以使用 ipconfig /flushdns 命令清除所有 DNS 缓存，如图 3－126 所示。

图 3－125　使用 ping 命令测试 DNS 服务器

图 3－126　查看和清除 DNS 缓存

四、配置辅助 DNS 服务器

HZY 公司的业务量不断增加，对网络的使用量不断增大，HZY 公司中的主 DNS 服务器工作负担很重，为了提高 DNS 服务器的域名解析效率，实现 DNS 服务器的负载均衡与容错，HZY 公司新购进一台服务器作为辅助 DNS 服务器，FQDN 为"dns2. hzy. com"，IP 地址为 192. 168. 100. 2。在 Windows Server 2019 中配置辅助 DNS 服务器的具体操作步骤如下。

1. 准备工作

确保主 DNS 服务器中已经创建辅助 DNS 服务器的主机（A）记录；确保首选 DNS 服务器的 IP 地址是其本身 192. 168. 100. 1，备用 DNS 服务器的 IP 地址为辅助 DNS 服务器的 IP 地址 192. 168. 100. 2。

2. 在主 DNS 服务器中配置允许区域传送

出于安全原因，主 DNS 服务器是不允许任意 DNS 服务器从自己的区域中复制数据的，如果要将 dns2. hzy. com 配置为 hzy. com 的辅助 DNS 服务器，首先需要在主 DNS 服务器 dns1. hzy. com 中配置允许区域传送。

在主 DNS 服务器中，打开"DNS 管理器"窗口，展开节点树，用鼠标右键单击需要复制的"hzy. com"区域，选择"属性"选项，如图 3 - 127 所示。

图 3 - 127　选择"属性"选项

在"hzy. com 属性"对话框中选择"区域传送"选项卡，单击"允许区域传送"下的"只允许到下列服务器"单选按钮，单击"编辑"按钮，如图 3 - 128 所示。"允许区域传送"即主 DNS 服务器只会将区域中的资源记录转发到指定的辅助 DNS 服务器，未被指定的辅助 DNS 服务器提出的区域传送请求将被拒绝。相关选项的功能如下。

（1）到所有服务器：该区域文件可以复制到网络中所有的 DNS 服务器。

（2）只有在"名称服务器"选项卡中列出的服务器：该区域文件可以复制"名称服务器"选项卡中列出的 DNS 服务器。

（3）只允许到下列服务器：该区域文件允许复制到指定 DNS 服务器。

在"允许区域传送"对话框中输入辅助 DNS 服务器的 IP 地址 192. 168. 100. 2，验证成功后单击"确定"按钮，如图 3 - 129 所示。

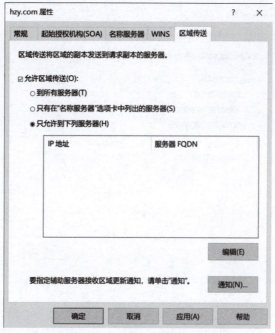

图 3 – 128 "hzy. com 属性" 对话框

图 3 – 129 输入辅助 DNS 服务器的 IP 地址

在"hzy. com 属性"对话框中，确定配置的 IP 地址和 DNS 服务器的 FQDN，单击"确定"按钮，完成允许区域传送设置，如图 3 – 130 所示。主 DNS 服务器中的资源记录如果有更新变动，也可以自动通知辅助 DNS 服务器，而辅助 DNS 服务器收到通知后，就可以提出允许区域传送请求。

单击右下角"通知"按钮，打开"通知"对话框，勾选"自动通知"复选框，单击"下列服务器"单选按钮，输入辅助 DNS 服务器 IP 地址，如图 3 – 131 所示，完成要指定辅助 DNS 服务器接收区域更新通知。

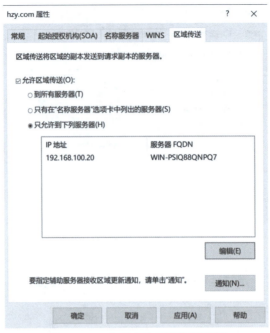

图 3 – 130　完成允许区域传送设置

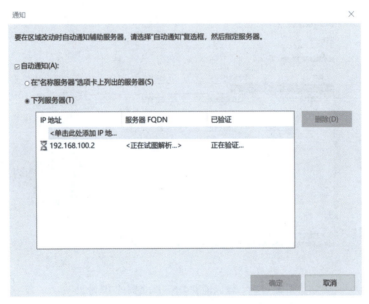

图 3 – 131　设置自动通知的 DNS 服务器 IP 地址

 小贴士

　　主 DNS 服务器会通过反向查找区域解析拥有此 IP 地址的主机名（FQDN），如果没有配置反向查找区域，将显示无法解析的警告信息，此时不必理会此信息，它并不会影响区域传送。

3. 在辅助 DNS 服务器中创建辅助区域 hzy. com

在辅助 DNS 服务器（dns2. hzy. com）中安装 DNS 服务器角色和功能。

打开"DNS 管理器"窗口，展开节点树，用鼠标右键单击"正向查找区域"节点，选择"新建区域"选项，打开"新建区域向导"对话框，单击"下一步"按钮，进入"区域类型"界面，单击"辅助区域"单选按钮，如图 3 - 132 所示。

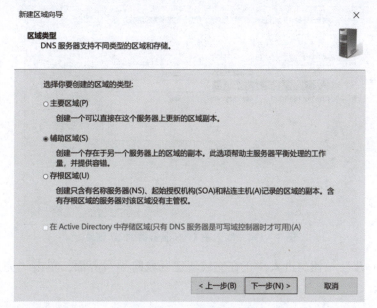

图 3 - 132　新建辅助区域

单击"下一步"按钮，在"区域名称"界面中输入辅助区域的名称"hzy. com"，注意辅助区域名称与主要区域名称必须一致，如图 3 - 133 所示。

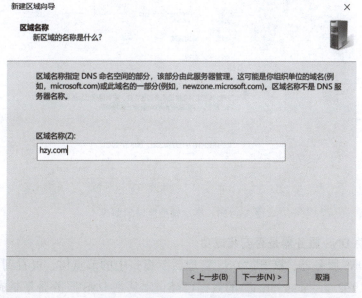

图 3 - 133　输入辅助区域的名称

单击"下一步"按钮，在"主 DNS 服务器"界面中，输入主 DNS 服务器的 IP 地址 192.168.100.1，如图 3－134 所示。

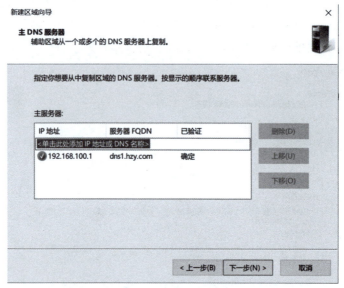

图 3－134　输入主 DNS 服务器的 IP 地址

单击"下一步"按钮，进入"正在完成新建区域向导"界面，单击"完成"按钮，如图 3－135 所示。

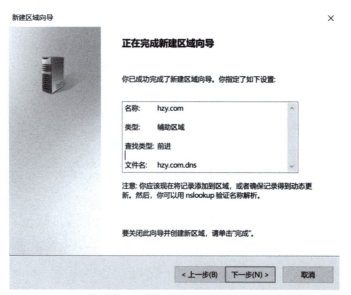

图 3－135　完成辅助区域的创建

4. 测试辅助 DNS 服务器是否安装成功

进入辅助 DNS 服务器，展开"DNS 管理器"窗口中的节点树，可看到"hzy.com"区域和"100.168.192.in－addr.arpa"的数据已经自动从主 DNS 服务器复制成功，并且这些数据是只读的，没有"修改"权限，如图 3－136 和图 3－137 所示。

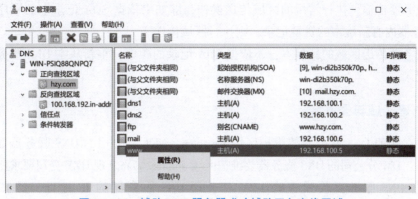

图 3 – 136　辅助 DNS 服务器成功辅助正向查找区域

图 3 – 137　辅助 DNS 服务器成功辅助反向查找区域

5. 手动执行区域传送

在默认情况下，每隔 15 秒辅助 DNS 服务器就会自动向主 DNS 服务器请求执行区域传送，也可以使用手动方式随时执行区域传送，方法是用鼠标右键单击需要传送的区域，选择"从主服务器传输"或"从主服务器传送区域的新副本"选项，如图 3 – 138 所示。二者的区别如下。

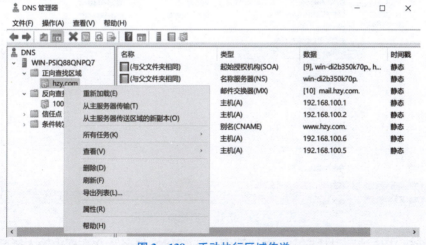

图 3 – 138　手动执行区域传送

从主服务器传输：执行常规的区域传送操作，即如果依据 SOA 记录中的顺序判断出在主 DNS 服务器内有新版本的资源记录，则执行区域传送。

从主服务器传送区域的新副本：不依据 SOA 记录的顺序，重新从主 DNS 服务器复制完整的资源记录。

五、创建子域与委派域

HZY 总公司的 DNS 服务器要维护区域 hzy. com，NET 分公司的 DNS 服务器要维护区域 net. hzy. com，DM 分公司的 DNS 服务器要维护区域 dm. hzy. com。现 HZY 公司要求所有 DNS 客户端的首选 DNS 服务器均设置为 HZY 总公司 DNS 服务器的 IP 地址，要求能够解析 net. hzy. com 和 dm. hzy. com。

如何将隶属于子域 net. hzy. com 和 dm. hzy. com 的资源记录添加到主 DNS 服务器中？解决方案有以下两种。

（1）可以直接在 hzy. com 区域中建立子域，再将子域的资源记录添加进去，子域的资源记录还是存放在主 DNS 服务器中。

（2）将子域中的资源记录指派给其他的 DNS 服务器管理，子域的资源记录存放在被委派的 DNS 服务器中。

1. 建立子域

在 hzy. com 域之下建立子域 net. hzy. com 的具体操作步骤如下。

打开"DNS 管理器"窗口，展开节点树，用鼠标右键单击已经创建的"hzy. com"区域，选择"新建域"选项，如图 3 – 139 所示。

图 3 – 139　选择"新建域"选项

在"新建 DNS 域"对话框中，在"请键入新的 DNS 域名"文本框中输入所要创建的域

名"net"，单击"确定"按钮，该子域创建成功，如图 3 -
140 所示。

根据需要，可以在该子域中创建诸如主机（A）记录、
别名（CNAME）记录等资源记录，如图 3 - 141 所示。

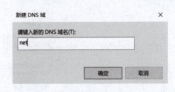

图 3 - 140　"新建 DNS 域"对话框

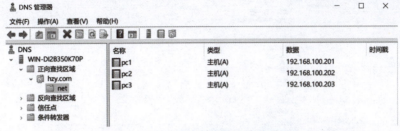

图 3 - 141　子域创建完成后的界面

进入 DNS 客户端的 Windows PowerShell，使用
nslookup 命令对子域 net. hzy. com 进行测试，如
图 3 - 142 所示。

类似地，也可以在 hzy. com 域之下建立子域
dm. hzy. com 及其相应的资源记录。

图 3 - 142　DNS 客户端测试

2. 建立委派域

如图 3 - 143 所示，在 Windows Server 2019 中配置 DNS 委派域，以将区域 dm. hzy. com
的解析请求委派给 HZY 总公司 DNS 服务器为例进行说明，具体操作步骤如下。

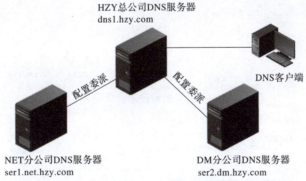

图 3 - 143　建立委派域拓扑

1）配置委派 DNS 服务器

在 HZY 总公司 DNS 服务器，在 hzy. com 中新建 dm 委派域。打开"DNS 管理器"窗口，展
开节点树，用鼠标右键单击已经创建的"hzy. com"区域，选择"新建委派"选项，如图 3 -
144 所示。进入"欢迎使用新建委派向导"界面，单击"下一步"按钮，如图 3 - 145 所示。

在"欢迎使用新建委派向导"界面中单击"下一步"按钮，进入"受委派域名"界
面，在"委派的域"文本框中输入"dm"，如图 3 - 146 所示。

单击"下一步"按钮，进入"名称服务器"界面，单击"添加"按钮，指定可以主持
委派的 DNS 服务器名称，如图 3 - 147 所示。

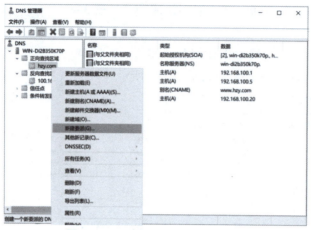

图 3-144　选择"新建委派"选项

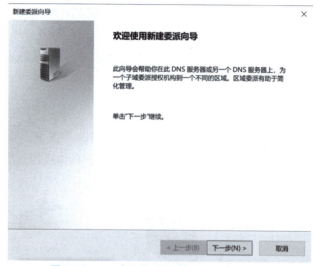

图 3-145　"欢迎使用新建委派向导"界面

新建委派向导

受委派域名
你提供的 DNS 域的授权机构将被委派到不同的区域。

指定要委派的 DNS 域的名称。

委派的域(D):

dm

完全限定的域名(FQDN):

dm.hzy.com

< 上一步(B)　下一步(N) >　取消

图 3-146　"受委派域名"界面

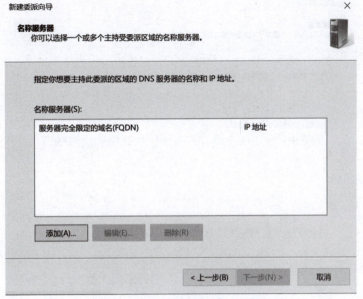

图 3－147　"名称服务器"界面

单击"下一步"按钮，进入"新建名称服务器记录"界面，输入 DNS 服务器的 FQDN "ser2. dm. hzy. com"，输入其 IP 地址 192. 168. 100. 100，按 Enter 键以便验证拥有此 IP 地址的 DNS 服务器是否为此区域的授权 DNS 服务器，单击"确定"按钮，如图 3－148 所示。注意，由于当前无法解析到 ser2. dm. hzy. com 的 IP 地址，所以输入 DNS 服务器的 FQDN 后不要单击"解析"按钮。

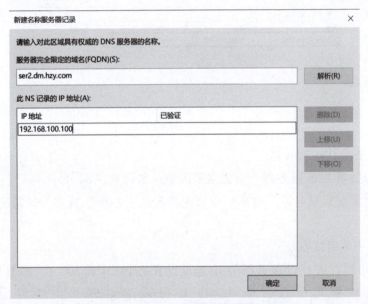

图 3－148　"新建名称服务器记录"界面

添加完成后会在"名称服务器"界面显示子域的 DNS 域名和 IP 地址，单击"下一步"按钮，如图 3－149 所示。单击"完成"按钮，完成新建委派向导。

图 3-149 "名称服务器"界面

返回"DNS 管理器"窗口，如图 3-150 所示，dm 即新建立的委派域，其中有一条名称服务器（NS）记录，其记录了 dm. hzy. com 域的授权 DNS 服务器是 ser2. dm. hzy. com。当 HZY 总公司 DNS 服务器接收到查询 dm. hzy. com 中的资源记录的请求时，它会向 ser2. dm. hzy. com 查询，此查询模式为迭代查询。

图 3-150 委派域创建完成

2）配置受委派 DNS 服务器

进入 DM 分公司 DNS 服务器，创建主要区域，名称为"dm. hzy. com"，如图3-151 所示。然后，在"新建区域向导"对话框中依次单击"下一步"按钮，向新建区域添加资源记录。

3）DNS 客户端测试委派

将 DNS 客户端首选 DNS 服务器的 IP 地址设置为 192. 168. 100. 1，即 HZY 总公司 DNS 服务器。以系统管理员身份登录，在 Windows PowerShell 中使用 nslookup 测试，pc51. dm. hzy. com 对应的 IP 地址为 192. 168. 100. 101，解析成功，并且提示"非权威应答"，这表示这些 DNS 资源记录并非存储到当前 DNS 服务器中，而是从 ser2. dm. hzy. com 服务器中得到的解析结果，如图 3-152 所示。

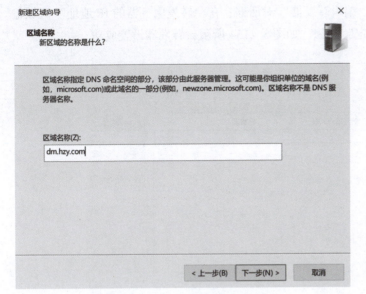

图 3 - 151　创建主要区域

图 3 - 152　DNS 客户端测试委派

六、设置转发器

HZY 总公司有多台 DNS 服务器，出于安全考虑只允许一台 DNS 服务器与外网 DNS 服务器通信，其他 DNS 服务器将查询请求委托给这台 DNS 服务器负责，那么这台 DNS 服务器就是其他 DNS 服务器的转发器。设置转发器的具体操作步骤如下。

打开"DNS 管理器"窗口，用鼠标右键单击服务器名称，选择"属性"选项，在打开的对话框中选择"转发器"选项卡，如图 3 - 153 所示。

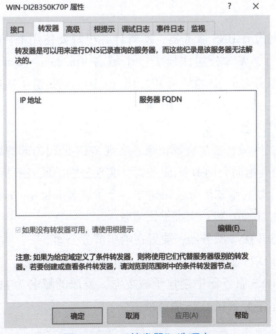

图 3 - 153　"转发器"选项卡

单击"编辑"按钮，打开"编辑转发器"对话框，在"转发服务器的IP地址"区域输入转发器的IP地址，单击"确定"按钮，如图3-154所示，转发器设置成功。

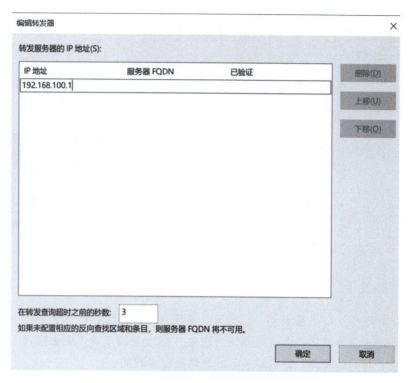

图 3-154 "编辑转发器"对话框

 任务实训

（1）WIN公司内网没有DNS服务器，所有计算机都要使用ISP的DNS服务器IP地址（202.97.224.68）。最近，WIN公司注册了一个域名win.com，要求网络管理员部署一台DNS服务器，该DNS服务器的IP地址为172.16.10.10，满足员工通过FQDN访问内部DNS服务器的需求，同时还为员工解析公网IP地址。

①添加DNS服务器角色。

②创建正/反向查找区域，添加资源记录，实现WIN公司内部的域名解析。

③设置转发器，使其指向公网DNS服务器，实现公网的域名解析。

（2）WIN总公司计划为哈尔滨分公司建立一个子域名hrb.win.com，并且使用哈尔滨分公司DNS服务器（172.16.20.20）来维护该子域。

①部署哈尔滨分公司DNS服务器，放置在哈尔滨分公司。

②在哈尔滨分公司DNS服务器中创建hrb.win.com主要区域。

③在WIN总公司DNS服务器中创建子域委派，委派的域名为hrb.win.com，主持该委派的DNS服务器是哈尔滨分公司DNS服务器。

自测习题

1. DNS 提供了一个（　　）命名方案。

A. 分层　　　　　　B. 多层　　　　　　C. 树状　　　　　　D. 分级

2. （多选）下列属于域名空间结构的是（　　）。

A. 根域　　　　　　　　　　　　B. 顶级域

C. 辅助区域　　　　　　　　　　D. 主机域　　　　　　E. 子域

3. FQDN 的一般格式为（　　）。

A. 主机 . DNS 后缀　　B. DNS 后缀　　　C. DNS 后缀 . 主机　　D. 主机

4. （　　）是将 IP 地址映射为域名，通过查询 IP 地址来查询域名。

A. 递归查询　　　　B. 反向搜索查询　　C. 正向搜索查询　　D. 迭代查询

5. 要查看本地 DNS 缓存，使用的命令是（　　）。

A. ipconfig /displaydns　　　　　　B. ipconfig /renew

C. ipconfig /flushdns　　　　　　　D. ipconfig /release

6. （　　）表示别名的资源记录。

A. MX　　　　　　　B. A　　　　　　　C. CNAME　　　　　D. PTR

7. DNS 顶级域中表示教育机构的是（　　）。

A. gov　　　　　　　B. com　　　　　　C. edu　　　　　　　D. org

8. （　　）资源记录定义了 DNS 服务器为某区域的权威名称服务器。

A. A　　　　　　　　B. SOA　　　　　　C. PTR　　　　　　　D. NS

9. 下面关于主要区域和辅助区域的描述，正确的是（　　）。

A. 当主要区域崩溃时，辅助区域不能转换为主要区域

B. 辅助区域的资源记录是只读的，同时具有权威性

C. 都可以进行读写操作，但需要系统管理员权限

D. 主要区域在本地存在区域文件，而辅助区域没有

10. 创建（　　）是指在父区域中创建一个新区域，并且为新区域指定一个权威服务器。

A. 子域　　　　　　B. 委派　　　　　　C. 辅助区域　　　　D. 反向查找区域

11. 常用的 DNS 测试命令包括（　　）。

A. hosts　　　　　　B. trace　　　　　　C. ipconfig　　　　　D. nslookup

12. 某 Web 服务器的 URL 为 https://www. abc. com，在 abc. com 区域中为其添加 DNS 资源记录时，其主机名为（　　）。

A. www　　　　　　B. abc　　　　　　　C. com　　　　　　　D. https

13. 图 3 −155 所示为 DNS 客户端使用 nslookup 的解析结果，该 DNS 客户端的首选 DNS 服务器的 IP 地址是（1）。在 DNS 服务器中，ftp. hzy. com 是采用（2）方式创建的。

(1) A. 192. 168. 100. 1　　　　B. 192. 168. 100. 90

　　C. 192. 168. 100. 0　　　　D. 以上是

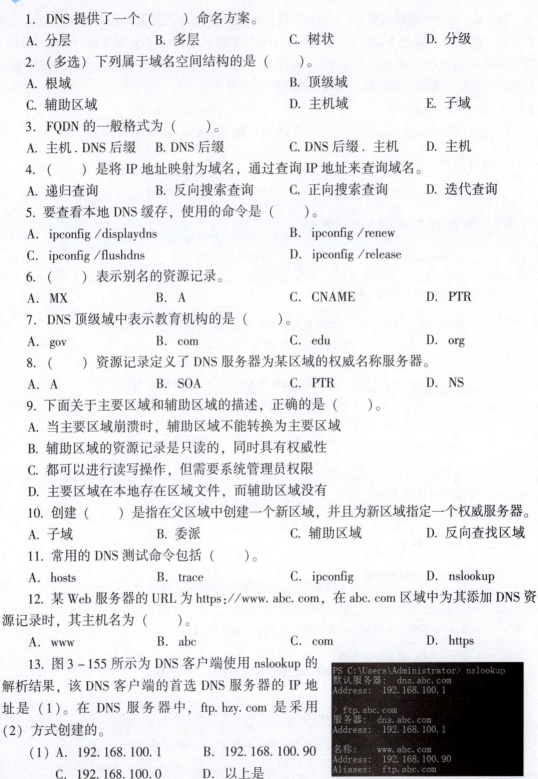

图 3 −155　使用 **nslookup** 的解析结果

（2） A. 主机（A）　　　　　　B. 邮件交换器（MX）

　　　 C. 别名（CNAME）　　　　D. 指针（PTR）

14. abc 公司网络域名为 abc.com，网络中一台 DNS 服务器负责该公司网络中的域名解析工作。有一台 Web 服务器，abc 公司员工可以使用域名访问此 Web 服务器，因某种原因，需要将 Web 服务器的 IP 地址改为 192.18.100.5，但紧接着就有员工反馈无法继续访问 Web 站点。如果要立即解决该问题，则可以使用的命令为（　　　　）。

A. ipconfig／displaydns　　　　　　B. ipconfig／release

C. ipconfig／renew　　　　　　　　D. ipconfig／flushdns

 项目测评

项目三　任务2　配置与管理 DNS 服务器（100 分）			学号：　姓名：		
序号	评分内容	评分要点说明	小项加分	分项得分	备注
一、安装并配置 DNS 服务器（40 分）					
1	安装 DNS 服务器角色（10 分）	能正确设置安装 DNS 服务器角色过程中的各项参数，得 10 分			
2	创建 DNS 区域（10 分）	能正确设置创建 DNS 的正、反查找区域过程中的各项参数，得 10 分			
3	创建资源记录（10 分）	能根据需要正确创建相应的资源记录，得 10 分			
4	配置 DNS 服务器（10 分）	能正确配置 DNS 服务器，得 10 分			
二、管理 DNS 服务器（60 分）					
5	配置 DNS 允许区域传送（15 分）	能正确配置 DNS 允许区域传送，得 15 分			
6	配置 DNS 子域（10 分）	能正确配置 DNS 子域，得 10 分			
7	配置 DNS 子域委派（15 分）	能正确配置 DNS 子域委派，得 15 分			
8	配置转发器（10 分）	能正确配置转发器，得 10 分			
9	测试 DNS 客户端（10 分）	能正确测试 DNS 客户端，并获取正确的域名结果，得 10 分			

任务3　配置与管理 Web 服务器

任务描述

为了扩大影响力，宣传企业的文化形象，HZY 公司计划在基于 Windows Server 2019 的 Web 服务器中部署门户网站，同时，计划在这个 Web 服务器中部署各部门的网站。网络管理员要按照 HZY 公司的要求，实现 Web 服务器的配置管理和安全访问。

任务解析

为了完成本项目任务，需要在 Windows Server 2019 中安装 Web 服务器角色功能，并对其进行基本配置，以满足 HZY 公司门户网站的浏览功能。根据实际使用需要，选择使用虚拟目录或虚拟主机技术为 HZY 公司其他部门提供网站服务，最后还需要对网站进行安全设置，以保证网站安全运行。

知识链接

一、认识 Web 服务

Web 服务又称为 WWW（World Wide Web）服务，中文称为"万维网服务"，其采用浏览器/服务器模式，主要功能是提供网上信息浏览服务。Web 服务器与 Web 客户端的交互过程如图 3-156 所示。当 Web 客户端的浏览器连接到 Web 服务器并请求文件时，Web 服务器将处理反馈到浏览器中，Web 客户端与 Web 服务器之间采用 HTTP 传输数据。例如，用户

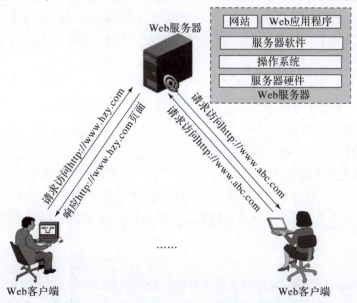

图 3-156　Web 服务器与 Web 客户端的交互过程

要浏览网页时，可以直接在浏览器地址栏中输入相应的 URL（Uniform Resource Locator，统一资源定位符）地址并按 Enter 键，即可在浏览器中搜索到所需的信息。Web 客户端所使用的浏览器种类众多，目前常用的有 Windows 操作系统自带的 Microsoft Edge、IE（Internet Explorer）以及火狐（FireFox）、谷歌（Google）等。

Web 服务器是向 Web 客户端提供服务的计算机，承载着多个网站和 Web 应用程序。在 Web 服务器硬件之上，安装有操作系统和 Web 服务器所使用的软件。Web 服务器是安装在 Web 服务器硬件和操作系统之上，承载和管理网站、Web 应用程序、Web 服务，向 Web 客户端提供 Web 服务的软件。目前主要流行的 Web 服务软件有 Windows 平台中的 IIS（Internet Information Service，互联网信息服务）和 Linux 平台中的 Apache 等。

拓展阅读

万维网之父——蒂姆·伯纳斯·李，他是在全球广受赞扬的英国科学家。他发明万维网的初衷是创建一个以超级文本系统为基础的项目以用于科学教研究成果的分享和更新。蒂姆是一个极具浪漫主义情怀的科学家。在这个所有人都狂热追求金钱的时代，作为一个轻易可以利用自己的发明获得财富的发明者，他"头脑发热"，放弃了这个暴富的绝好机会，将万维网无偿向全世界开放。他的奉献比他的发明本身更让人感动，因为这个举动不仅为互联网的全球化普及翻开了里程碑式的篇章，更让全世界人民免费享受到这项伟大发明为生活带来的美妙乐趣。蒂姆无私奉献的精神值得我们学习。

二、IIS 10.0 简介

IIS 是微软公司的 Web 服务器产品，它是目前流行的 Web 服务器产品之一，很多网站都是建立在 IIS 平台上的。IIS 提供了基于 GUI，可用于 Internet、Intranet 或者 Extranet 的可靠、可伸缩、安全以及可管理的集成 Web 服务器的能力，为动态网络应用程序创建了强大的通信平台。

IIS 10.0 是一个强大的 Web 服务器平台，它是 Windows Server 2019 的可加载 Web 服务器角色。IIS 10.0 提供了基本服务，包括发布信息传输文件、支持用户通信和更新这些服务所依赖的数据存储，具体内容如下。

1. Web 服务

Web 服务的主要功能是提供网上信息浏览服务，是应用最广泛的互联网服务之一。Web 服务通过将 Web 客户端的 HTTP 请求连接到在 IIS 中运行的网站上，向 IIS 最终用户提供 Web 发布服务。Web 服务管理 IIS 核心组件，这些组件处理 HTTP 请求并配置和管理 Web 应用程序。

2. FTP 服务

FTP（File Transfer Protocol）服务即文件传输协议服务，主要为用户提供文件传输服务，通过 FTP 服务 IIS 提供对管理和处理文件的完全支持。FTP 服务使用传输控制协议（Transmission Control Protocol，TCP），从而确保了文件传输的完整和数据传输的准确。该版本的 FTP 支持在站点级别隔离用户，以帮助网络管理员保护其 Internet 站点的安全，并使之商业化。

3. SMTP 服务

SMTP（Simple Mail Transfer Protocol）服务即简单邮件传输协议服务，主要用于邮件的发送和接收。例如，为了确认用户提交表格是否成功，可以对服务器进行编程以自动发送邮件来响应事件，也可以使用 SMTP 服务接收来自网站客户的反馈消息。SMTP 服务不支持完整的电子邮件服务，要提供完整的电子邮件服务，可使用 Microsoft Exchange Server。

4. NNTP 服务

NNTP（Network News Transport Protocol）服务即网络新闻传输协议服务，它通过 Internet 使用可靠的基于流的新闻传输，提供新闻发的分发、查询、检索和投递服务，可以使用 NNTP 服务主控单台计算机中的 NNTP 本地讨论组。因为该功能完全符合 NNTP，所以用户可以使用任何新闻阅读客户端程序进行讨论。

5. IIS 管理服务

IIS 管理服务用于管理 IIS 配置数据，并为 Web 服务、FTP 服务、SMTP 服务和 NNTP 服务更新 Windows 操作系统注册表，配置数据用来保存 IIS 的各种配置参数。IIS 管理服务对其他应用程序公开配置数据库，这些应用程序包括 IIS 核心组件、在 IIS 上建立的应用程序，以及独立于 IIS 的第三方应用程序（如管理或监视工具）。

三、Web 目录

Web 目录分为两种：物理目录（Physical Directory）和虚拟目录（Virtual Directory）。

1. 物理目录

网站的所有网页和相关文件都要存放在主目录下，从网站管理的角度出发，为了便于管理，网页文件应分门别类地存储在专用的文件夹中，可以在网站的主目录下创建多个文件夹，分别存放不同内容的文件。例如，在 HZY 公司网站中，技术部的网页文件存放在主目录的"tech"文件夹中，销售部的网页文件存放在主目录的"sales"文件夹中，财务部的网页文件存放在主目录的"fina"文件夹中等，这些直接存放在主目录下的子文件夹称为物理目录。

2. 虚拟目录

如果物理目录的数量比较多，则主目录的空间可能不足，因此可以将上述文件夹存储到其他位置，例如本地计算机的其他磁盘分区中或其他计算机的共享文件夹中等，而上述文件在逻辑上仍归属网站之下，这种归属网站之下的目录称为虚拟目录。每个虚拟目录都有一个别名，用户通过别名来访问文件夹中的网页内容。不论网页的实际存储位置更改到何处，只要别名不变，用户仍然以通过相同的别名访问网站。一个 Web 站点可以拥有多个虚拟目录，这样就可以实现一台 Web 服务器发布多个网站的目的。虚拟目录也可以设置主目录、默认文档、身份验证等，访问时与主网站使用相同的 IP 地址和端口。

使用虚拟目录的优点如下。

（1）将数据分散存储于不同的磁盘分区或计算机中，用户访问时，感觉数据如同存储在同一个文件中，便于扩展与维护。

（2）虚拟目录中的数据移动到其他位置，或添加或删除虚拟目录，都不会影响 Web 网站的逻辑结构。

四、虚拟主机技术

使用 IIS 10.0 可以很方便地架设 Web 网站。虽然在安装 IIS 时系统已经建立了一个默认 Web 网站，直接将 Web 网站内容放到其主目录或虚拟目录中即可直接浏览，但最好重新设置，以保证 Web 网站的安全。如果需要，还可在一台 Web 服务器中建立多个虚拟主机以实现多个 Web 网站，这样可以节约硬件资源，节省空间，降低能源成本。

如果企业网络中需要部署多个 Web 网站，但 Web 服务器的数量有限，而且 Web 网站的访问量也不是很大，则无须为每个 Web 网站都单独配置一台 Web 服务器。IIS 10.0 支持在一台 Web 服务器中运行多个 Web 网站，这些 Web 网站称为虚拟主机。为了能正确区分这些 Web 网站，必须赋予每个 Web 网站唯一的标识信息。虚拟主机技术通过分配主机名、IP 地址和 TCP 端口来标识 Web 网站，一台 Web 服务器中所有 Web 网站的这三个标识信息不能完全相同，每个 Web 网站都具有唯一的标识信息。

虚拟主机技术的优点是将一个物理主机分割成多个逻辑上的虚拟主机使用，适用于企业或组织需要创建多个 Web 网站的情况，可以提高硬件资源的利用率，节省成本。架设多个 Web 网站可以通过以下 3 种方式完成。

（1）使用不同的 IP 地址架设多个 Web 网站。

（2）使用相同的 IP 地址、不同的端口号架设多个 Web 网站。

（3）使用相同的 IP 地址和端口号、不同的主机名架设多个 Web 网站。

 小贴士

> 利用虚拟目录和虚拟主机技术都可以创建 Web 网站。虚拟目录与虚拟主机技术的区别如下。
>
> 虚拟目录需要依附于主网站，没有独立的 DNS 域名、IP 地址和端口号，用户访问时，必须带上主网站名；虚拟主机技术所架设的是一个独立的 Web 网站，拥有独立的 DNS 域名、IP 地址和端口号。

 任务实施

一、安装与测试 IIS 10.0

为了提供 Web 服务，使 Web 客户端能够访问 Web 网站的内容，网络管理员需要在网络中安装 Web 服务器。Windows Server 2019 默认没有安装 Web 服务器，因此需要安装 Web 服务器（IIS）。安装 Web 服务器的计算机要使用固定的 IP 地址（192.168.100.5/24），安装

Web 服务器的具体操作步骤如下。

1. 安装 Web 服务器角色（IIS）

在"服务器管理器"窗口中选择"管理"→"添加角色和功能"选项，进入"添加角色和功能"界面后，持续单击"下一步"按钮，在"选择服务器角色"界面中，勾选"Web 服务（IIS）"复选框，如图 3-157 所示。

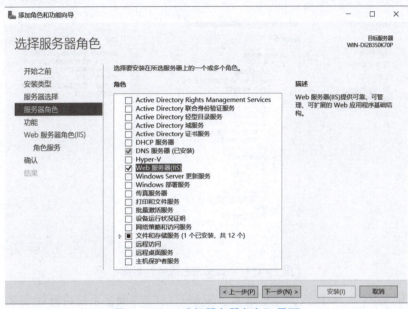

图 3-157　"选择服务器角色"界面

单击"下一步"按钮，进入"选择功能"界面，勾选"NET Framework 4.7 功能（2 个已安装，共 7 个)"复选框，如图 3-158 所示，这样就可以保证系统的兼容性（兼容旧程序）。

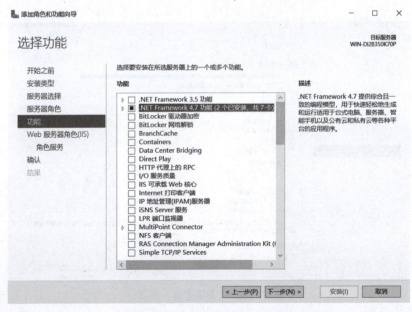

图 3-158　"选择功能"界面

单击"下一步"按钮，进入"选择角色服务"界面，可以根据需要定制安装相应的功能模块，这样可以使 Web 网站的受攻击面减小，安全性和性能大幅提高，这里建议选择安装"Web 服务器（IIS）"的所有工具，如图 3 – 159 所示。

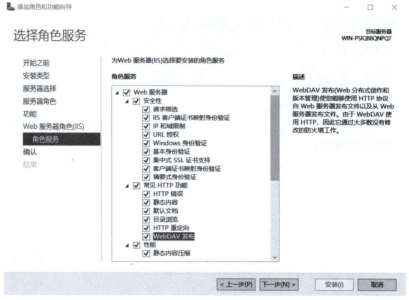

图 3 – 159 "选择角色服务"界面

持续单击"下一步"按钮，直到进入"安装进度"界面，系统将开始安装，显示安装进度等相关信息，如图 3 – 160 所示，等待安装完毕之后单击"关闭"按钮，完成 Web 服务器（IIS）的安装。

图 3 – 160 "安装进度"界面

Web 服务器（IIS）安装完成之后，选择"开始"→"Windows 管理工具"→"Internet Information Server（IIS）管理器"选项，打开"Internet Information Services（IIS）管理器"窗口，即可以看到已安装的 Web 服务器，其中有一个已经默认建好的 Default Web Site 站点，如图 3 – 161 所示。

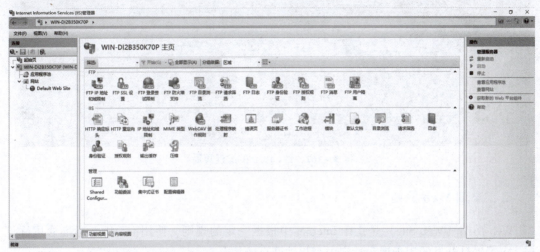

图 3 – 161 "Internet Information Services（IIS）管理器"窗口

 小贴士

> 使用 inetmgr 命令也可以打开"Internet Information Services（IIS）管理器"窗口。

2. 测试 Web 服务器（IIS）

安装 Web 服务器（IIS）完成后还要测试是否安装正常，可以使用以下几种常用的测试方法。

在 Web 服务器中，打开浏览器，可以使用以下方法测试。

（1）回送地址：在浏览器中输入"http://127.0.0.1"或"http://localhost"来测试链接网站。

（2）计算机名：在浏览器中输入"http://计算机名"来测试链接网站。

在局域网的计算机中，打开浏览器，可以使用以下地址格式测试。

（1）IP 地址：Web 服务器的 IP 地址为 192.168.100.5，则可以通过"http://192.168.100.5"来测试链接网站。

（2）DNS 域名地址：将 Web 服务器的 DNS 域名 www.hzy.com 与 IP 地址注册到 DNS 服务器中，可通过 DNS 网址"http://www.hzy.com"来测试链接网站。

如果 Web 服务器安装成功，则会在浏览器中显示 IIS 10.0 的欢迎页面，如图 3 – 162 所示。如果没有显示默认的欢迎页面，则可以检查 IIS 10.0 是否出现问题或重启 IIS 10.0，也可以删除 IIS 10.0 重新安装。

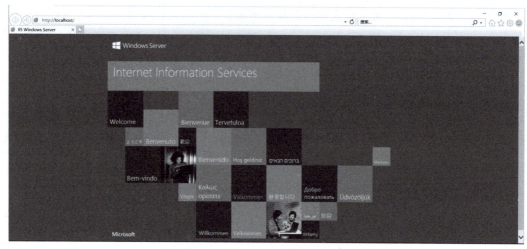

图 3 – 162　IIS 10.0 的欢迎页面

二、添加 Web 网站

Web 网站（Web Site）是指在 Internet 中根据一定的规则，使用 HTML（标准通用标记语言）等工具开发的用于展示特定内容相关网页的集合。

Web 服务器安装完成之后，可以直接利用默认 Web 网站（Default Web Site）创建 Web 网站，也可以另外建立新的 Web 网站。这里以 Web 服务器建立新的 Web 网站为例，使 Web 客户端可以访问 Web 网站，具体操作步骤如下。

1. 停止默认 Web 网站

为了避免与默认 Web 网站冲突，先将默认 Web 网站停用。打开 "Internet Information Services（IIS）管理器" 窗口，在右侧 "操作" 窗格中选择 "管理网站" → "停止" 选项，即可停止正在运行的默认 Web 网站。

2. 准备 Web 网站内容

在 C 盘中创建文件夹 "C：\webroot" 作为 Web 网站的主目录，并在其中存放网页 "default. htm" 作为主页，文件内容为 "WEBTEST IS FOR HZY"。

3. 添加 Web 网站

在 "Internet Information Services（IIS）管理器" 窗口右侧的 "操作" 窗格中，选择 "添加网站" 选项，打开 "添加网站" 对话框。在该对话框中可以指定网站名称、应用程序池、内容目录、传递身份验证、网站类型、IP 地址、端口号、主机名以及是否启动网站。在 "网站名称" 文本框中输入网站名称 "webtest"（注意："网站名称" 是指用于在 IIS 中与其他站点区分的名称，而不是网站的域名）。在 "物理路径" 文本框中输入该网站的主目录 "C：\webroot"，"类型" 默认选择 "http"，在 "IP 地址" 下拉列表中选择该 Web 服务器默认的 IP 地址 "192.168.100.5"，在 "端口" 文本框中默认端口号为 "80"，"主机名" 文本框为空即可，单击 "确定" 按钮，完成 Web 网站的创建，如图 3 – 163 所示。

返回 "Internet Information Services（IIS）管理器" 窗口，可以看到刚才所创建的 Web 网站已经启动，如图 3 – 164 所示。

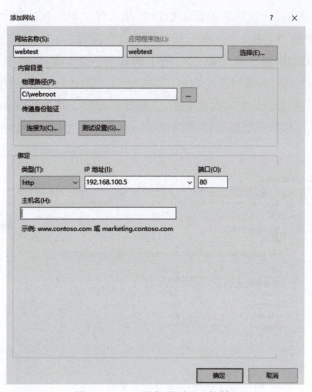

图 3 – 163　"添加网站"对话框

图 3 – 164　Web 网站已启动

　　默认文档是在 Web 浏览器中输入 Web 网站的 IP 地址或域名所显示的 Web 页面，也就是通常所说的主页。在"Internet Information Services（IIS）管理器"窗口中，在功能视图中双击"默认文档"图标，进入"默认文档"界面，如图 3 – 165 所示。利用 IIS 10.0 搭建 Web 网站时，默认文档的文件名有 5 个，分别为"Default. htm""Default. asp""index. htm""index. html"和"iisstar. htm"，这也是一般网站中最常用的主页名。Web 网站会读取列表最上面的文件（default.htm），如果主目录中没有此文件，则依次读取其后面的文件。可以通过"操作"窗格中的"上移""下移"按钮调整文件顺序。

如果 Web 网站无法找到这 5 个默认文档中的任何一个，那么将在 Web 浏览器中显示"Web 服务器被配置为不列出此目录的内容。"的提示，如图 3 – 166 所示。当然，用户也可以自定义默认文档，通过"操作"窗格中的"添加"按钮，将自定义默认文档手动添加至"默认文档"界面中。本例中主页文件名为"default.htm"，因此在 Web 客户端可以直接浏览 Web 网站。

图 3 – 165 "默认文档"界面

图 3 – 166 "Web 服务器被配置为不列出此目录的内容。"提示

4．Web 客户端访问 Web 网站

1）利用 IP 地址访问 Web 网站

Web 网站添加完成之后，就可以在 Web 客户端的浏览器中利用 IP 地址访问 Web 网站

了。Web 客户端访问 Web 网站的 URL 为 "http://IP 地址：Web 服务器端口号"，其中 "IP 地址" 为在 IIS 管理器中设置的 Web 服务器绑定 IP 地址；"Web 服务器端口号" 为在 IIS 管理器中设置的 Web 服务器绑定端口号，如果端口号为 80，则默认可以省略。

用户在 Web 客户端打开浏览器，输入 "http://192.168.100.5" 就可以访问刚才建立的 Web 网站，如图 3 - 167 所示。

图 3 - 167　利用 IP 地址访问 Web 网站

2）利用 DNS 域名地址访问 Web 网站

由于 IP 地址不容易记忆，在现实生活中人们多采用 DNS 域名地址访问 Web 网站。Web 客户端访问 Web 网站的 URL 为 "http://DNS 域名地址：Web 服务器端口号"。利用 DNS 域名地址访问 Web 网站的前提是在网络中安装 DNS 服务器。根据实际的负载情况可以将 DNS 服务器安装在 Web 服务器中，或单独安装在一台新服务器中，并添加 Web 服务器的域名解析记录。安装配置过程不再赘述，详细过程可参考本项目的任务 2 内容。同时，需要保证 Web 客户端的 DNS 服务器 IP 地址设置正确。使用 Web 客户端打开浏览器，输入 "http://www.hzy.com" 即可以访问刚才建立的 Web 网站，如图 3 - 168 所示。

图 3 - 168　利用 DNS 域名地址访问 Web 网站

三、管理 Web 网站的目录

1. 创建物理目录

HZY 公司网站的物理目录结构如图 3 - 169（a）所示，下面以创建技术部网站物理目录为例进行说明，具体操作步骤如下。

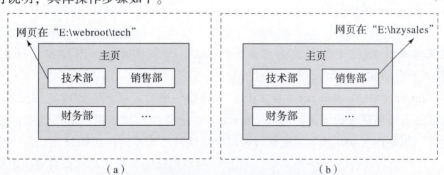

图 3 - 169　物理目录与虚拟目录结构

（a）物理目录结构；（b）虚拟目录结构

在 HZY 公司网站主目录 "C：\webroot" 下，新建一个名称为 "tech" 的子文件夹作技术部存放网页文件的主目录，在此文件夹中创建一个名称为"default.htm"的主页文件，内容为"这是技术部（tech）网站——物理目录"

打开"Internet Information Services（IIS）管理器"窗口，可以看到"webtest"网站下多了一个"tech"物理目录（可能需要按 F5 键刷新界面），单击下方的"内容视图"按钮可以看到目录中的文件"default.htm"，如图 3－170 所示。

图 3－170　新建物理目录

进入 Windows 10 客户端测试，客户端访问 Web 站点的 URL 为"http：//www.hzy.com/tech"，如图 3－171 所示，它是从网站主目录"http：//www.hzy.com"下的"tech/default.htm"读取的。

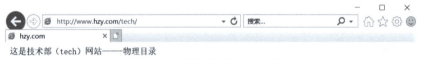

图 3－171　访问物理目录下的网站

2. 创建虚拟目录

HZY 公司网站的虚拟目录结构如图 3－169（b）所示，下面以创建销售部网站虚拟目录为例进行说明，具体操作步骤如下。

HZY 公司网站主目录在"C：\webroot"下，现在将"E：\hzysales"设置为它的虚拟目录，在此文件夹中创建一个名称为"default.htm"的主页文件，内容为"这是销售部（sales）网站——虚拟目录"。

打开"Internet Information Services（IIS）管理器"窗口，展开左侧的"网站"节点树，用鼠标右键单击要创建虚拟目录的网站"webtest"，选择"添加虚拟目录"选项，打开"添加虚拟目录"对话框，利用该对话框便可为该虚拟网站创建不同的虚拟目录。在"别名"文本框中设置该虚拟目录的别名为"sales"（注意：用户用该别名来连接虚拟目录，该别名必须唯一，不能与其他网站或虚拟目录重名）。在"物理路径"文本框中输入该虚拟目录的文件夹路径，或单击"浏览"按钮进行选择，本例中为"E：\hzysales"。这里既可使用本地计算机中的路径，也可以使用网络中的文件夹路径，设置完成的效果如图 3－172 所示。

图 3 – 172　"添加虚拟目录"对话框

返回"Internet Information Services（IIS）管理器"窗口，可以看到"webtest"网站下多了一个"sales"虚拟目录（可能需要按 F5 键刷新界面），单击下方的"内容视图"按钮可以看到此目录中的文件"default. htm"，如图 3 – 173 所示。

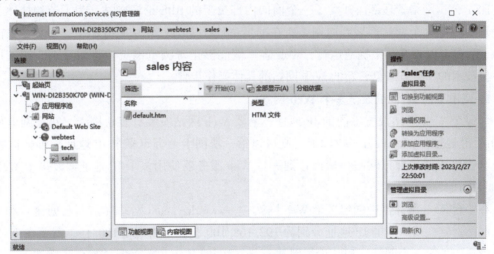

图 3 – 173　新建虚拟目录

进入 Windows 10 客户端测试，客户端访问站点的 URL 为"http://www. hzy. com/sales"，（"sales"为虚拟目录的别名），如图 3 – 174 所示，它是从虚拟目录"E：\hzysales"下的"default. htm"读取的。

这是销售部（sales）网站———虚拟目录

图 3 – 174　访问虚拟目录下的网站

创建完虚拟目录后，可以修改其实际的物理路径。打开"Internet Information Services（IIS）管理器"窗口，在左侧窗格中选择刚刚创建的虚拟目录"sales"，在右侧"操作"窗格中选择"基本设置"选项，打开"编辑虚拟目录"对话框，如图 3 – 175 所示，在此对话框中可以重新设置虚拟目录的物理路径，但是不能修改别名。

图 3 – 175 "编辑虚拟目录"对话框

四、管理虚拟主机

HZY 公司网络管理部门开发了一个面向内部员工的 BBS 论坛网站。为了节约成本，网络管理员想把这个网站部署到原网站所在的 Windows Server 2019 服务器中，使其与之前的 www. hzy. com 网站互不干扰地运行，Web 客户端能够正常浏览网页。下面分别介绍使用虚拟主机技术的 3 种方式创建新的 Web 网站的具体操作步骤。

1. 使用不同 IP 地址架设多个 Web 网站

为每个 Web 网站设置不同的 IP 地址，需要 Web 网站安装有多块网卡，每块网卡使用不同的 IP 地址。如果只有一块网卡，则可以给一块网卡上绑定多个 IP 地址，再将这些 IP 地址分配给不同的虚拟网站，从而达到一台 Web 服务器使用多个 IP 地址架设多个 Web 网站的目的。

在一台 Web 服务器中创建 2 个 Web 网站——www. hzy. com 网站（前面已创建）和 BBS 论坛网站。它们所对应的 IP 地址分别为 192. 168. 100. 5 和 192. 168. 100. 15。需要在 Web 服务器中再添加第 2 个网站（BBS 论坛网站），创建新的 Web 网站的具体操作步骤如下。

1）设置一块网卡绑定多个 IP 地址

在网卡的"Internet 协议版本 4（TCP/IPv4）属性"对话框中单击"高级"按钮，打开"高级 TCP/IP 设置"对话框（图 3 – 176），单击"添加"按钮，出现"TCP/IP"对话框，在该对话框中输入 IP 地址"192. 168. 100. 15"，子网掩码"255. 255. 255. 0"，单击"确定"按钮，完成设置。

2）新建 Web 网站

在"Internet Information Services（IIS）管理器"窗口中，用鼠标右键单击左侧窗格中的"网站"节点，选择"添加网站"选项，打开"添加网站"对话框，在"网站名称"文本框中输入"hzybbs"，在"物理路径"文本框中输入该网站的主目录"C：\webroot2"，"类型"默认选择"http"，"IP 地址"为"192. 168. 100. 15"，"端口"默认为"80"，"主机名"文本框为空即可，单击"确定"按钮，完成 Web 网站的创建，如图 3 - 177 所示。

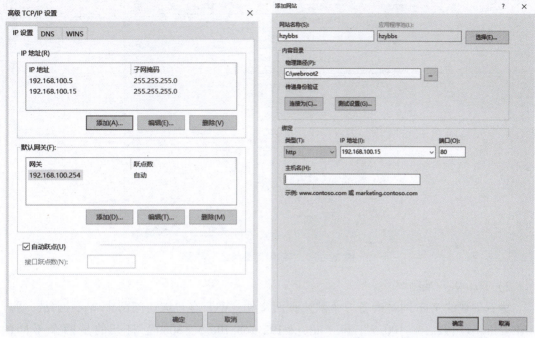

图 3 - 176　"高级 TCP/IP 设置"对话框　　　　图 3 - 177　"添加网站"对话框

3）Web 客户端测试

为新创建的 Web 网站准备一个默认页面文件，Web 客户端访问两个 Web 网站，通过 URL "http://192.168.100.5" 和 "http://192.168.100.15" 打开的是两个不同的 Web 网站。

2. 使用相同的 IP 地址、不同的端口号架设多个 Web 网站

目前 IP 地址资源越来越紧张，如果 Web 服务器只有一个 IP 地址，则可以使用不同的端口号架设多个 Web 网站。用这种方式创建的 Web 网站，其域名或 IP 地址部分完全相同，仅端口号不同。用户访问所有的 Web 网站都需要使用相应的 TCP 端口，而 Web 服务器默认的 TCP 端口为 80，在用户访问时默认无须输入端口号信息，如果访问非 80 端口号的 Web 网站，则需要注明该 Web 网站的端口号，格式为 "http://IP：端口号" 或 "http://FQDN：端口号"。

在一台 Web 服务器上，使用同一个 IP 地址（192.168.100.5）创建 2 个 Web 网站——www.hzy.com（前面已创建，端口号为 80）和 BBS 论坛网站（前面已创建，端口号改为 8080），需要在 Web 服务器中更改第 2 个 Web 网站（BBS 论坛网站）的网址，具体操作步骤如下。

1）更改新网站的 IP 和端口号

在 "Internet 信息服务（IIS）管理器" 控制台中，右键 Web 站点 "hzybbs"，在弹出的快捷菜单中选择 "编辑绑定" 选项，在弹出的对话框中选中 192.168.100.15 地址行，单击 "编辑" 按钮，进入 "编辑网站绑定" 界面，在 "IP 地址" 改为 "192.168.100.5"，"端口号" 改为 "8080"，单击 "确定" 按钮，如图 3 - 178 所示。

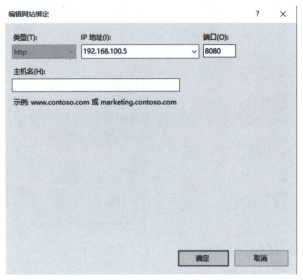

图 3 − 178　"编辑网站绑定"界面

2）Web 客户端测试

为新创建的 Web 网站准备一个默认页面文件，Web 客户端访问两个 Web 网站，通过 URL "http://192.168.100.5" 和 "http://192.168.100.5：8080" 打开的是两个不同的 Web 网站。

3. 使用相同的 IP 地址和端口号、不同的主机头名架设多个 Web 网站

主机头名就是与 Web 网站对应的 FQDN，使用该方法架设的 Web 网站，不再受 IP 地址或端口号的限制，但前提是在 DNS 服务器中添加相应的区域和资源记录。

在一台 Web 服务器中，使用同一个 IP 地址（192.168.100.5）创建 2 个 Web 网站——www.hzy.com（前面已创建）和 bbs.hzy.com（BBS 论坛网站），使用不同的主机头名，需要在 Web 服务器中再添加第 2 个 Web 网站（BBS 论坛网站）的网址，具体操作步骤如下。

1）创建新的 Web 网站别名（CNAME）记录

打开 "DNS 管理器" 窗口，在 "hzy.com" 中创建别名（CNAME）记录。展开 "正向查找区域" 节点，用鼠标右键单击 "hzy.com" 节点，选择 "新建别名（CNAME）" 选项，打开 "新建资源记录" 对话框，在 "别名" 文本框中输入 "bbs"，在 "目标主机的完全合格域名（FQDN）" 文本框右侧单击 "浏览" 按钮，选择 "www.hzy.com"，单击 "确定" 按钮，新的 Web 网站的别名（CNAME）记录创建完成，如图 3 − 179 所示。

图 3 − 179　创建新的 Web 网站的别名（CNAME）记录

2）添加 Web 网站主机名

在"Internet Information Services（IIS）管理器"窗口中，用鼠标右键单击原 Web 网站"webtest"，选择"编辑绑定"选项，在弹出的对话框中选择 192.168.100.5 地址行，单击"编辑"按钮，打开"编辑网站绑定"对话框，在"主机名"本框中输入"www.hzy.com"，单击"确定"按钮，如图 3 – 180 所示。

用鼠标右键单击新的 Web 网站"hzybbs"，选择"编辑绑定"选项，在弹出的对话框中选择 192.168.100.15 地址行，单击"编辑"按钮，打开"编辑网站绑定"对话框，将 IP 地址改为"192.18.100.5"，在"主机名"文本框中输入"bbs.hzy.com"，单击"确定"按钮，如图 3 – 181 所示。

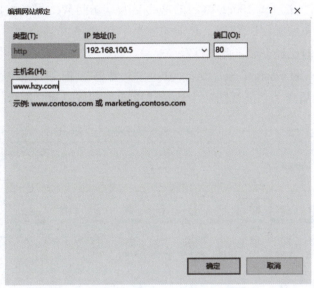

图 3 – 180　设置原 Web 网站主机名

图 3 – 181　设置新的 Web 网站主机名

3）Web 客户端测试

为新添加的 Web 网站准备一个默认页面文件，Web 客户端访问两个 Web 网站，通过 URL "http://www.hzy.com" 和 "http://bbs.hzy.com" 打开的是两个不同的 Web 网站。

五、管理 Web 网站安全

1. 配置 IP 地址和域限制

在 IIS 中，可以通过限制每个来访者 IP 地址的方式提高 Web 网站的安全性，防止或允许某些特定的计算机、计算机组、域甚至整个网络访问 Web 网站，例如，只授权某台或某组计算机访问某个 Web 网站。

限制 IP 地址为 "192.168.100.1/24" 的 Web 客户端访问 Web 网站，具体操作步骤如下。

使用 "IP 地址和域限制" 功能，必须先安装 "IP 地址和域限制" 组件［前面在安装 Web 服务器（IIS）时已经安装了此组件］。

打开 "Internet Information Services（IIS）管理器" 窗口，依次展开 "网站" → "webtest" 站点，然后在 "功能视图" 中找到 "IP 地址和域限制" 图标，如图 3-182 所示。

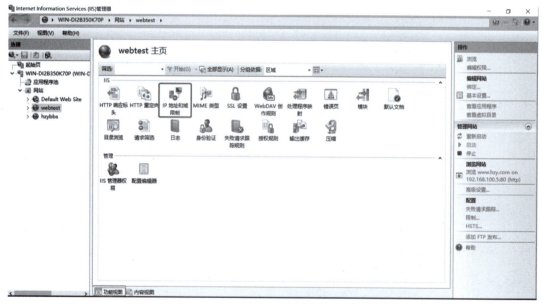

图 3-182 "IP 地址和域限制" 图标

双击 "IP 地址和域限制" 图标，进入 "IP 地址和域限制" 界面，选择 "操作" 窗格中的 "添加拒绝条目" 选项，如图 3-183 所示。

在打开的 "添加拒绝限制规则" 对话框中单击 "特定 IP 地址" 单选按钮，输入要拒绝的 IP 地址 "192.168.100.1"，如图 3-184 所示，单击 "确定" 按钮，完成 IP 地址和域限制的设置。

在 Web 客户端打开浏览器，输入 "http://192.168.100.1"，这时 Web 客户端不能访问，显示错误提示 "403 - 禁止访问：访问被拒绝。"，说明 Web 客户端的 IP 地址被拒绝访问，如图 3-185 所示。

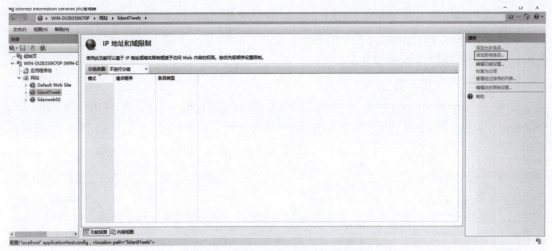

图 3 – 183　"IP 地址和域限制"界面

图 3 – 184　"添加拒绝限制规则"对话框

图 3 – 185　Web 客户端被拒绝访问

2. 设置用户身份验证

IIS 默认允许所有用户连接，如果对网络的安全性要求较高，Web 网站只针对特定用户开放，就需要对用户设置身份验证。用户身份验证方法主要有匿名身份验证、Windows 身份验证、摘要式身份验证和基本身份验证。

以上 4 种用户身份验证方法的优先级为匿名身份验证 > Windows 身份验证 > 摘要式身份验证证 > 基本身份验证。也就是说，如果同时设置匿名身份验证和 Windows 身份验证，Web

客户端会优先利用匿名身份验证，而 Windows 身份验证无效。

下面设置 Web 网络安全，使所有用户不能匿名访问 Web 网站，而只能通过 Windows 身份验证访问。具体操作步骤如下。

1）禁止匿名身份验证

打开 "Internet Information Services（IIS）管理器" 窗口，依次展开 "网站" → "webtest" 节点，然后在 "视图功能" 中双击 "身份验证" 图标，可以看到 Web 网站默认启用 "匿名身份验证"，即任何用户都可以访问 Web 网站，如图 3 –186 所示。

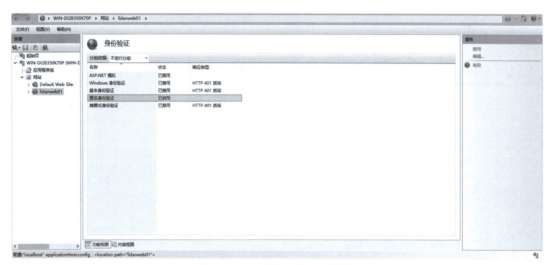

图 3 –186 "身份验证" 界面

选择 "匿名身份验证" 选项，单击 "操作" 窗格中的 "禁用" 按钮，可以禁用 Web 网站的匿名访问。

2）启用 Windows 身份验证

在图 3 –186 所示的 "身份验证" 界面中，选择 "Windows 身份验证" 选项，单击 "操作" 窗格中的 "启用" 按钮，可以启用 Windows 身份验证。

在 Web 客户端，打开浏览器，输入 "http://192.168.100.1"，这时显示 "Windows 安全中心" 对话框，输入能被 Web 网站进行身份验证的用户账户名和密码，在此输入 "lidan" 和密码进行访问，单击 "确定" 按钮即可访问 Web 网站，如图 3 –187 所示。

3. 调整 Web 网站性能

如果 Web 网站访问量比较大，则为了避免 Web 服务器响应慢或者宕机，可以设置限制 Web 网站带宽使用或连接，调整 Web 网站性能。

通过设置 "限制连接数" 限制访问 Web 网站的用户数量为 1，具体操作步骤如下。

1）设置 Web 网站限制连接数

以系统管理员账户登录 Web 服务器，打开 "Internet Information Services（IIS）管理器" 窗口，依次展开 "网站" → "webtest" 节点，在 "操作" 窗格中选择 "配置" 区域的 "限制" 选项。打开 "编辑网站限制" 对话框，勾选 "限制连接数" 复选框，并设置要限制的连接数为 "1"，最后单击 "确定" 按钮即完成 "限制连接数" 的设置，如图 3 –188 所示。

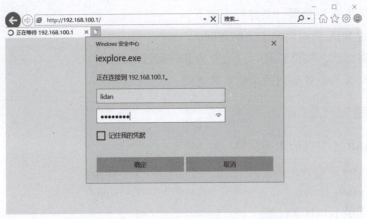

图 3 – 187　"Windows 安全中心"对话框

图 3 – 188　设置"限制连接数"

使用第 2 个 Web 客户端打开浏览器，输入"http://192.168.100.1"访问 Web 网站，如图 3 – 199 所示，表示此时已超出 Web 网站的限制连接数。

图 3 – 189　访问 Web 网站时超过限制连接数

2）通过设置"限制带宽使用"限制 Web 客户端访问 Web 网站

在图 3 – 188 所示的对话框中，勾选"限制带宽使用（字节）"复选框，并设置要限制的带宽，单击"确定"按钮，即可完成"限制带宽使用"的设置。

在 Web 客户端打开浏览器，输入"http://192.168.100.1"访问 Web 网站，会发现网速变低，这是因为设置了"限制带宽使用"。

 **任务实训**

WIN 公司是一家多业务公司，涉及医药、烟草和教育三种业务。WIN 公司要求对主营

业务规划并部署 Web 服务器，具体要求如下。

（1）实现对 WIN 公司网站主页的访问。

（2）实现对医药、烟草和教育三个业务部门网站的访问。

（3）实现对医药业务部门网站的实名访问。

自测习题

1. 默认网站的主目录的本地路径一般为（　　　）。

A．C：\inetpub\wwwroot
B．C：\inetpub

C．C：\wwwroot
D．C：\winnt

2. 默认网站的 HTTP 端口是（　　　）。

A．20
B．21
C．256
D．80

3. 在配置 Web 网站时，Web 网站的主目录（　　　）。

A．只能配置在本地磁盘分区中

B．只能配置在“C：\inetpub\wwwroot”中

C．只能配置在互联网的其他计算机中

D．既可以配置在本地磁盘分区中，也可以配置在互联网的其他计算机中

4. 利用虚拟主机技术，不能通过（　　　）来架设 Web 网站。

A．IP 地址
B．TCP 端口号
C．主机头名
D．计算机名

5. 如果 Web 网站的默认文档中依次有“Default.asp”“index.htm”“index.html”和“iisstar.htm”4 个文档，则主页显示的是（　　　）文档的内容。

A．“Default.asp”
B．“index.htm”
C．“index.html”
D．“iisstar.htm”

6. 在 Windows Server 2019 中，要实现一台具有多个域名的 Web 服务器，正确的方法是（　　　）。

A．使用虚拟主机技术
B．使用虚拟目录
C．使用物理目录
D．安装多个 IIS

7. （　　　）可以将其他本地路径，甚至其他计算机中的文件夹逻辑地加入主目录成为 Web 网站的内容。

A．物理目录
B．虚拟目录
C．物理虚拟目录
D．虚拟物理目录

8. 下列说法不正确的是（　　　）。

A．IIS 信息服务管理器上能同时部署两个相同端口、不同 IP 地址的 Web 网站

B．IIS 信息服务管理器支持 UNIX、Linux、Windows 等操作系统

C．使用主机头名定义 Web 网站后不能设置此 Web 网站的端口号

D．在 IIS 信息服务管理器中部署的 Web 网站可以自定义默认文档

9. 下列说法正确的是（　　　）。

A．虚拟目录的路径只能是本地计算机的相同或不同磁盘分区

B．配置完虚拟目录后，还能够修改路径和虚拟目录名称

C．当端口号相同时，可以使用不同的 IP 地址来部署不同的 Web 网站

D．Web 网站中的默认文档是创建 Web 网站时系统自动生成的，不需要手动配置

10. 以下用户身份验证优先级最高的是（　　　　）。

A. Windows 身份验证　　　　　　　B. 匿名身份验证

C. 基本身份验证　　　　　　　　　D. 摘要式身份验证

 任务测评

项目三 任务3　配置与管理 Web 服务器（100 分）			学号： 姓名：		
序号	评分内容	评分要点说明	小项 加分	分项 得分	备注
一、安装并配置 Web 服务器（30 分）					
1	安装 Web 服务器角色（IIS）（10 分）	能正确设置安装 Web 服务器角色（IIS）过程中的各项参数，得 10 分			
2	创建 Web 网站（10 分）	能正确设置创建 Web 网站过程中的各项参数，得 10 分			
3	管理 Web 网站目录（10 分）	能正确设置物理目录和虚拟目录，得 10 分			
二、管理虚拟主机（45 分）					
4	使用不同 IP 地址架设多个 Web 网站（15 分）	能正使用不同 IP 地址架设多个 Web 网站，得 15 分			
5	使用不同端口号架设多个 Web 网站（15 分）	能正确使用不同端口号架设多个 Web 网站，得 15 分			
6	使用不同主机头名架设多个 Web 网站（15 分）	能正确使用不同主机头名架设多个 Web 网站，得 15 分			
三、管理 Web 网站安全（25 分）					
7	IP 地址和域限制（10 分）	能正确设置 IP 地址和域限制，禁止或允许某些特定的计算机、计算机组、域等访问 Web 网站，得 10 分			
8	用户身份验证（10 分）	能区分 4 种用户身份验证方法，得 2 分 能根据需求正确设置登录 Web 网站的用户身份验证，得 7 分			
9	调整 Web 网站性能（5 分）	能正确设置 Web 网站限制连接数，得 3 分 能使用"限制带宽使用"限制 Web 客户端访问 Web 网站，得 2 分			
总分					

任务 4　配置与管理 FTP 服务器

任务描述

　　HZY 公司计划搭建 FTP 服务器用于员工获取共享资料和进行软件升级，网络管理员按照 HZY 公司的要求，在 Windows Server 2019 服务器中配置 FTP 功能，保证 FTP 服务器的安全访问。

任务解析

　　在 Windows Server 2019 服务器中搭建 FTP 服务器，使用 IIS 内置的 FTP 服务，在 win-server1 中创建 FTP 站点，提供匿名用户访问，在 win-server3 中创建 FTP 站点，向指定用户提供访问，并开启用户隔离。本任务网络拓如图 3-190 所示。

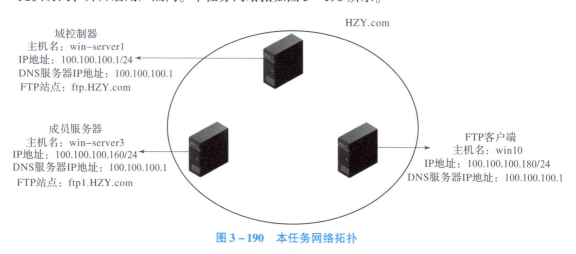

图 3-190　本任务网络拓扑

知识链接

一、认识 FTP 服务

1. FTP 服务介绍

　　FTP 服务是指在计算机网络中提供 FTP 支持的一种服务。FTP 服务允许用户在计算机之间传输文件，且文件类型不限，可以是文本文件、可执行文件、图片文件、声音文件等。FTP 服务通常由以下几部分组成。

　　（1）FTP 服务器负责存储用户要共享的文件，并对外提供 FTP 服务。

　　（2）FTP 客户端负责与 FTP 服务器进行连接并上传、下载和管理文件。

　　（3）FTP 规定了 FTP 客户端和 FTP 服务器之间的通信标准和数据结构。

2. FTP 服务的工作原理

　　FTP 服务是基于 TCP 的服务，不支持 UDP，使用 TCP 端口中的 20 和 21 这两个端口，其中 20 端口用于传输数据，21 端口用于传输控制信息。

（1）FTP 客户端向 FTP 服务器发出连接请求，如图 3 - 191 所示。系统随机为 FTP 客户端分配一个大于 1024 的端口号（如 1304）作为请求报文的源端口号，目的端口号为 21，等候 FTP 服务器连接反馈。

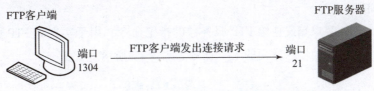

图 3 - 191　FTP 客户端向 FTP 服务器发出连接请求

（2）若 FTP 服务器在其 21 端口侦听到该请求，则会在 FTP 客户端的 1304 端口与 FTP 服务器的 21 端口之间建立会话连接，如图 3 - 192 所示。

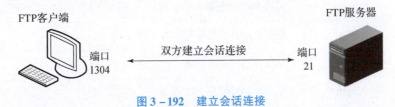

图 3 - 192　建立会话连接

（3）当需要传输数据时，FTP 客户端随机分配一个大于 1024 的端口号（如 1305），连接 FTP 服务器的 20 端口，并在这两个端口之间进行数据传输，当数据传输完毕后，这两个端口会自动关闭，如图 3 - 193 所示。

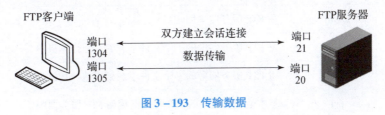

图 3 - 193　传输数据

（4）当 FTP 客户端断开与 FTP 服务器的连接时，FTP 客户端会自动释放分配的端口，如图 3 - 194 所示。

图 3 - 194　断开连接

二、FTP 命令

1. 连接 FTP 服务器

在命令行窗口或 Windows PowerShell 中输入 FTP 服务器的 IP 地址或域名。

命令格式：ftp［ip – address│ hostname］。

User：输入合法用户名或 anonymous。

Password：输入口令，若以 anonymous 登录则不输入。

待认证通过即可。

2. 常用的 FTP 命令

FTP 命令是 FTP 客户端发送给 FTP 服务器的指定命令，用于实现对 FTP 服务器中文件的上传、下载、删除等操作。常用的 FTP 命令如表 3 – 7 所示。

表 3 – 7　常用的 FTP 命令

类别	命令	功能
帮助	help	显示 FTP 命令列表
连接	open	连接 FTP 服务器
	close	结束会话并返回命令解释程序
	bye	结束并退出 FTP 服务
	quit	结束会话并退出 FTP 服务
目录操作	pwd	显示 FTP 服务器的当前目录
	cd	切换 FTP 服务器的工作目录
	dir	显示 FTP 服务器的目录文件和子目录列表
	mkdir	在 FTP 服务器中创建目录
文件操作	get	将 FTP 服务器中的一个文件下载到本地计算机中
	mget	将 FTP 服务器中的多个文件下载到本地计算机中
	put	将本地计算机中的一个文件上传到 FTP 服务器中
	mput	将本地计算机中的多个文件上传到 FTP 服务器中
	delete	删除 FTP 服务器中的文件

3. FTP 服务器命令返回值

当执行不同的 FTP 命令后，FTP 服务器会返回一组数字，每组数字代表不同的含义，具体如表 3 – 8 所示，这些数字的含义大致分为以下几种情况。

（1）1 开头的 3 位数字：连接状态。

（2）2 开头的 3 位数字：成功。

（3）3 开头的 3 位数字：权限问题。

（4）4 开头的 3 位数字：文件问题。

（5）5 开头的 3 位数字：FTP 服务器问题。

表 3−8　FTP 服务器命令返回值

返回值	说明	返回值	说明
110	重新启动标志回应	125	数据连接已打开，开始传送数据
120	服务在 NNN 时间内即可	150	文件状态正确，正在打开数据连接
200	命令执行正常结束	421	FTP 服务不可用，控制连接关闭
202	命令未执行，此站点不支持此命令	425	打开数据连接失败
211	系统状态或系统帮助信息回应	426	数据连接关闭，传送终止
212	目录状态信息	450	对被请求文件的操作未被执行
213	文件状态信息	451	请求的操作终止
214	帮助信息	452	请求的操作没有被执行
215	NAME 系统类型	500	语法错误，不可识别的命令
220	新连接的用户的服务已就绪	501	参数错误导致的语法错误
221	控制连接关闭	502	命令未执行
225	数据连接已打开，当前没有传输进程	503	命令的次序错误
226	正在关闭数据	504	由于参数错误，命令未被执行
227	进入被动模式	530	没有登录
230	用户已登录	532	存储文件需要账户信息
250	被请求文件操作成功完成	550	请求的操作未被执行
257	路径已建立	551	请求的操作中止，页面类型未知
331	用户名存在，需要输入密码	552	对请求文件的类型中止
332	需要登录的账户	553	请求的操作未被执行
350	对被请求的文件的操作需要进一步更多的信息	—	—

拓展阅读

　　某公司设置了匿名 FTP 服务器供内部员工使用，但忽略了 FTP 服务器的安全配置和管理。后来，黑客利用该公司 FTP 服务器的漏洞，上传了大量的恶意文件和病毒，威胁到整个公司的网络安全和业务运转。

　　网络管理员在部署 FTP 服务器时，必须加强 FTP 服务器的安全配置和管理，采取多种防范措施，确保 FTP 服务器的安全，防范信息泄露和黑客攻击。同时，要提高企业员工的安全意识和技能，树立企业安全文化，共同维护企业和组织的网络安全。

任务实施

一、安装 FTP 服务、新建 FTP 站点

　　在 win – server1 中安装 FTP 服务，其本身是域控制器、DNS 服务器，域名为 HZY. com，IP 地址为 100. 100. 100. 1，子网掩码为 255. 255. 255. 0。Windows Server 2019 中集成了 FTP 服务，安装了 Web 服务就可以直接使用，但是在安装 Web 服务的时候在"角色服务"窗口中要选择 FTP 服务，如图 3 – 195 所示。

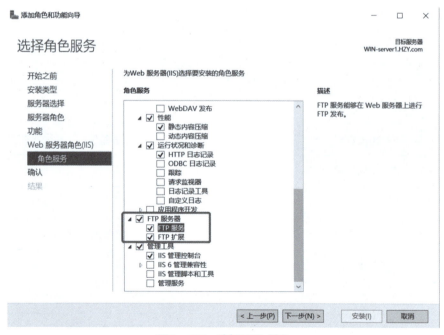

图 3 – 195　选择 FTP 服务

1. 新建 FTP 站点

1）准备 FTP 主目录

　　在 FTP 服务器中新建一个文件夹"C：\ftp"，作为 FTP 的主目录，可以在其中放入一些文件和文件夹，用于后期测试。

2）添加 FTP 站点

在"Internet Information Services（IIS）管理器"窗口中，用鼠标右键单击"网站"节点，选择"添加 FTP 站点"选项，如图 3 - 196 所示。

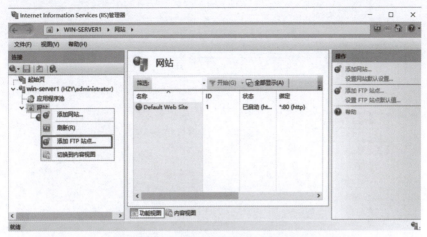

图 3 - 196　选择"添加 FTP 站点"选项

打开"添加 FTP 站点"对话框，输入"FTP 站点名称"为"ftp test"，"物理路径"选择"C:\ftp"，如图 3 - 197 所示，单击"下一步"按钮。

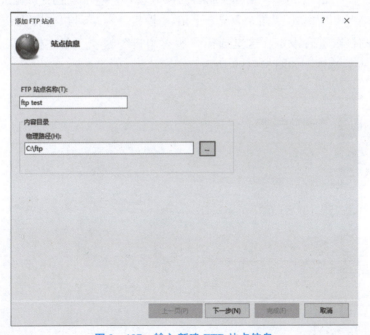

图 3 - 197　输入新建 FTP 站点信息

进入"绑定和 SSL 设置"界面，设置新建 FTP 站点的绑定 IP 地址为"100.100.100.1"，端口为"21"，默认勾选"自动启动 FTP 站点"复选框，并将单击"无 SSL"单选按钮，如图 3 - 198 所示。

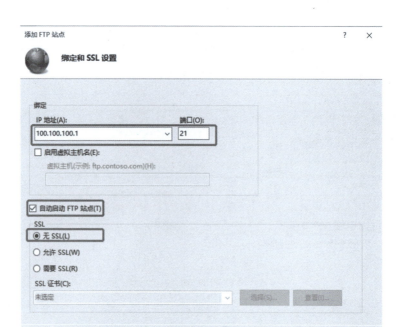

图 3 - 198 "绑定和 SSL 设置"界面

　　单击"下一步"按钮，在"身份验证和授权信息"界面中设置身份验证的方式，可以同时勾选"匿名"和"基本"两个复选框，在"授权"区域可以选择有访问权限用户类别，并对用户的权限进行限定，这里选择"所有用户"选项，在"权限"区域勾选"读取"和"写入"复选框，如图 3 - 199 所示。

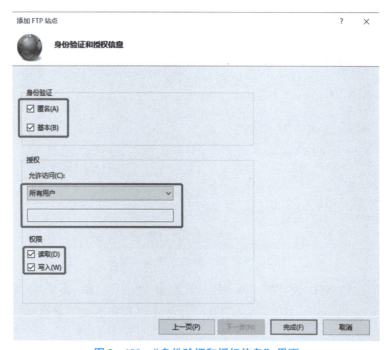

图 3 - 199 "身份验证和授权信息"界面

小贴士

　　用户的身份验证可以选择"匿名"或"基本"两种方式。"匿名"方式允许用户以"anonymous"或"ftp"两个内置的匿名账户名进行登录，并不需要输入口令，"基本"方式需要使用 Windows 内具有权限的用户信息进行登录，需要输入合法的账户名和口令。用户的权限可以针对不同类型用户进行设置，最终的权限要综合考虑用户对 FTP 主目录的 NTFS 权限和此处设置的权限。

　　单击"完成"按钮后，即可在"Internet Information Services（IIS）管理器"窗口中看到新建的 FTP 站点信息，如图 3 – 200 所示。

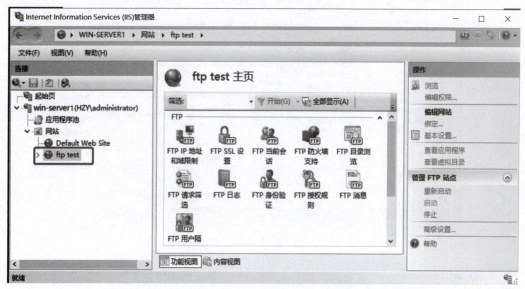

图 3 – 200　"Internet Information Services（IIS）管理器"窗口

3）验证 FTP 登录

　　在域中的 FTP 客户端 win – server3 的浏览器或"文件资源管理器"中输入"ftp：//100.100.100.1"，显示图 3 – 201 所示的 FTP 登录界面。

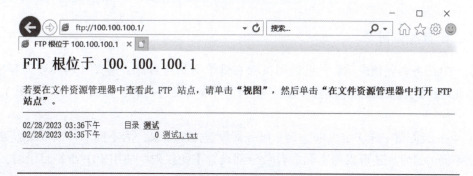

图 3 – 201　FTP 登录界面

2. 创建使用域名访问的 FTP 站点

使用域名访问 FTP 站点，需要在 DNS 服务中添加 FTP 站点域名和 IP 地址的相关记录。

在"DNS 管理器"窗口中，依次展开"win – server1"→"正向查找区域"节点，用鼠标右键单击"HZY.com"节点，选择"新建主机"选项，打开"新建主机"对话框，在"名称"文本框中输入"ftp"，在"IP 地址"文本框中输入"100.100.100.1"，如图 3 – 202 所示，单击"确定"，主机（A）记录创建完成。在 FTP 客户端的浏览器中输入"ftp：// ftp.hzy.com"，将可以访问 FTP 主目录。

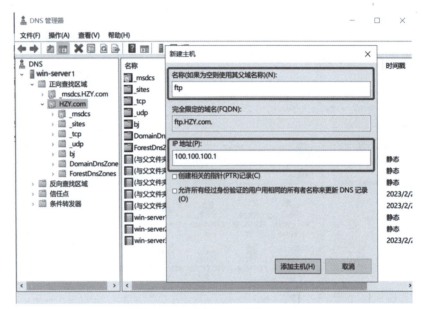

图 3 – 202　新建 FTP 主机 DNS

 小贴士

由于本任务的 DNS 服务器和 FTP 服务器均在 win – server1 中，所以可以直接输入 win – server1 的 DNS 地址也可访问 FTP 服务器，或为 win – server1 的 DNS 资源记录修改别名作为 FTP 服务器的 DNS 地址。

二、配置虚拟目录

在 FTP 服务器创建成功后，可以用鼠标右键单击站点名称，选择"切换到内容视图"选项，此时将显示安装时指定的物理路径中的文件夹和文件内容，如图 3 – 203 和图 3 – 204 所示。

与 Web 服务器一样，也可以为 FTP 服务器设置虚拟目录，为不同上传或下载服务的用户提供不同的目录，还可以为不同的目录分别设置不同权限。使用 FTP 虚拟目录时，由于用户不知道文件的具体存储位置，所以文件存储会更加安全。

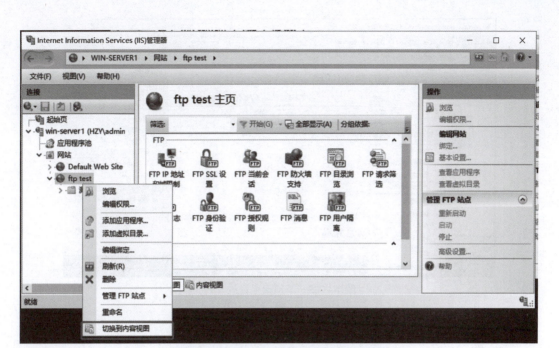

图 3 – 203 选择"切换到内容视图"选项

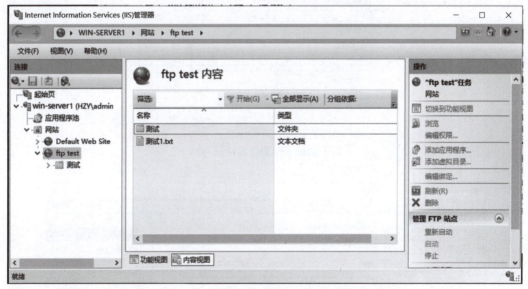

图 3 – 204 默认物理目录内容

下面以将"D:\xuni"设置为 FTP 虚拟目录为例进行说明。用鼠标右键单击"ftp test"节点,选择"添加虚拟目录"选项,如图 3 – 205 所示。打开"添加虚拟目录"对话框,输入虚拟目录别名为"图片",指定虚拟目录的物理存储位置为"D:\xuni",如图 3 – 206 所示。

单击"确定"按钮,完成虚拟目录的创建,显示虚拟目录和虚拟目录的内容,如图 3 – 207 所示。

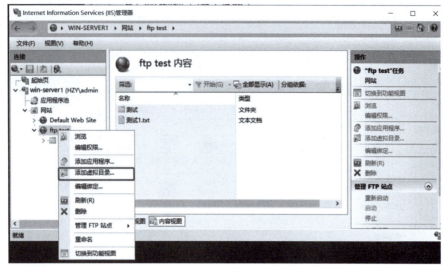

图 3－205　添加虚拟目录（1）

图 3－206　添加虚拟目录（2）

图 3－207　虚拟目录的内容

单击"功能视图"按钮，将窗口切换到"功能视图"，在"FTP 目录浏览"界面中勾选"虚拟目录"复选框，单击右侧"操作"窗格中的"应用"按钮，如图 3 – 208 所示。

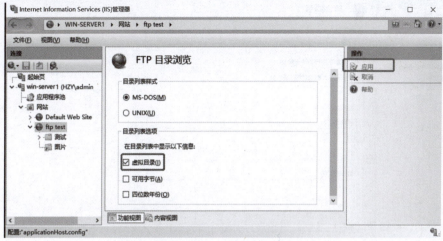

图 3 – 208　应用虚拟目录

重新进入 FTP 客户端，登录 FTP 服务器，可见虚拟目录显示在浏览器中，如图 3 – 209 所示。

图 3 – 209　浏览器中显示虚拟目录

三、设置 FTP 站点消息

设置 FTP 站点时，可以为 FTP 站点设置一些显示信息，用户在连接时可以看到这些信息，包括用户登录时的欢迎问候消息、用户注销时的退出消息、通知用户已达到最大连接数的息或标题消息等。在"Internet Information Services（IIS）管理器"窗口中，单击"功能视图"按钮，进入"FTP 消息"界面，如图 3 – 210 所示。

（1）取消显示默认横幅：设置是否显示横幅内容。

（2）支持消息中的用户变量：支持在消息中使用用户变量，常用的用户变量如下。

①% BytesReceived，此次连接中，从 FTP 服务器发送给 FTP 客户端的字节数。

②% BytesSent%，此次连接中，从 FTP 客户端发送给 FTP 服务器的字节数。

③SessionID，此次连接的标识符。

④% SiteName，FTP 站点的名称。

⑤% UserName，用户名称。

（3）显示本地请求的详细消息：设置从本机连接 FTP 站点有误时是否显示详细的错误消息。如果从其他计算机连接 FTP 站点，则不会显示此消息。

图 3 – 210 "FTP 消息"界面

（4）横幅：当用户连接 FTP 站点时，此文本框中的文字将被首先看到。

（5）欢迎使用：当用户登录 FTP 站点时，会看到此文本框中的欢迎词。

（6）退出：当用户注销时，会看到此文本框中的欢送词。

（7）最大连接数：如果 FTP 站点有连接数目的限制，且目前连接数目已经达到此限制，则当再有用户连接到此 FTP 站点时，则会看到此消息。

完成以上设置后，在 FTP 客户端利用 FTP 程序连接 FTP 站点时，将看图 3 – 211 所示的界面。

```
Microsoft Windows [版本 10.0.17763.107]
(c) 2018 Microsoft Corporation. 保留所有权利。

C:\Users\hdd>ftp 100.100.100.1
连接到 100.100.100.1。
220-Microsoft FTP Service
220 HZY的FTP，仅限公司内部使用
200 OPTS UTF8 command successful - UTF8 encoding now ON.
用户(100.100.100.1:(none)): anonymous
331 Anonymous access allowed, send identity (e-mail name) as password.
密码：
230-欢迎访问FTP，禁止上传非工作文件
230 User logged in.
ftp> dir
200 PORT command successful.
125 Data connection already open; Transfer starting.
02-28-23  05:58PM       <DIR>          图片
02-28-23  03:36PM       <DIR>          测试
02-28-23  03:35PM                    0 测试1.txt
226 Transfer complete.
ftp: 收到 149 字节，用时 0.01秒 9.93千字节/秒。
ftp> bye
221 再见

C:\Users\hdd>_
```

图 3 – 211 验证 FTP 站点消息设置

四、配置 FTP 用户隔离

在默认情况下，所有用户登录 FTP 站点后都可以访问 FTP 主目录，通过配置 FTP 用户隔离，可以设置不同用户进入其专用的目录，无法切换到其他用户的目录，从而提高不同用户文件的安全性。

在"Internet Information Services（IIS）管理器"窗口的"功能视图"中，单击"FTP 用户隔离"图标，如图 3 – 212 所示，进入"FTP 用户隔离"界面，如图 3 – 213 所示。

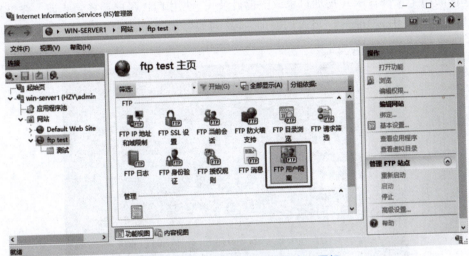

图 3 – 212   单击"FTP 用户隔离"图标

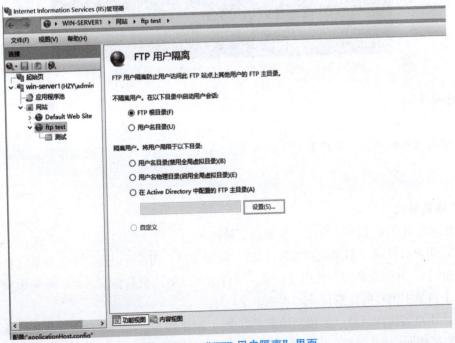

图 3 – 213   "FTP 用户隔离"界面

1. 不隔离用户

（1）FTP 根目录：用户不隔离，所有用户登录时显示 FTP 主目录。

（2）用户名目录：FTP 主目录中有与用户名相同的目录时，用户登录时将自动进入与其同名的目录。如果用户具有相应权限，则可以切换到其他用户的目录。

在 win - server3 中搭建 FTP 服务器，域名为 ftp1. hzy. com，在"FTP 用户隔离"界面中单击"用户名目录"单选按钮。

在 FTP 服务器中创建本地用户 user1 和 user2，同时在 FTP 服务器的中创建名称与本地用户相同的两个文件目录（物理目录或虚拟目录），使用 FTP 客户端登录验证，登录目录为 user1 目录，但使用 cd\user2，可以切换到 user2 目录，如图 3 - 214 所示。

```
Microsoft Windows [版本 10.0.19044.1766]
(c) Microsoft Corporation。保留所有权利。

C:\Users\yxq>ftp ftp1.hzy.com
连接到 ftp1.hzy.com。
220 Microsoft FTP Service
200 OPTS UTF8 command successful - UTF8 encoding now ON.
用户(ftp1.hzy.com:(none)): user1
331 Password required
密码:
230 User logged in.
ftp> dir
200 PORT command successful.
125 Data connection already open; Transfer starting.
02-28-23  08:01PM                    0 user1的文件1.txt
02-28-23  08:01PM                    0 user1的文件2.txt
02-28-23  08:01PM                    0 user1的文件3.txt
226 Transfer complete.
ftp: 收到 183 字节，用时 0.00秒 183000.00千字节/秒。
ftp> cd \user2
250 CWD command successful.
ftp> dir
200 PORT command successful.
125 Data connection already open; Transfer starting.
02-28-23  08:01PM                    0 user2的文件1.txt
02-28-23  08:01PM                    0 user2的文件2.txt
02-28-23  08:01PM                    0 user2的文件3.txt
226 Transfer complete.
ftp: 收到 183 字节，用时 0.00秒 183000.00千字节/秒。
ftp>
```

图 3 - 214　不隔离用户，在用户名目录中启动用户对话

 小贴士

> 需要注意的是，在域控器中无法新建本地用户，本地用户只能在非域控制器中创建。

2. 隔离模式

FTP 隔离用户可选择图 3 - 215 所示的 3 种模式。

（1）用户名目录（禁用全局虚拟目录）：隔离用户，用户可以指定专用目录（目录名与用户名相同），并限制访问其他用户目录，同时不可以访问全局虚拟目录。全局虚拟目录指在 FTP 主目录中创建的虚拟目录。

（2）用户名物理目录（启用全局虚拟目录）：隔离用户，用户可以指定专用目录（目录名与用户名相同），并限制访问其他用户目录，但可以访问全局虚拟目录。

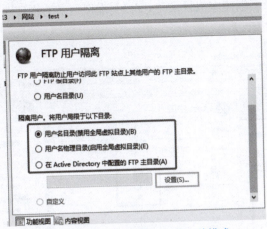

图 3－215　FTP 隔离用户的 3 种模式

（3）在 Active Directory 中配置的 FTP 主目录：在活动目录中配置 FTP 主目录，当用户使用域账户登录时，将被指向其活动目录数据库中的主目录，并且限制用户访问其他用户目录。

要使用隔离用户模式，必须按照下面固定的方式设计物理目录或虚拟目录。

（1）LocalUser\用户名：本地用户专用文件夹。用户名与用户账户同名。

（2）LocalUser\Public：匿名 anonymous 专用文件夹。

（3）域名\用户名：域用户专用文件夹。用户名与用户账户同名。

例如，FTP 主目录位于"C:\intepub\ftproot"，设置有本地用户 user1、user2 和 HZY 域用户 ly 和 ws，同时允许匿名用户访问，若隔离用户，每个用户指定专用目录，则需要在 FTP 主目录下设计表 3－9 所示的目录文件结构。

表 3－9　目录文件结构

用户	目录
匿名用户	C:\intepub\ftproot\LocalUser\Public
本地用户 user1	C:\intepub\ftproot \LocalUser\user1
本地用户 user2	C:\intepub\ftproot \LocalUser\user2
HZY 域用户 ly	C:\intepub\ftproot \HZY\ly
HZY 域用户 ws	C:\intepub\ftproot \HZY\ws
虚拟目录	D:\xuni

1）使用"用户名目录（禁用全局虚拟目录）"模式隔离用户

（1）在 FTP 服务器中依据目录规划创建文件夹，在文件夹中放置若干文件，以便于后期测试。

（2）在 FTP 站点中创建本地用户 user1 和 user2。

（3）在 FTP 主目录下创建虚拟目录"xuni"，虚拟目录的物理路径为"D：\xuni"虚拟。目录结构如图 3 – 216 所示。

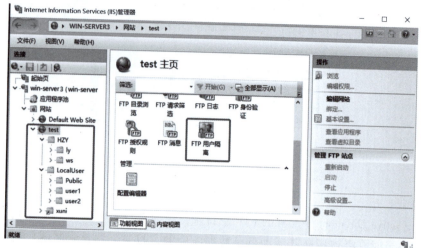

图 3 – 216　虚拟目录结构

（4）在图 3 – 217 所示界面中单击"用户名目录（禁用全局虚拟目录）"单选按钮，在右侧"操作"窗格中单击"应用"按钮，如图 3 – 217 所示。

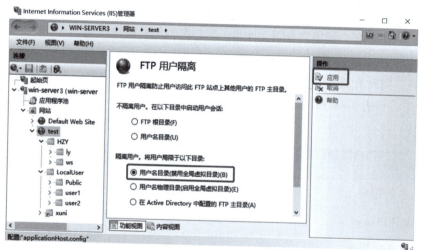

图 3 – 217　配置用户隔离

（5）使用 user1 账户登录 FTP 站点，输入合法的用户名和密码后，指定登录目录为"user1"文件夹，输入"dir"，显示文件夹中的文件，此时无法看到全局虚拟目录"xuni"，输入"cd ../user2"，显示无法切换，如图 3 – 218 所示。

2）使用"用户名物理目录（启用全局虚拟目录）"模式隔离用户

图 3 – 219 所示的界面中单击"用户名物理目录（启用全局虚拟目录）"单选按钮，在右侧"操作"窗格中单击"应用"按钮。

在 FTP 客户端使用 user1 账户登录，定位到"user1"目录，输入"dir"，可显示目录内容，同时显示全局虚拟目录"xuni"，如图 3 – 220 所示。

图 3－218 "用户名目录（禁用全局虚拟目录）"模式登录测试

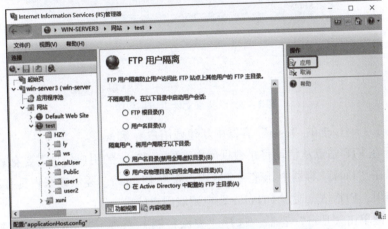

图 3－219 配置用户隔离

图 3－220 "用户名物理目录（启用全局虚拟目录）"模式登录测试

3）使用"在 Active Directory 中配置的 FTP 主目录"模式隔离用户

在域环境中，可以在活动目录中配置分配给域用户独立的主目录，并相互隔离，限制访问。

（1）按规划为 HZY 域用户 ly 和 ws 在 win – server3 中创建文件目录"C：\intepub\ftproot\HZY\ly"和"C：\intepub\ftproot\HZY\ws"。

（2）设置"HZY"文件夹为共享文件夹，用户 ly 和 ws 的共享权限为"读取/写入"，如图 3 – 221 所示。

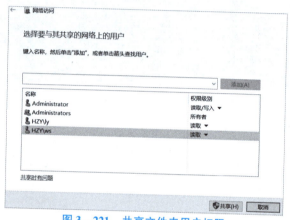

图 3 – 221　共享文件夹用户权限

（3）在 win – server1 的"user"容器中新建域用户 ly 和 ws。

（4）由于在 FTP 站点从活动目录数据库中读取 ly 和 ws 的用户信息需要有效的用户账户与密码，所以在"User"容器中新建一个域用户账户 FTPuser，委派该账户具有读取 ly 和 ws 用户信息的权限，FTP 站点通过 FTPuser 账户读取用户信息。

用鼠标右键单击"User"容器，选择"委派控制"选项，在弹出的"控制委派向导"对话框中单击"下一步"按钮，在"选定的用户和组"框中选择域账户 FTPuser，如图 3 – 222 所示。

图 3 – 222　添加委派

　　单击"下一步"按钮后，在"要委派的任务"界面中勾选"读取所有用户信息"复选框，如图 3 –223 所示。单击"下一步"按钮后，再单击"完成"按钮。

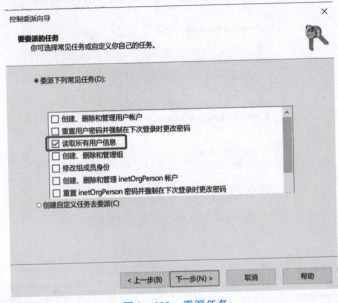

图 3 –223　委派任务

　　(5) 在"服务器管理器"窗口中选择"工具"→"ADSI 编辑器"选项，打开"ADSI 编辑器"窗口，选择"操作"→"连接到"选项，如图 3 –224 所示。

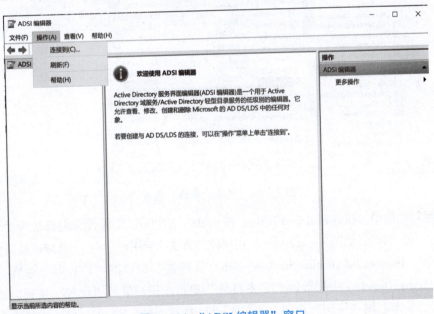

图 3 –224　"ADSI 编辑器"窗口

　　打开"连接设置"对话框，如图 3 –225 所示，使用默认设置，单击"确定"按钮。
　　展开用户账户的"User"容器，用鼠标右键单击用户"ly"，选择"属性"选项，如图 3 –226 所示。

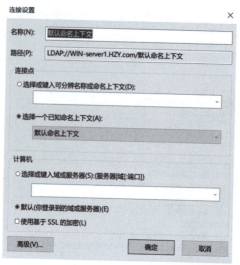

图 3-225 "连接设置"对话框

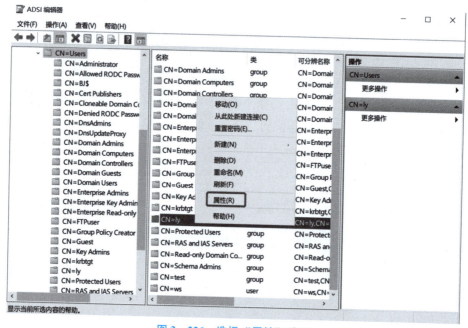

图 3-226 选择"属性"选项

在属性对话框中，找到 msIIS-FTPRoot 和 msIIS-FTPDir，将属性分别修改为"\\Win-server3\hzy"和"ly"，如图 3-227 所示。用同样的方法找到用户"ws"，并修改其属性。

（6）在"Internet Information Services（IIS）管理器"窗口的"FTP用户隔离"界面中单击"在 Active Directory 中配置的 FTP 主目录"单选按钮，单击"设置"按钮，输入账户"FTPuser"，单击右侧"应用"按钮，如图 3-228 所示。

（7）域用户登录验证。使用域用户 ly 登录 ftp1.hzy.com，可见 FTP 指定主目录为"ly"，输入"dir"命令可显示"ly"文件夹中的文件，输入"cd..\ws"，显示无法更改主目录，实现了用户隔离，如图 3-229 所示。

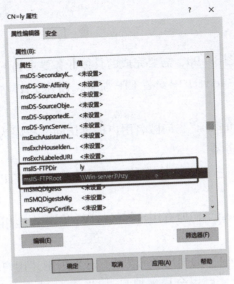

图 3 – 227 编辑属性

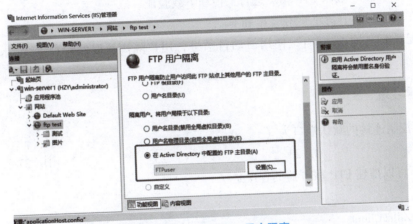

图 3 – 228 配置 FTP 用户隔离

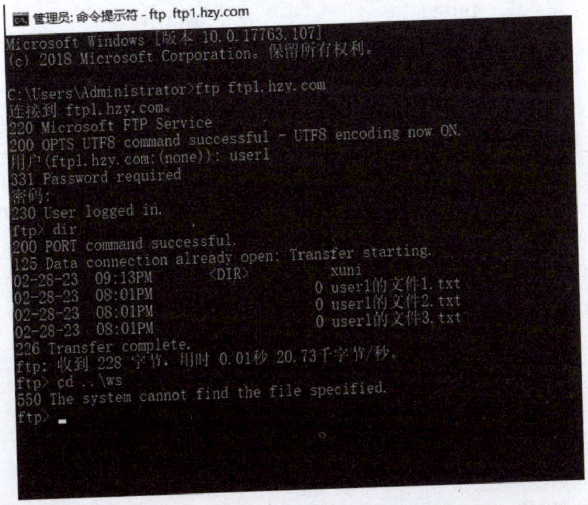

图 3 – 229 域用户登录验证

任务实训

本任务网络拓扑参照图 3 - 90，需要完成的具体任务要求如下。

（1）在域控制器 win - server1 中安装 FTP 服务，新建 FTP 站点，站点名为 "ftp test"，域名为 "ftp. HZY. com"。

（2）配置 FTP 站点 "ftp test"，向匿名用户提供访问，权限为 "读"，显示 FTP 欢迎登录消息 "欢迎访问 FTP 服务器"。

（3）在成员服务器 win - server3 中安装 FTP 服务，新建 FTP 站点，站点名为 "test"，域名为 "ftp1. HZY. com"。

（4）配置 FTP 站点 "test" 向所有用户提供访问，创建本地用户 user1 和 user2，使用具有 "读/写" 权限。

（5）配置 FTP 站点 "test" 的用户隔离功能，分别采用 "用户名目录（禁用全局虚拟目录）" 和 "用户名物理目录（启用全局虚拟目录）" 两种模式实现本地用户的隔离。使用 FTP 客户端 "win10" 登录 FTP 站点进行上传和下载验证。

（6）在域控制器中新建域用户 ly 和 ws。

（7）配置 FTP 站点 "test" 使用活动目录进行用户隔离，以域用户 ly 和 ws 为例进行验证。

自测习题

1. FTP 控制连接的默认端口为（　　　）。

A. 21　　　　　　　　B. 23　　　　　　　　C. 25　　　　　　　　D. 27

2. 以下可以搭建 FTP 服务器的程序是（　　　）。

A. IIS　　　　　　　　　　　　　　　　　B. Serv - U

C. FileZilla Client　　　　　　　　　　　D. ftp 命令行工具

3. 在 ftp 命令行工具中，下载文件的命令是（　　　）。

A. get　　　　　　　　B. put　　　　　　　　C. down　　　　　　　　D. Is

4. FTP 匿名用户可以用（　　　）表示。

A. Guest　　　　　　　B. anonymous　　　　　C. ftp　　　　　　　　D. null

5. 默认 FTP 站点目录是（　　　）。

A. C：\intepub　　　　　　　　　　　B. C：\intepub\wwwroot

C. C：\inetpub\ftproot　　　　　　　D. C：\ftproot

6. FTP 命令执行后，命令行中出现 530，表示（　　　）。

A. 登录不成功　　　　　　　　　B. 登录成功

C. 命令未执行　　　　　　　　　D. 关闭连接

7. 下面的命令中，不会结束 FTP 会话的是（　　　）。

A. bye　　　　　　　　B. exit　　　　　　　　C. quit　　　　　　　　D. close

8. 设置了 FTP 站点消息后，FTP 客户端成功登录时所看到的消息是（　　　）。

A. 横幅　　　　　B. 欢迎使用　　　　C. 退出　　　　　D. 最大连接数

9. 若某 FTP 站点的域名（或 FQDN）为"www. server. com"，则用户在浏览器地址栏中输入（　　）可浏览 FTP 站点中的文件。

A. "https://www. server. com"　　　　B. "http://www. server. com"

C. "ftp://www. server. com"　　　　　D. 以上都正确

10. 用户将文件从 FTP 客户端复制到 FTP 服务器中的过程称为（　　）。

A. 上传　　　　　B. 下载　　　　　C. 传输　　　　　D. 共享

 任务测评

项目三 任务 4　配置与管理 FTP 服务器（100 分）			学号： 姓名：		
序号	评分内容	评分要点说明	小项 加分	分项 得分	备注
一、FTP 服务安装与 FTP 站点建立（50 分）					
1	安装 FTP 服务（10 分）	能正确设置安装 FTP 服务过程中的各项参数，得 10 分			
2	创建使用 IP 地址访问的 FTP 站点（15 分）	能正确设置新的 FTP 站点，并能使用 IP 地址访问 FTP 站点，得 15 分			
3	创建使用域名访问的 FTP 站点（15 分）	能正确设置新的 FTP 站点，新建 DNS 资源记录，并能使用域名访问 FTP 站点，得 15 分			
4	创建 FTP 虚拟目录（10 分）	能正确设置 FTP 虚拟目录，得 10 分			
二、FTP 站点的基本设置（10 分）					
5	进行 FTP 站点的基本设置（10 分）	能正确设置 FTP 站点的横幅、欢迎、退出等消息，得 10 分			
三、FTP 用户隔离（40 分）					
6	FTP 用户不隔离模式（10 分）	能正确使用 FTP 用户不隔离模式，并能在 FTP 客户端验证结果，得 10 分			
7	FTP 用户隔离模式（1）（10 分）	能够正确使用"用户名目录（禁用全局虚拟目录）"模式隔离用户，并能在 FTP 客户端验证结果，得 10 分			

续表

项目三 任务 4 配置与管理 FTP 服务器（100 分）			学号： 姓名：		
序号	评分内容	评分要点说明	小项 加分	分项 得分	备注
8	FTP 用户隔离模式（2）（10 分）	能正确使用"用户名物理目录（启用全局虚拟目录）"模式隔离用户，并能在 FTP 客户端验证结果，得 10 分			
9	FTP 用户隔离模式（3）（10 分）	能正确使用在"Active Directory 中配置的 FTP 主目录"模式隔离用户，并能在 FTP 客户端验证结果，得 10 分			
总分					

 项目总结

本项目完成了在 Windows Server 2019 平台上部署常用应用服务器（包括 DHCP 服务器、DNS 服务器、Web 服务器和 FTP 服务器）的操作任务。

DHCP 服务器可以自动化和集中管理 IP 地址，从而为已启用的 DHCP 客户端分配 IP 地址；DNS 服务器可以将域名转换为 IP 地址，使 DNS 客户端更加容易地访问网络中的资源和服务；Web 服务器可以提供 Web 应用程序，使用户可以通过 Internet 或 Intranet 轻松地访问 Web 应用程序；FTP 服务器可以通过 FTP 将文件从一台计算机传输到另一台计算机。

掌握了本项目内容，将具备对 Windows Server 服务器进行独立管理和维护的能力。

参考文献

[1] 戴有炜. Windows Server 2019 系统与网站配置指南［M］. 北京：清华大学出版社，2021.

[2] 戴有炜. Windows Server 2019 Active Directory 配置指南［M］. 北京：清华大学出版社，2021.

[3] 刘本军，杨君. 网络操作系统教程 Windows Server 2016 管理与配置［M］. 北京：机械工业出版社，2022.

[4] 杨云，刁琦，郑泽. Windows Server 网络操作系统项目教程（Windows Server 2019 微课版第 2 版）［M］. 北京：人民邮电出版社，2022.

[5] 布莱恩. 斯维德歌尔，弗拉迪米尔. 梅洛斯基，拜伦. 赖特，等. 精通 Windows Server 2016［M］. 石磊，卫琳，译. 北京：清华大学出版社，2019.